毛线球 28
keitodama

有趣的棒针编织

日本宝库社 编著　　蒋幼幼 如鱼得水 译

河南科学技术出版社
·郑州·

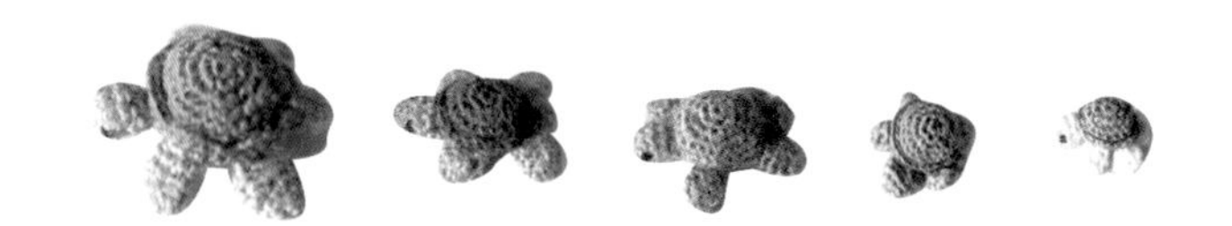

keitodama

目录

KEITODAMA

世界手工新闻

爱沙尼亚

2018年北欧编织研讨会

上／讲习会活动之一"拉脱维亚护腕"参加者的作品
下／"Knit & Walk"比赛，看谁走得又快，织得又漂亮。开始！

每年夏季都会在北欧举办的编织研讨会，这次于2018年6月24日至7月1日在波罗的海三国之一的爱沙尼亚举办。主办城市是维尔扬迪，从爱沙尼亚首都塔林乘坐公交车往南行驶大约2.5小时就可抵达。

2018年的编织研讨会围绕"波罗的海专题"展开，旨在探讨爱沙尼亚、拉脱维亚、立陶宛和俄罗斯西部的手工艺的历史和技巧。众多设计师从各国赶来，分别举办讲座和讲习会等活动。

爱沙尼亚艺术家阿努·劳德（Anu Raud）在去年秋天参加了日本的清里编织日活动（Knitting Days in KIYOSATO），这次我们参观了她的海姆塔里博物馆（Heimtali Museum），了解了爱沙尼亚的历史，欣赏了非常珍贵的古布裙子、手套、袜子、毛衣等手工作品和各种挂毯。

此外，还有名为"Knit & Walk"的比赛活动。参赛者每4人为一组，边走边织，看谁走得又快，织得又漂亮。边走边织虽然很难，但却是一次非常愉快的经历。

撰稿／藤原直子

德国

钟爱日本编织图书的德国人

上／索伯塔和捐赠给儿童癌症治疗中心的编织玩偶
下／索伯塔爱看的编织书。她似乎很喜欢钩针编织

居住在德国西北部中世纪商业城——比勒费尔德市的索伯塔·瓦伦蒂娜（Sobota Valentina）非常爱看日本的编织书，她说："虽然不懂日语，但是书里有非常详细的图解，看着图解也能编织。"听说她的那些日本编织书都是通过Etsy网站购买的。对她来说，灵活运用日本的编织图解制作作品是一件非常有意思的事。用她的话说，"每天忙于两个儿子的教育、工作和家务，压力很大，而编织就像瑜伽，可以帮助消除紧张情绪"。她15岁时在学校学习过编织，但之后中断了很长时间，5年前才再次开始编织。现在编织已经成为她每天必做的事情了。

现在，索伯塔在德国一家编织杂志社"Lamana"负责制图工作，还举办了一系列很棒的活动，比如为比勒费尔德市的儿童癌症治疗中心的孩子们捐赠编织玩偶等。让我们期待她将日本和欧洲的编织融为一体，创作出更多充满魅力的作品吧！

撰稿／弗雷格尔·章子

丹麦

茨韦斯泰兹的修学旅行

上／Isager店铺的橱窗里展示着玛丽安和她同事的精彩设计
下／学校附近就是北海海岸。这里似乎也能激发很多设计灵感

茨韦斯泰兹是位于丹麦北部的一个小镇。从那里出发，开车5分钟就可以看到北海。

2018年第3期的"Isager编织之旅"的目的地茨韦斯泰兹学校就坐落在这个小镇。说起Isager，这是丹麦屈指可数的线材厂商，已有40多年的历史。创始人玛丽安（Marianne）和海尔格（Helga）是一对母女，在我们《毛线球》杂志上也有连载文章介绍。她们作为编织设计师在日本也极具人气。

从成田机场出发约11小时后，在哥本哈根换乘国内航班，抵达距离茨韦斯泰兹最近的奥尔堡机场，再沿着农田和森林间没有红绿灯的道路驾车大约1小时，就到了有可爱的砖瓦建筑的学校和游客招待所。本次旅行就以此处为据点，可以在优美的自然环境中尽情享受编织的乐趣。

用作学校的建筑物原本是一所废弃的小学。玛丽安在它被拆除之前买下来重新修建，现在它已然成为全世界Isager粉丝聚会的场所。这里不只是玛丽安和海尔格的活动基地，也是很多艺术家的活动场所。

本次修学旅行期间，除了玛丽安和海尔格的编织讲习会，还有草木染的体验课，以及去附近的艺术家村庄和历史博物馆郊游等活动。据说那里为了吸引回头客准备了丰富的活动。

学校不光迎接艺术家和我们这样的客人，每周还会开放一次食堂为当地居民和一般游客提供晚餐。他们通过这种方式，让来访者和当地居民更好地交流。

逗留的1周内，除了编织，我印象特别深刻的就是蔚蓝的天空和在那片天空下沐浴着阳光的植物、森林、大海……大自然的景色无比漂亮。Isager线材的颜色也总是能让人感受到大自然的美感，来到茨韦斯泰兹后我就完全理解了。通过此次旅行，我仿佛也找到了玛丽安母女的设计灵感，真是不虚此行啊！

撰稿／西村知子

茨韦斯泰兹拥有恬静的田园风光和美丽的天空。Isager店铺和咖啡馆就坐落在这片大自然中

WORLD NEWS

芬兰

温暖？时尚？来自芬兰农场的毛线品牌

MISSYFARMI是芬兰的毛线品牌。它起源于西南部一家有300多年历史的有机农场。那一带周围是草原、农场、山川、森林和羊群。就是在这种悠闲的环境里，孕育出了MISSYFARMI品牌的毛线帽。经营这个品牌的是有四个孩子的农场主亚纳和安娜夫妇，他们致力于给孩子编织优质的帽子。

编织MISSYFARMI毛线帽的是一群被叫作"米西奶奶"的当地手艺人。她们用熟稔的手法编织一顶顶帽子，聚在一起编织的情形很令人赞叹。奶奶们聚集在一起编织的样子，就像在举办一场编织茶话会。快乐的聊天声、笑声、笑脸洋溢整个编织过程，这样的编织现场应该也是独一无二的吧。

MISSYFARMI毛线使用的羊毛，是早在4000年前便生活在芬兰的芬兰羊，它的毛发比美丽诺羊毛更加轻柔。为了追求极致的手感，工厂采用的是手工漂洗。精细的纺线方法，使每一根芬兰羊毛都含有5%以上的羊毛脂，毛线也因此有着令人赞叹的手感，并且不沾水。芬兰羊的毛色较为丰富，相应的自然色的毛线颜色也相对丰富。即使染色，也是使用天然的草木染方法，展现出芬兰风情的优美色彩。

快乐编织的米西奶奶们。她们正在编织世界上独一无二的帽子

可爱的奶奶手艺人就是这样用顶级的线材编织带有温度的帽子。但是，MISSYFARMI作为品牌，所追求的并不仅仅是保暖性，还有美观性。它不局限于怀旧的田园风和自然的印象，还追求时尚的都市风情。这种在吸收当地日常生活中的时尚元素的基础上打造出来的时尚，才是MISSYFARMI毛线帽的魅力之处。

报道/达尔曼容子
图片提供/ MYSSYFARMi OY

这款帽子很适合户外便装，但也可以和正装搭配，在庄重中增添一分闲适的感觉。帽子是秋冬搭配的亮点

天然的草木染染出的色彩丰富、优美的毛线颜色。芬兰羊毛自身的颜色也很丰富，自然色的毛线也独具魅力

Pleated garter stitch
褶裥编织 ▶ 18页

Herringbone stitch
鱼骨针 ▶ 15页

Daisy stitch
雏菊针

Bubble stitch
泡泡针 ▶ 12页

Pleated garter stitch
褶裥编织

Daisy stitch
雏菊针 ▶ 10页

Daisy stitch
雏菊针 ▶ 11页

Bubble stitch
泡泡针 ▶ 13页

Double Knitting
双面编织 ▶ 17页

充满乐趣的

奇妙编织

棒针编织的基础是下针和上针。
不过，通过拉出针目、交替编织、改变挂线方法等，简单的针目可以演绎出无穷的变化。
乍一看，有些编织花样不禁让人心生好奇，"是怎么编织出来的呢？"
欢迎来到奇妙编织的世界！在这里，你将学会很多不可思议、别出心裁的编织方法。

photograph Shigeki Nakashima stylist Kuniko Okabe hair&make-up Hitoshi Sakaguchi model Kim special thanks AWABEES,UTUWA

Double Knitting 双面编织
▶16页

Daisy stitch 雏菊针
▶8页

Herringbone stitch 鱼骨针
▶14页

Herringbone stitch
鱼骨针▶14页

Pleated garter stitch
褶裥编织

Bubble stitch
泡泡针▶12页

Daisy stitch
雏菊针▶8页

01
Daisy stitch
雏菊针

先织5针“绕2圈的卷针”，再在下一行同时进行“减针和加针”，可以编织出旋涡状的小花花样。花样看似复杂，但只需2根棒针就能完成。仿佛绽放的一排排小花，俏丽可爱。

→教程　20页

春日小花发带

发带上的朵朵小花圆鼓鼓的，十分可爱。使用雅致的颜色编织，既方便日常使用，也可以结合服饰进行搭配。

设计 / Saichika
编织方法 / 88页
使用线 / 达摩手编线

春日小花护腕

这副护腕看上去仿佛开满了黄色小花的绿色草地，每次看到都能让人心情愉悦。

设计 / Saichika
制作 / Hodumi Tokunaga
编织方法 / 95页
使用线 / 达摩手编线

雏菊花样单肩包

用极粗毛线编织的雏菊针花样牢固、厚实，也非常适合用来编织包包。鲜艳的粉色在冬天显得格外漂亮，让人迫不及待地想要背着出门。

设计 / 今村曜子
编织方法 / 90页
使用线 / 芭贝

01
Daisy stitch
雏菊针

雏菊花样短开衫

这款开衫用3种颜色的杂色羊毛线进行配色编织，非常雅致。看上去与2种颜色的线编织时的花样有点不同。前门襟、衣领、下摆和袖子分别使用了不同的颜色，显得更加别致。

设计 / Saichika　制作 / Emiko Nonami
编织方法 / 87页
使用线 / 手织屋

雏菊花样圆育克套头衫

这款圆育克套头衫在育克部分加入了雏菊花样。长距离段染线的颜色过渡非常漂亮，即使一种线也能展现小花花样的变化。

设计 / 风工房
编织方法 / 90页
使用线 / 手织屋

泡泡针配色圆筒帽

这款帽子凹凸有致的立体感非常可爱。使用漂亮的蓝绿色段染线和灰色的纯色线进行配色编织，真是相得益彰。

设计 / yohnka
编织方法 / 89页
使用线 / 手织屋

02 Bubble stitch 泡泡针

每6行里编织1次拉针，使织物呈现鼓起状态。统一拉针的间隔和行高，就可以编织出圆球形状。拉针位置的颜色会被盖住，配色编织的效果更佳。→教程　22页

泡泡针系带围脖

尺寸宽松的围脖在中间部分改变了配色，对折后佩戴，给人的感觉截然不同。调节上下两头的绳子，可以有不同的佩戴方法。

设计 / yohnka
编织方法 / 89页
使用线 / 手织屋

泡泡针斜门襟三色外套

宽松舒适的外套上编织了3种颜色的泡泡针，形态饱满，色彩丰富。简单的条纹花样起到了良好的视觉收紧效果。

设计 / 兵头良之子 制作 / 矢部久美子

编织方法 / 92页

使用线 / 手织屋

鱼骨针系带长开衫

这款系带开衫在前门襟和肩部编织了鱼骨针，既结实又挺括。与上针和罗纹针的条纹花样不同，很有趣味。腰带也用鱼骨针编织，显得非常厚实。

设计 / 柴田 淳
编织方法 / 94页
使用线 / 奥林巴斯

03 Herringbone stitch 鱼骨针

编织完“2针并1针”后取下1针，在剩下的1针和后面新的1针里接着编织“2针并1针”，重复以上操作就能编织出V字形的连续花样。每2行为1个花样，质地厚实是其最大的特点。

→教程 21页

配色鱼骨针围脖

这款围脖设计的亮点在于充分利用了鱼骨针和起伏针编织的密度差异。使用米色中夹杂着灰色的段染线和较粗的棒针编织，织物轻柔、松软。

设计 / 柴田 淳
编织方法 / 96页
使用线 / 奥林巴斯

鱼骨针手提包

在需要加固的部位使用了鱼骨针编织，制作出这款设计非常合理的手提包。组合不同的编织方法，即使1种颜色也可以表现出丰富的纹理效果。

设计 / 柴田 淳
编织方法 / 97页
使用线 / 奥林巴斯

双面花样围巾

围巾上大大的水珠花样惹人注目。选择哪一面作为正面使用，给人的感觉大相径庭。因为是双面编织，围巾的佩戴方法也就更加随意。羊驼毛线的轻柔手感也是一大魅力。

设计 / 风工房
编织方法 / 93页
使用线 / PIERROT YARNS、ZAKKA Stores Provence Series Chiffon（Arles中细）

04
Double knitting
双面编织

这是一种在织物的正反两面呈现相同配色花样的编织方法。使用2种颜色的线编织，正、反面的配色正好相反。因为要在1行里一次性编织两个织面，所以起针时也要起编织图中2倍的针数，2针相当于符号图中的1格。

→教程　23页

双面花样盖毯

配色花样给人北欧织物的感觉。方块花样部分还加入了上针，增添了些许变化。将自己喜欢的那一面当作正面使用吧。

设计 / Kayomi Yokoyama
编织方法 / 100页
使用线 / PIERROT YARNS Soft Merino

05 Pleated garter stitch

褶裥编织

基本上都是2种颜色的配色花样。为了使织物呈现褶裥效果，特意将反面的渡线拉短。看上去层层折叠的褶裥部位非常有趣，而且特别厚实，建议用在局部作为装饰。

→教程　22页

褶裥花样配色套头衫

在黄色和浅茶色的粗条纹基础上，加入褶裥编织的条状花样，让人眼前一亮。使用手感顺滑的线材编织，整体设计充满现代感。

设计 / 笠间 绫
编织方法 / 98页
使用线 / 奥林巴斯

Knitting Lesson

奇妙编织的针法教程

乍一看很不可思议的奇妙编织，是如何编织的？
怀着猜谜一般的心情，挑战试试吧！

摄影／森谷则秋

更多精彩，敬请浏览！

《奇妙的棒针编织》
本书将为大家介绍棒针编织中比较独特、有趣的编织方法，以及灵活运用花样编织的许多可爱的作品。附步骤详解，简单易懂。
本书已由河南科学技术出版社出版。

[雏菊针]

先织5针“绕2圈的卷针”，再在下一行织“5针并1针”的减针，紧接着织“1针放5针”的加针，编织出宛如小花的花样。

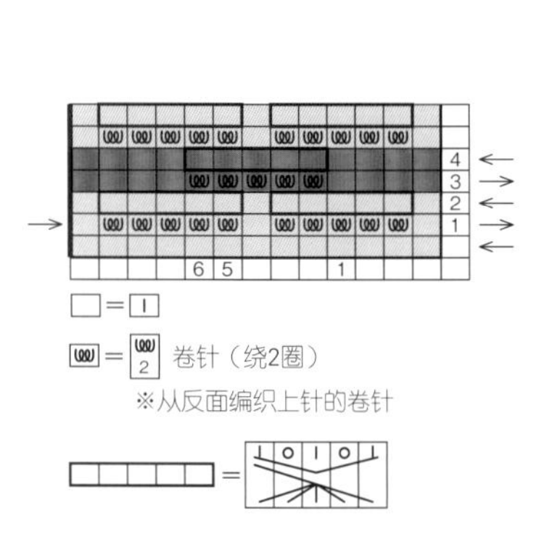

1

第2行，先织1针上针。在下个针目里按织上针的入针方式插入棒针，在针头绕2圈线后拉出。

2

上针的卷针（绕2圈）完成。按相同要领再织4针。

3

重复步骤1和2编织至行尾，翻回正面。

4

第3行，先织1针下针。在接下来的5针里，不要改变针目方向插入右棒针，一边拆开绕2圈的线一边将针目移至右棒针上。

5

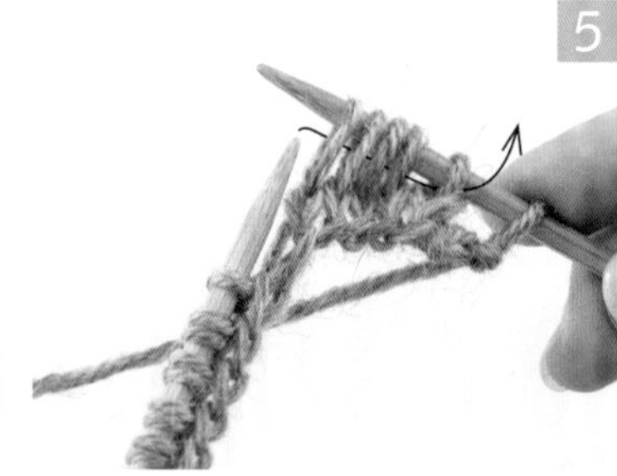

在拆开线圈的5个针目里插入左棒针。

6

将线拉出织“右上5针并1针”，不要抽出左棒针。

7

紧接着织“挂针、下针、挂针、下针”。

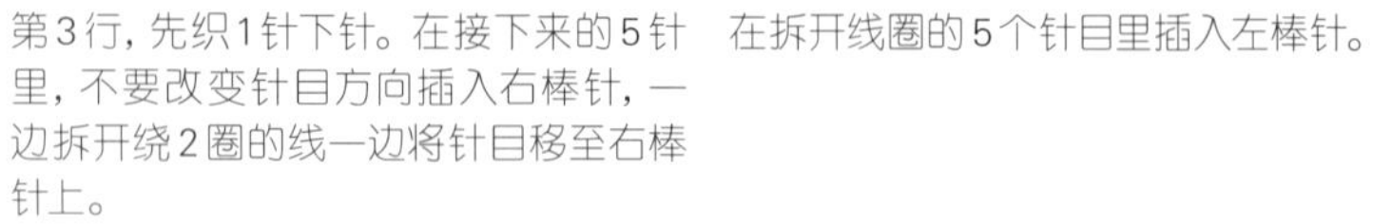

8

至此，“右上5针并1针”和“1针放5针的加针”完成。重复步骤4~7编织至末端。

9

编织至第3行的状态。接下来的2行换色后，错开半个花样按相同要领编织。

10

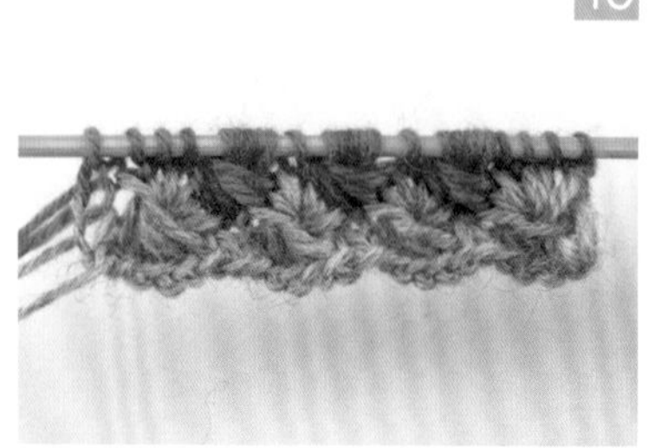

编织至第5行的状态。重复前4行继续编织。

11

完成。

[鱼骨针]

每织完“2针并1针”后取下1针，编织完成的织物非常厚实。
注意织下针时的入针方式与通常的方法不同。

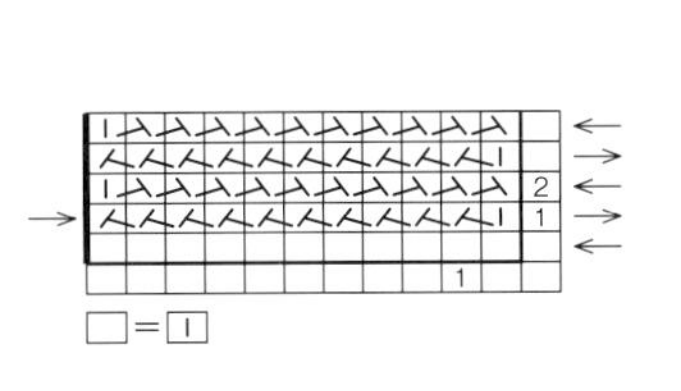

第2行是看着反面编织的行。像编织“上针的2针并1针”一样插入棒针，将线拉出。

拉出线后的状态。只将左棒针上右侧的1针取下。

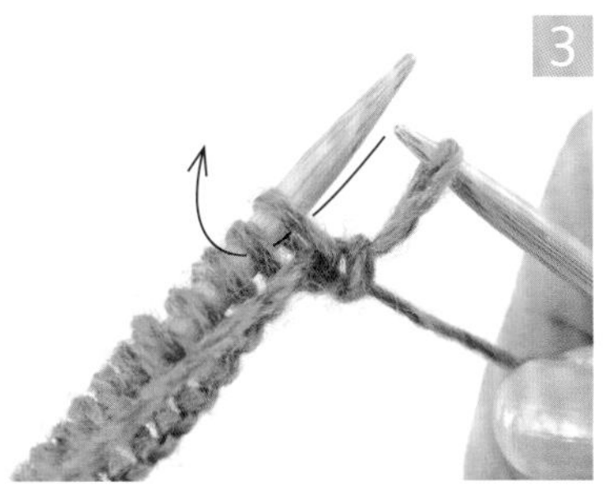

接着如箭头所示插入棒针，将线拉出。

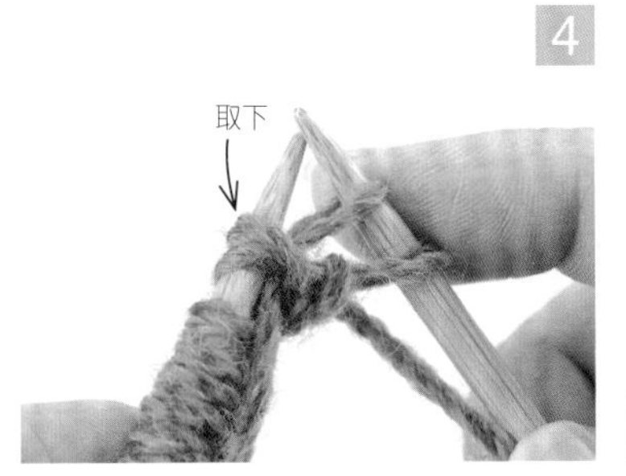

与步骤2一样，从左棒针上只取下1针。

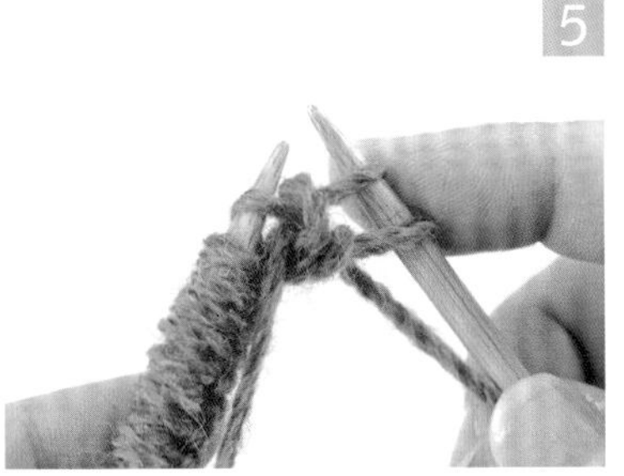

取下1针后的状态。重复步骤3和4。

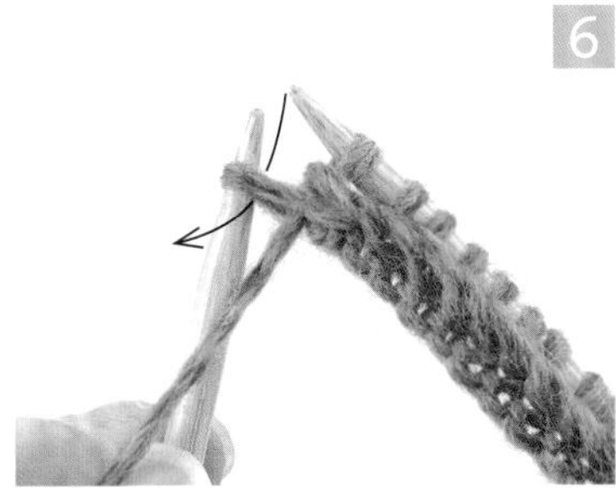

最后1针编织上针。

反面行编织完成。

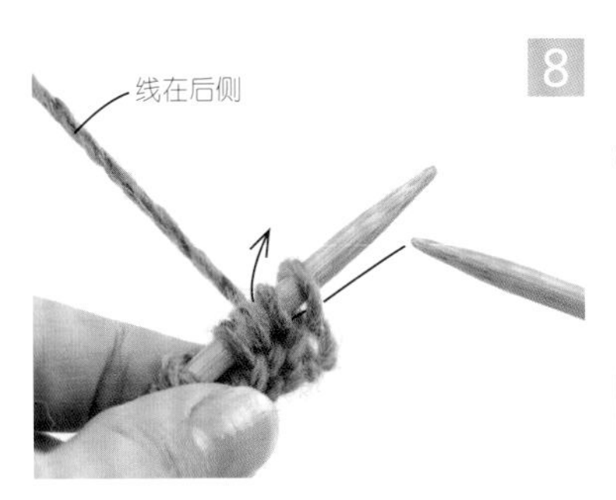

第3行是看着正面编织的行。将织片翻回正面，如箭头所示（按编织下针的要领）在2个针目里插入棒针将线拉出。

拉出线后的状态。只将左棒针上右侧的1针取下。

接着如箭头所示插入棒针，将线拉出。

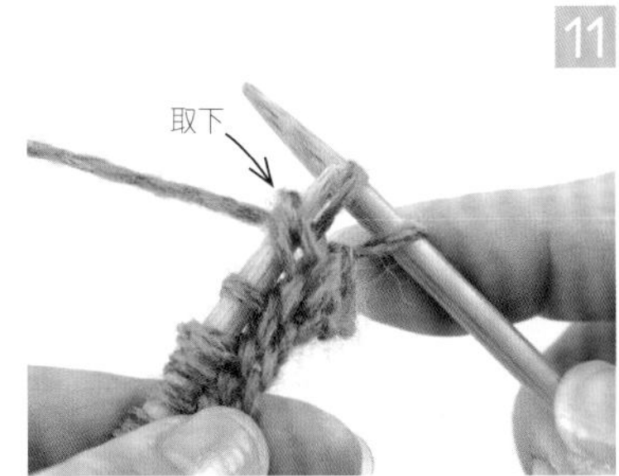

与步骤9一样，从左棒针上只取下1针。

取下1针后的状态。重复步骤10和11。

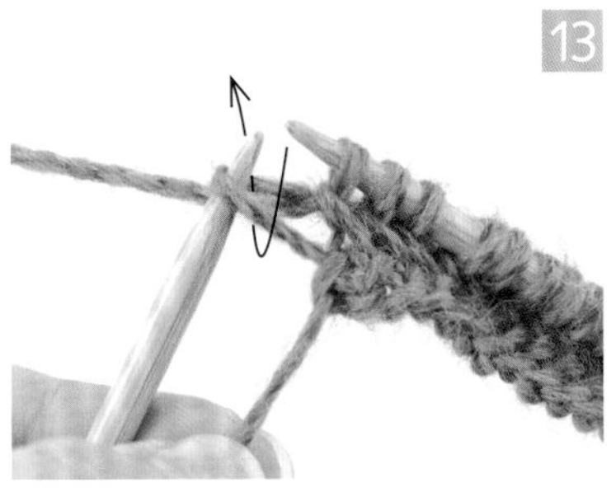

最后一针如箭头所示插入棒针编织下针。

正面行编织完成。

完成。

Knitting Lesson

[泡泡针]

这是每6行换色编织拉针，织出泡泡形状的编织方法。

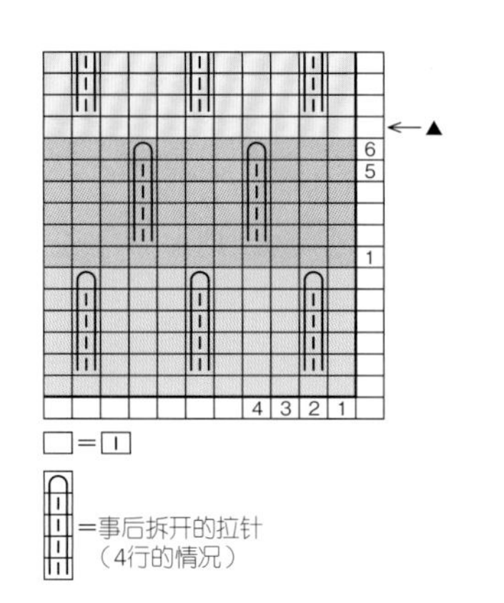

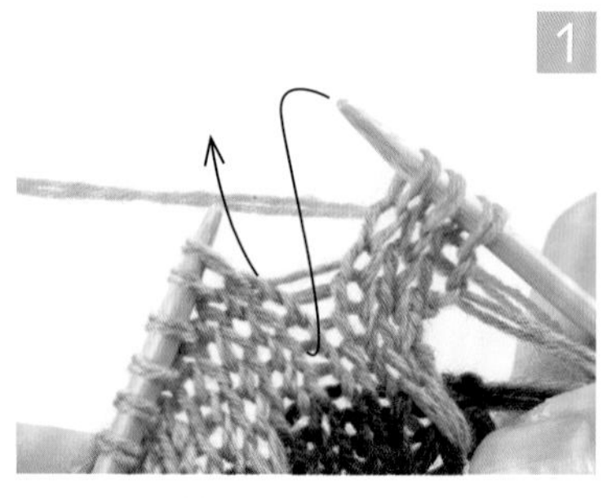

▲行先织3针下针，如箭头所示在前5行的针目里插入棒针，将线拉出。

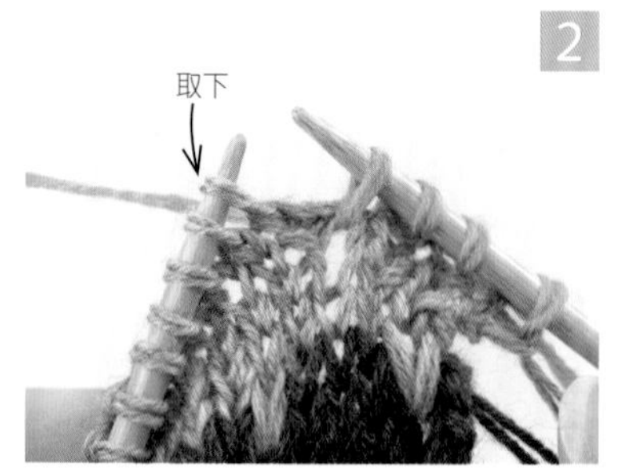

将左棒针上的针目取下。

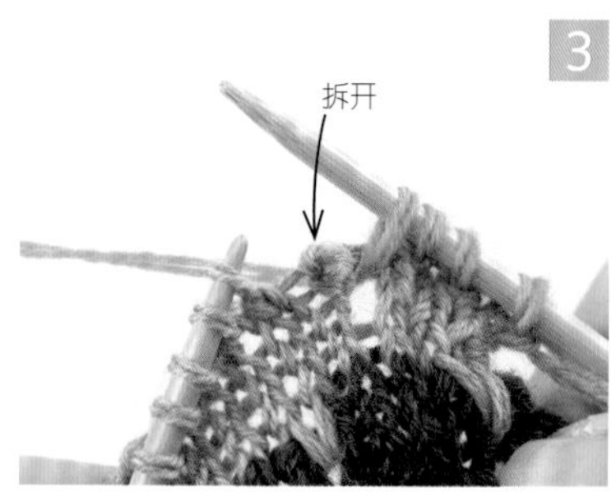

将取下的针目拆开。

事后拆开的拉针（4行的情况）完成。

重复步骤1~4。

拉针的行编织完成。

完成。

[褶裥编织]

拉紧配色花样中的横向渡线，织物就会呈现褶裥效果。使用1种颜色的线编织时，准备2根同色线按相同要领编织。

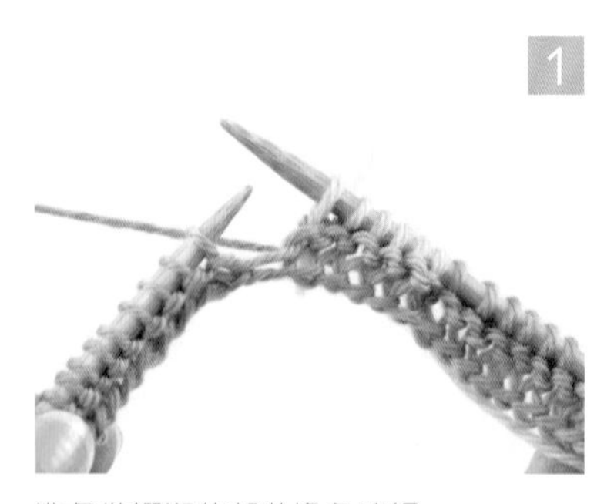

准备做褶裥的部分换色编织。

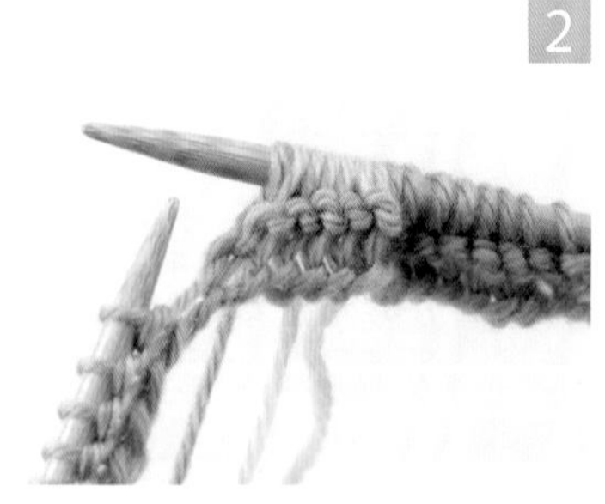

换成下个颜色的线时，将右棒针上的针目聚拢，用力拉紧渡线后继续编织。

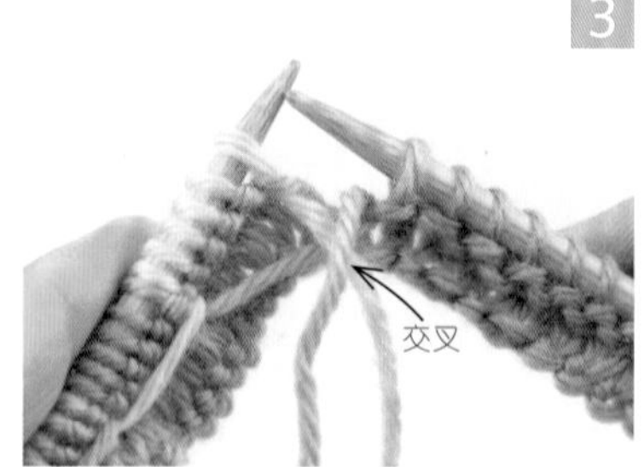

从反面编织的行，在褶裥位置前将线交叉后换色编织。

换线时与正面编织一样，将针目聚拢，用力拉紧渡线后继续编织。

重复步骤1~4。

从正面看到的状态。

从反面看到的状态。

[双面编织]

因为同时进行正反两面的编织，所以没有渡线，这是双面编织的特点。正、反面的配色正好相反。

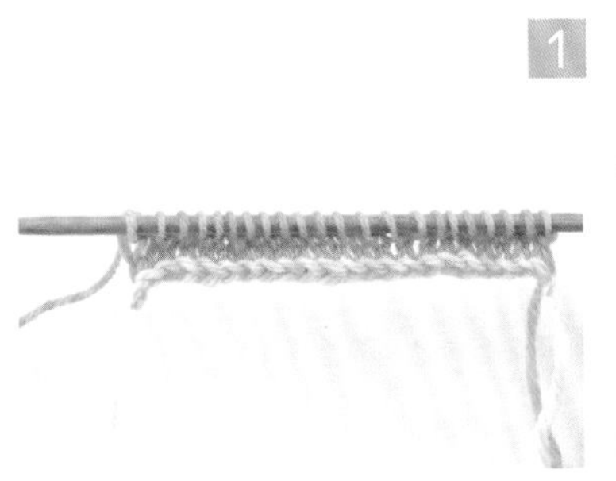

用单罗纹针起针法开始编织。先另线锁针起针，再用比编织主体时大2个针号的棒针编织3行平针。

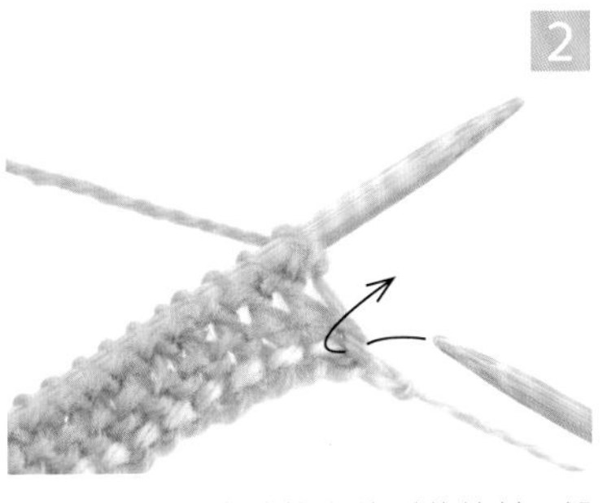

翻至反面，换成编织主体时的棒针。如箭头所示插入右棒针。

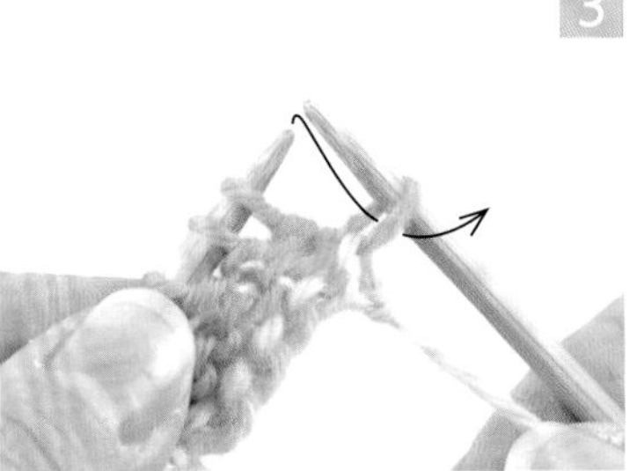

将挑起的线圈挂在左棒针上。

用白色线在步骤3中挑上来的针目里编织下针。

接着，用姜黄色线在左棒针上的下个针目里织上针。

如箭头所示，在第1行针目的半针里插入右棒针。

将挑起的线圈挂在左棒针上，然后用白色线编织下针。

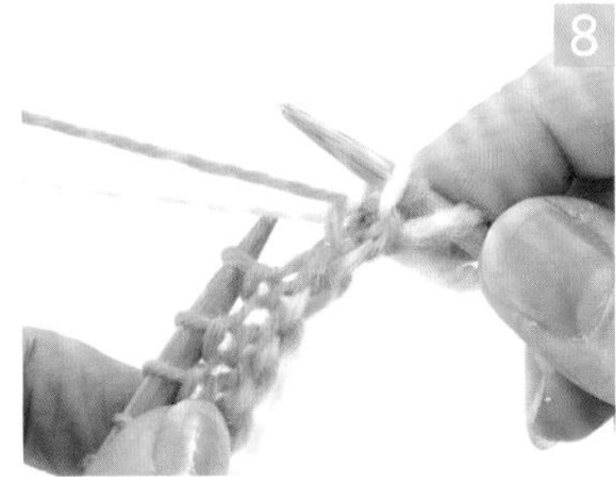

重复步骤5~7编织至行尾。

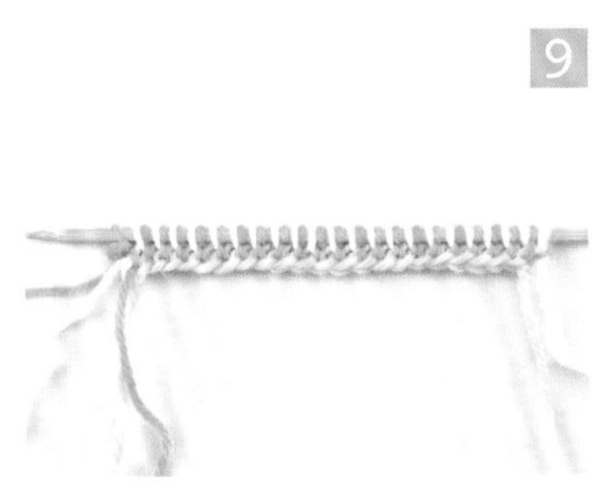

至此，第2行编织完成。拆掉另线锁针的线。

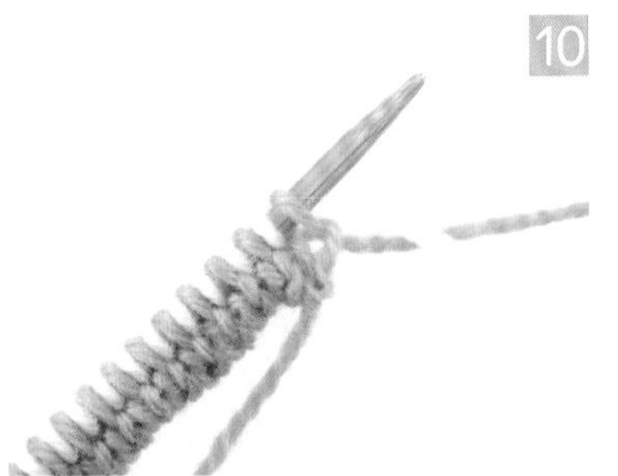

编织起点务必交叉2根线后开始编织。

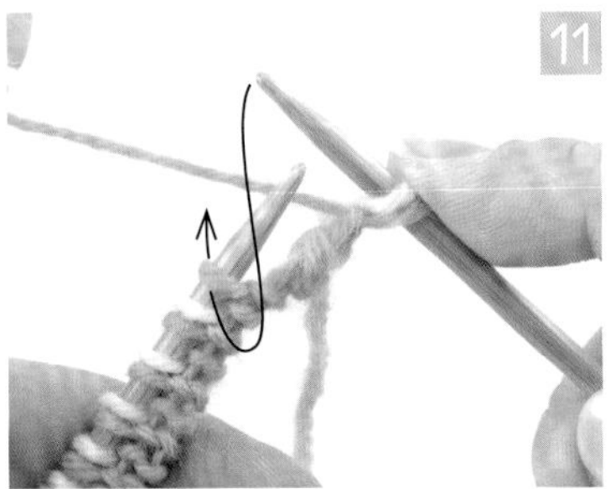

将2根线都挂在左手上。看着正面编织的行，用姜黄色线编织下针。

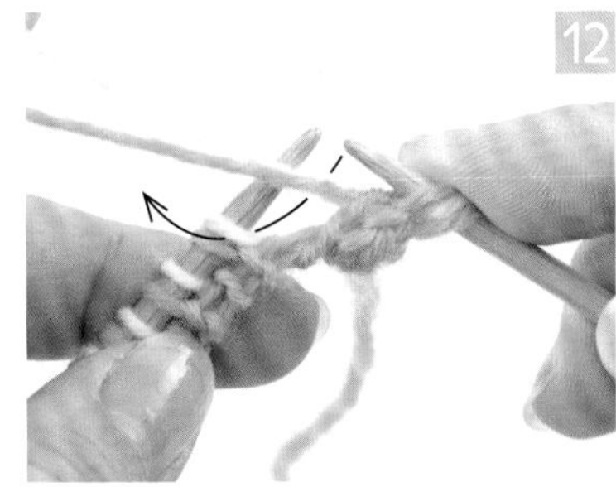

用白色线编织上针，注意编织上针时将2根线都放到前面。

看着反面编织的行，用白色线编织下针，用姜黄色线编织上针。

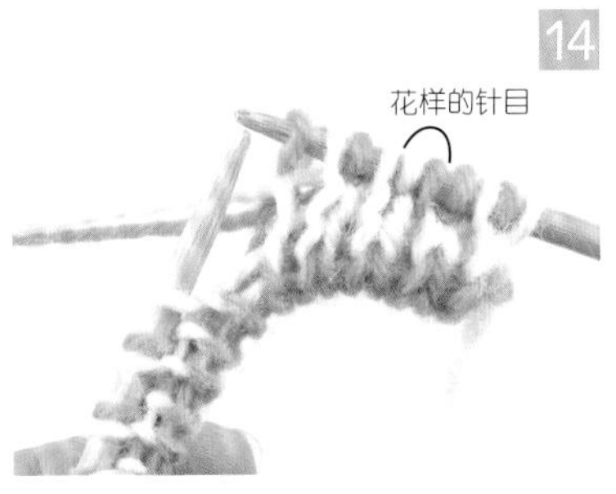

加入花样的部分交换姜黄色线和白色线进行编织。

正面。

反面。

创立“hikaru noguchi”品牌的编织设计师。非常喜欢织补缝，还为此专门设计了独特的蘑菇形工具。新书《妙手生花：野口光的神奇衣物织补术》已由河南科学技术出版社出版。

[第9回]

野口光的织补缝大改造

之所以说是“大改造”，是因为它并不限于修补，还可用来修饰。织补缝技术是在不断发展的。

【本期话题】
指甲美人

费尔岛风情的配色花样长手套，戴得太久指甲部位磨损了……

photograph Shigeki Nakashima styling Kuniko Okabe hair&make-up AKI model Veronika Skay

用来修补5根脚趾分开的毛袜的织补棒

在指甲上花费时间和金钱，也是一种时尚。即使是从不捯饬指甲的我，看到设计得这么漂亮的指甲还是会怦然心动。如花一般美丽的图案点缀着指甲，举手投足间如梦似幻的颜色很容易打动感性的人。对于这种重视指甲的人来说，对喜欢的手套上出现的瑕疵会很敏感。手套是用很有高级感的线材编成的，毛线纤维很娇贵，很容易受损。

这时候就需要织补棒出场了。在维多利亚时代，织补棒作为一种实用的手工工具被陈列在博物馆。织补棒不仅可以用在编织上，还可以用来修补皮革包上磨损的针迹。当然，在修补5根脚趾分开的毛袜时，它也不可缺少。修补长手套的指甲部位时，要用选择美甲的感觉来选择毛线。漂漂亮亮的指甲，会给人带来好心情。对于那些比较抵触在衣物上使用鲜艳的颜色的人，也很建议在修补细节时使用让人眼前一亮的颜色。

感受丹麦风情
ISAGER的世界

丹麦的冬天，日照时间很短，又黑又冷，唯有白雪的光芒映入眼帘。
这里介绍一款适合假期的夹克，它可以让人心情变好，心里变暖。

photograph Shigeki Nakashima styling Kuniko Okabe hair&make-up AKI model Veronika Skay

Red Jacket
落肩袖红夹克

穿这款夹克时，就像随意地披上披肩一样。它是将两种不同感觉的红色线合成1股编成的，色彩变化很微妙。编织花样很像羽毛，是由上针、下针、加针和减针组合而成的花样。在不同色块中间加入细细的线条，更有设计感。

设计／玛丽安·伊萨格
编织方法／102页
使用线／ISAGER

白色天使作为圣诞树的装饰很受欢迎

ISAGER TWEED & ALPACA 1

ISAGER TWEED毛线产自爱尔兰岛，含70%羊毛、30%马海毛，50g长约200米。毛线带着凹凸感，很像手纺线的感觉。马海毛让毛线更加轻柔，并给线材增添了光泽。零星散在线材中的其他颜色，让织片更加漂亮。

ALPACA 1毛线产自秘鲁，是极细线，含100%羊驼毛，可以取2根编织，也可以单独使用，但主要和其他线一起使用。颜色丰富，可以给作品带来各种编织效果。在其他毛线中加入一种颜色的ALPACA 1毛线，就会形成新的颜色。如果使用多色，可以整体加入一种颜色的ALPACA 1毛线，使颜色具有统一感。

丹麦的冬天非常冷，到处是一片灰色的世界。下雪时，白色的到来让灰色的风景变得明亮起来。我们经常在积雪上进行越野滑雪。

对于大自然来说，冬季是休养生息的时期。对于我们人类来说，会选择窝在温暖的房间里用编织消磨时光。这个季节，编织俱乐部、编织茶话会也最受欢迎。爱好编织的人们聚集在一起，喝着咖啡，吃着甜点，一边编织，一边闲聊。

献给读者们的这款冬季夹克，选用了温暖的红色调毛线编织。ISAGER TWEED毛线和ALPACA 1毛线，取指定颜色的两种毛线并为1股编织，暖色调的红色中夹杂着带着零星蓝色的红色，使夹克带着一种独特的美感。可以在室内穿，也可以作为外搭穿着出门。

12月是一年中黑夜最长、气温最低的月份，也是庆祝重大节日的时期。庆祝冬至，对日本人来说可能有些意外，但在丹麦，过了冬至则说明白昼开始变长，这是非常值得庆祝的事情。这个时期，在ISAGER公司的Tversted学校也会举办“节日市场”活动，销售各种食品和礼物。除了各种手工制作的节日蛋糕、点心外，还有用秋季丰收的水果做成的果酱，以及适合不同年龄段的礼物。当然，因为有精彩的编织活动，还有毛线出售！大家一定要来看看哟。

（玛丽安・伊萨格）

男人编织 28

角田胜年：指尖玩偶编织大师

photograph Bunsaku Nakagawa text Hiroko Tagaya

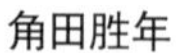

角田胜年

居住在日本埼玉县。自学编织，编织经验5年。以创作“别人从未尝试过的”“麻雀虽小、五脏俱全的可爱作品”为目标，完成的作品越来越迷你。作为“玩偶编织师”一直坚持创作。

摄影场所提供／一凛咖啡上尾店

这次的采访与往常不同，总是弥漫着紧张的气氛。要说为什么……因为作品小得超乎想象！如果用身体部位作为参照，它相当于成年女性小指的1/4大小，好像笑一声就会把作品吹到哪儿去。

“真是这样啊！我曾经在阳台拍摄作品，结果就找不到了。从那以后就再也不在阳台拍照了”。（笑）

说话的正是本期的编织男主角——“玩偶编织师”角田胜年先生。听说他是自学编织，等他意识到的时候，作品已经非常迷你了。他最早的作品是泰迪熊。正如他常说的，“尺寸虽小，质量却不能下降”，与大尺寸的玩偶一样，他的作品精巧地再现了泰迪熊可爱的一面，精细程度让人叹为观止。

“我使用的是90~100号线和25号蕾丝钩针。因为针头是倒钩形的，不小心扎入手指一下子拔不出来，真的很痛啊！”（笑）人们通常使用的蕾丝线是30~40号，蕾丝钩针是6~8号，可见其细得惊人。角田先生就是使用这种极细的线和钩针，以右手无名指为轴一边调整动作一边轻快地钩织。迄今为止，他已经创作了200多件作品。除了动物和水果外，还有汉堡包和甜品等食物，以及人气吉祥物等。将这些作品分门别类整理在格状药片收纳盒里后，真是可爱极了。当问到是否有自己最满意的作品时，角田先生回答说：“无论哪件作品都是精心制作的。以小熊猫这个作品为例，我就有4个，逐渐做了改进。完成1个后总会发现有可以改善的地方，于是就重新制作了1个，结果

平均大小为5~10mm，超小尺寸是角田先生作品的特征。不过，尺寸虽小，针脚却很细致，种类也很丰富。需要使用的线材和工具也格外精细。

1/用药片收纳盒分类管理。这个盒子里装的是“食物” 2/角田先生说：“我认为原创这一点非常重要。” 3/用右手无名指抵住指尖进行钩织 4/比想象中还要小好多倍的玩偶 5/当然，使用的蕾丝钩针也是超级细的。据说柔韧度和强度是关键 6/放在采访地点咖啡店里的杯垫上 7/反复修改升级的七星瓢虫 8/精心制作的掌心（指尖）熊猫 9/最关键的是编织起点。编织方法与普通的玩偶相同

就是不断地改进升级。”

“小乌龟”也是如此，他做得越来越小，越来越精巧。超迷你的“甜瓜”用条纹针表现出线条，“草莓”上的颗粒清晰可见。真是精湛的手艺啊！尝试后才发现特别难，究竟是怎样操作的呢？

“比如小马和狮子等动物的鬃毛，因为要一根根地种上去，所以会花上几个小时。最累的是编织起点。钩织短针环形起针时，因为太小了，必须用指尖捏着编织。”

我想也有很多人觉得编织可以减压，但是这么精细的操作恐怕反而会增加压力吧……莫非角田先生喜欢给自己施压，挑战极限？

“啊，或许是这样吧（笑）。感兴趣的事情，比如玩魔方，一旦玩起来，不知不觉就会深陷其中。”

角田先生严谨的态度也表现在了创作作品时的构思上。

“动物玩偶如果追求逼真，不如去看真正的动物。所以，以动物为主题进行创作时，我就想表现出自己觉得可爱的地方，这才是乐趣所在。人气吉祥物的设计者非常厉害，在制作这些吉祥物时，我就只是模仿或者完全复制。我认为创作中很重要的一点就是从零出发，追求原创。”

角田先生还表示，如果以现在的大小再想缩小，就必须减少行数，这样一来可爱程度就会大打折扣，所以目前的尺寸刚刚好。令人惊叹的小作品中饱含了他对创作的热情和执着。喜欢可爱小物的他在编织玩偶的过程中，不断追求原创，最终创作出这些超迷你的作品。摄影结束后，角田先生将所有作品满满地塞进包包里，便匆匆离开了。

乐享毛线 Enjoy Keito

在适合编织的冬季，Keito店里的顾客络绎不绝。
这次编织的东西，是可以和大家手头正在编织的东西齐头并进的小物。

photograph Hironori Handa styling Masayo Akutsu hair&make-up Hitoshi Sakaguchi model Katie Neels

PLASSARD TRAPPEUR

腈纶50%、羊毛25%、羊驼毛25% 颜色数/9（Keito在售）规格/每卷50g 线长/约75米 粗细/极粗 使用针的号数/13号

这是法国非常有个性的PLASSARD品牌毛线。混合色调的极粗线TRAPPEUR以羊驼毛的柔和手感和腈纶的蓬松为特征。也推荐用它编织厚重的男士毛衣。

一般当作围脖使用，天气特别冷的时候可以套在头上当作风帽，防寒性好，很实用

带风帽的围脖

主体使用色彩缤纷的线，挨着脖子的一圈使用单色线编织，使围脖看起来不那么张扬。记得在风帽的帽顶缝上线团上带的流苏。出门就可以用上，使用频率很高。

设计/林美雪
编织方法/106页
使用线/FEZA、PLASSARD

邮编：111-0053
日本东京都台东区浅草桥3-5-4 1F
电话：03-5809-2018
传真：03-5809-2632
邮箱：info@keito-shop.com
营业时间：10:00~18:00
休息日：星期一（星期一为节假日时，则次日休息）

FEZA ALP ORIENTAL

腈纶40%、锦纶24%、粘纤13%、人造丝8%、马海毛9%、金银丝6%　颜色数 /7（Keito 在售）规格 / 每卷250g 线长 / 约150米 粗细 / 超级粗 使用针的号数 /12mm
将服装业使用的工业线回收再利用，每次进货的线材组合都不一样，正是“一生仅有一次的际遇”。因此，线材成分、线材重量、粗细也不太一样。使用时，请享受这种不同带来的乐趣。1团线可以编织一条稍短的围巾。

小花手包

主体的编织方向不一样，编织时一气呵成。提手用口金制作而成，整体圆鼓鼓的。

设计 / 一色 奏
编织方法 /107页
使用线 /FEZA

一到编织季，新线便纷涌而来。想把它加入正在用的线里编织，想编织的东西也多了起来。这个好漂亮，那个也想要……每个都想编！正在编织毛衣等大件作品的人应该也是这种心理。

这次，我们换种风格，尝试一下极粗线吧。围在脖子上的围脖用棒针编织，出门搭配的小包用钩针编织，如此，用同样的线、不同的编织体系来编织两个可以很快完成的小物。它们可以成为点缀冬季服饰的亮点。

使用的主要线材是 Keito 店铺的粉丝们熟知的 FEZA ALP ORIENTAL 毛线。一大团线中包含三四根毛线合成的六七种毛线，线团上的流苏将它从众多毛线中区分出来，一眼就能认出来。不同批次的线，颜色、粗细、重量都不一样，编织的时候总会忍不住想，接下来会出现什么线呢？不知不觉中，就织好了新风格的作品，大家一定要尝试一下哟。

自带魔法的百变之王
段染线编织

只需使用一种段染线编织就会呈现漂亮的渐变效果，仿佛精心配色一般，赏心悦目。不同的编织方法会带来不同的视觉享受。下面就让我们慢慢欣赏段染线编织的魔法吧！

photograph Hironori Handa styling Akutsu Masayo hair&make-up Hitoshi Sakaguchi model Katie Neels

意想不到的色彩变化，大面积色块的应用

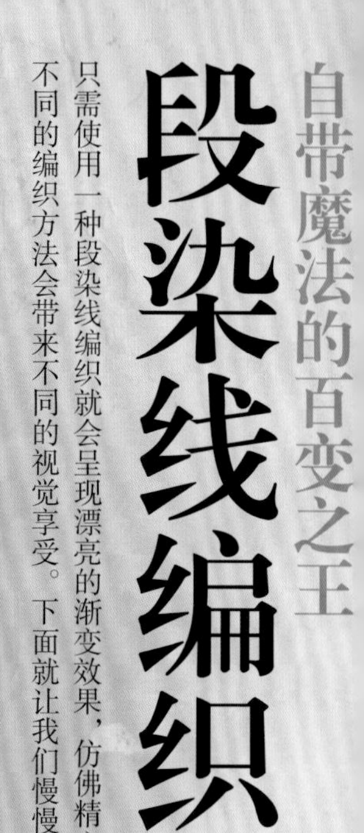

多米诺花样圆领开衫

这是一件长一点的开衫，多米诺编织部分的几何渐变花样非常有趣。作为主色的深藏青色与段染色在多米诺编织部分有规律地进行了配色编织，丝毫没有违和感。身片和袖子做横向编织，段染线部分设计成了类似肩章袖的条状花样。

设计 / 今泉史子
编织方法 / 116页
使用线 / 内藤商事

条纹基础上的变化，加分的编织花样

扇形花样圆领套头衫

不同的编织花样，渐变的效果也不同，这也是段染线的乐趣所在。身片和袖子的条纹宽度不同，在平针中加入扇形花样后更是锦上添花。在花样之间加入纯色线编织，更加凸显了花样。

设计 / 冈本真希子
编织方法 / 123页
使用线 / 内藤商事

只需编织平针，就能完成北欧风的配色花样

北欧风罗纹边套头衫

无须拿着2种颜色的线盯着图解，就可以快速地编织出配色花样，这样的魔法备受追捧！下摆和袖口部分醒目的浅橘色和罗纹针部分的蓝色由于是单色编织，有种瞬间收紧的视觉效果。这个小技巧非常实用。

设计 / 野口智子
制作 / 池上 舞
编织方法 / 105页
使用线 / 芭贝

绚丽的圆形披肩

菠萝花样圆形披肩

从蓝色开始，颜色逐渐加深，然后转为紫色。精美的菠萝花样披肩仿佛蝴蝶展翅一般，渐变效果给人强烈的视觉冲击。配套钩织的蓝色玫瑰花使披肩显得更加华丽。方眼针部分的贴身设计尤为别致。

设计 / 河合真弓
制作 / 关谷幸子
编织方法 / 109 页
使用线 / 和麻纳卡

浪漫的连袖式上衣

镂空花样连袖式上衣

类似灯笼袖的设计可爱极了，这款连袖式上衣从身片挑针后编织袖子。清爽流畅的镂空花样自然形成了波浪形边缘。从粉红色到米白色的渐变，让人穿上神清气爽。

设计 / 河合真弓
制作 / 松本良子
编织方法 / 108 页
使用线 / DMC

轻松钩编祖母方块花片 告别线头处理！

祖母方块拼花毯

这条五彩缤纷的祖母方块拼花毯一共使用了几种颜色？每钩一行就要换色，一想到线头处理就不免郁闷……这次推荐的段染线就能轻松解决这个问题。竟然只使用了A和B两种色系的段染线就能完成，已经忍不住想马上动手编织了吧。

设计 / Hobbyra Hobbyre
编织方法 / 114页
使用线 / Hobbyra Hobbyre

备受关注的段染魔法：拼色编织

拼色编织手提包

观察段染线颜色的重复规律，按一定的规则钩织短针的桂花针，就会呈现菱形格子状的配色花样。这种编织方法俘获了世界各国钩编爱好者的心，也被称为“Planned Pooling”或者“Color Pooling”。用细线编织一个手提包，作为自己的拼色编织处女作吧！

设计 / 今泉史子
编织方法 / 113页
使用线 / 和麻纳卡

用其他元素让编织作品更时尚

冬天的包包

总想多编织几款包包搭配不同的衣服。提手和包底使用其他材质，包包会更耐用，也更时尚。这次，除了手提包，我们还尝试编织了手拿包。在冬季出门时，一定别忘了带上它哟。

photograph Toshikatsu Watanabe styling Terumi Inoue

阿兰花样双色手提包、手拿包

钩针编织的阿兰花样的包包，使用了高级的海军蓝色线和优美的绿色线。使用边缘带孔的底板，编织的包包更结实。皮质提手让包包更有时尚感。手拿包上的流苏也是亮点。

设计/千叶绫香
编织方法/121页
使用线/芭贝

环形编织小手包、枣形针零钱包

一圈一圈地编织2片大椭圆形织片，和侧边连接在一起，就成了一款很好用的包包。用毛线缝合的提手，简约而富有新意。还可以借助圆形包底用枣形针编织出一个圆鼓鼓的小包，非常可爱。

设计 / 野口智子
编织方法 /116页
使用线 /Alize

用DMC COCOON Chic线编织

简单别致的毛衣和小物

饱含空气的意大利制造的极粗毛线COCOON系列，迎来了加入金银丝线的新品COCOON Chic。
金银丝线在简单的织片上闪烁，增添了衣物的美感，也让手编更有乐趣。

photograph Shigeki Nakashima styling Kuniko Okabe hair&make-up Hitoshi Sakaguchi model Kim

带肩扣圆领套头衫

这款下针编织的基础款套头衫，肩部起伏针部分缝上3颗类似肩章的纽扣。这种和金银丝线非常搭配的金色纽扣，每团线上都有一颗。

设计/大田真子
制作/须藤晃代
编织方法/126页
使用线/DMC

纽扣装饰短围巾

这是一款蓬松、轻柔的毛线，很适合编织成短围巾。将一端穿入另一端的穿入孔中，这种设计方便、实用。上面装饰的纽扣也很别致。

设计/大田真子
制作/须藤晃代
编织方法/125页
使用线/DMC

一粒扣手提包

将等针直编的织片组合在一起，形成造型独特的手提包。闪闪的金银丝线给包包增添了质感，更适合拎着出门。再缝上双重锁针钩织的提手，可以手提，也可以单肩挎着。

设计/大田真子
制作/须藤晃代
编织方法/125页
使用线/DMC

串珠真漂亮

闪亮的护腕

护腕不仅可以保暖，还可以用美丽的毛线和美丽的串珠一起装点我们的手腕。
从外套的袖口露出一点就很好看，可以在很多场合佩戴。

photograph Shigeki Nakashima styling Kuniko Okabe hair&make-up AKI model Veronika Skay

A

Wrist Warmer With Beads

同款不同色的串珠护腕

相同的织片，改变毛线的颜色和串珠的图案，就可以做出给人感觉完全不同的护腕。热情的红色护腕，在钩织短针时加入像水滴一样的金色串珠，给人浪漫的感觉。炭灰色护腕和红色护腕的钩织方法相同，但上面搭配了同色系的串珠，串珠呈菱形排列，别有一番雅致的感觉。扇形花样的粉米色护腕是马海毛材质的，边缘装饰的珍珠很有淑女风范。原白色护腕上编入了很多细长的管状串珠，整体的配色很内敛，戴上没有搭配的烦恼。

设计/河合真弓
制作/栗原由美
编织方法/142页
使用珠/MIYUKI
使用线/芭贝

用编织迎接新春

这次我们用编织年糕和年节料理来迎接新年的到来。
新的一年，希望能继续和美好的线、美好的设计相遇。祝大家快乐编织。

photograph Toshikatsu Watanabe styling Terumi Inoue

吉庆年节料理编织

首先，编织一个厚重的盒子。然后，编织年节料理。里面有祝福长寿和成功的大虾，象征喜悦的昆布卷，外形很像卷轴、用来祈愿知识、文化昌盛的伊达卷。红白鱼糕有驱邪和清净的含义，干青鱼子象征着五谷丰登、子孙兴旺。黑豆象征着勤勉，并有祛病息灾的含义。最后，不要忘了南天竹的叶子。

设计 / 松本熏
编织方法 /127 页
使用线 / 达摩手编线

吉祥年糕编织

圆形“镜饼”年糕是供奉给年神的供品，以迎接新年的到来。年神会附在年糕上。将一大一小两个年糕摞在一起，象征着人们盼望年年圆满。镜饼最上方的橙子有祝福家业兴盛的含义。

设计/松本熏
编织方法/127页
使用线/达摩手编线

每次的节庆编织都因注重细节而为人称道，这次更是严谨，还编织了用来装黑豆的小碟子，大虾的眼睛用黑色珠子做成，栩栩如生。伊达卷的针法很精彩，造型逼真，让人忍不住想拿起来吃一口。昆布卷缠得很紧实，红白鱼糕里面塞入了填充棉，看起来很有弹性。看着一个个鱼糕，很想用粗线将它改造成靠垫，太可爱了。弯曲的大虾则很想用来当作抱枕。光是想想，就已经让人很兴奋了。

Yarn Catalogue

秋冬毛线新品推荐⑥

冬季毛线品类繁多，让人眼花缭乱。
这里，我们介绍以下几个品牌的头牌毛线。

photograph Toshikatsu Watanabe styling Terumi Inoue

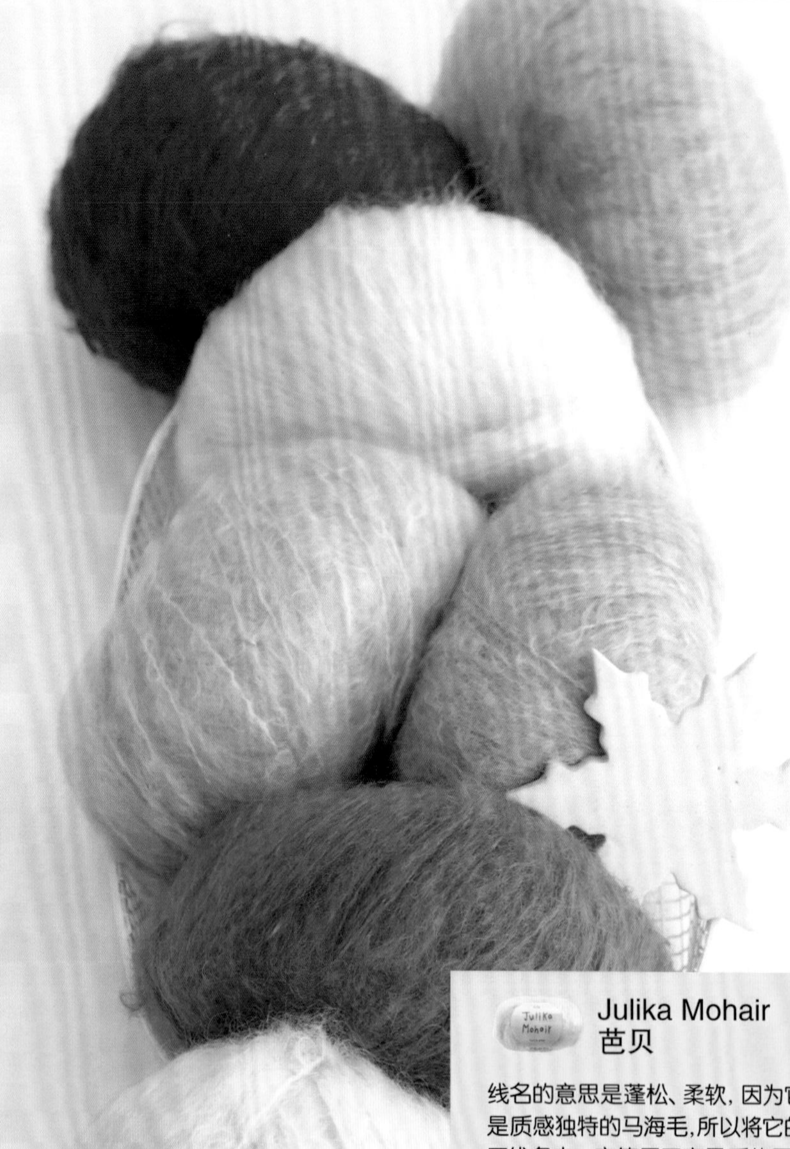

HUSKY
芭贝

这款毛线的染色看上去就像混入了一团团雪花，色名中带有“模糊不清”的含义。它可以自然地呈现出类似配色花样的编织效果。在编织起点位置改变花样的呈现方式，可以编织出有自己独特风格的作品，这也是这款线的魅力之一。

参数

羊毛50%（100%超细美丽诺） 腈纶50% 色数/6 规格/每团100g 线长/约300m 线的粗细/粗 推荐用针/6~8号棒针

设计师的声音

一根线在编织过程中不断变换颜色，形成配色花样，和普通段染线的颜色变化方式不一样，很有意思。虽然直接编织就可以呈现配色花样的效果，但这里我们加入了库音阿妮线进行配色，更有趣了。（野口智子）

Julika Mohair
芭贝

线名的意思是蓬松、柔软，因为它的主要成分是质感独特的马海毛，所以将它的特点也融入了线名中。它使用了高品质的原材料，手感特别好，尤其轻柔。粗细程度适中，比较方便编织，适合编织款式简单的衣物，来彰显线材的质感。

参数

马海毛86%（100%超级小马海） 羊毛8% 锦纶6% 色数/12 规格/每团40g 线长/约102m 线的粗细/中粗 推荐用针/8~9号棒针

设计师的声音

因为线芯是相对较粗的马海毛，所以初学者也可以尝试这款线编织。即使用大号棒针快速编成一件毛衣，也特别轻柔，不笨重。（风工房）

Moke Wool B
手织屋

将毛条染色后再纺成纤细的线，具有独特的韵味。6根捻成的线，有着独特的蓬松感。

参数

羊毛100%　色数/32　规格/每桄90~100g　线长/100g　约160m　线的粗细/中粗　推荐用针/8~10号棒针

设计师的声音

色调很像英国羊毛纺成的毛线，弹性和光泽俱佳，手感轻柔，编织出来的毛衣质感很像苏格兰呢夹克，给人朴素的感觉。如果是传统的设计，就很适合使用这种沉稳色调的线编织，这也是这款线的魅力之处。（SAICHIKA）

Poppy
手织屋

羊毛中加入了真丝和羊驼毛，线材很轻柔。色彩缤纷的混合色毛线，编织起来很有趣。

参数

羊毛60%　真丝20%　羊驼毛20%　色数/6　规格/每桄95~100g　线长/100g　约102m　线的粗细/中细　推荐用针/4~5号棒针

设计师的声音

有羊毛和羊驼毛轻柔的手感，加上真丝细腻的光泽。这次取2根线编织，通过和色调沉稳的Wool N线组合在一起，突出了这款线材鲜艳的颜色。色彩斑斓的Poppy线和色数丰富的Wool N毛线合在一起编织，可以产生无限可能，很值得期待。（yohnKa）

Soft Merino

柔软、保湿还吸湿，各种性能俱佳的美丽诺毛线，最适合用来编织冬季的毛衣。它很轻柔，所以可以用来编织斗篷、开襟毛衣等穿在外面的衣服。这款美丽诺毛线带着恰到好处的蓬松感，编织时很难把线劈开，但织出来的衣物很轻柔。

参数

羊毛100%（美丽诺羊毛） 色数/18 规格/每团40g 线长/95m 线的粗细/中粗 推荐用针/6~8号棒针，5/0、6/0号钩针

设计师的声音

细腻、轻柔，带着适当的光泽，这是一款很好编织的毛线。织片蓬松柔软，触感优良，还可以清晰地显现配色花样的轮廓。（横山加代美）

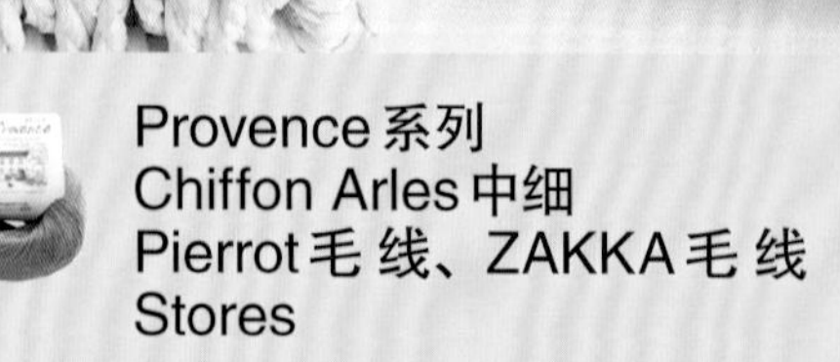

Provence系列
Chiffon Arles中细
Pierrot毛线、ZAKKA毛线 Stores

这款毛线由珍贵的宝贝羊驼毛轻柔地捻成。有中细至粗型号的，适合编织围巾、手套等小物，也适合编织夹克、开衫等大件衣物。

参数

宝贝羊驼毛100% 色数/9 规格/每团30g 线长/107m 线的粗细/中细至粗 推荐用针/4~6号棒针，4/0、5/0号钩针

设计师的声音

含有100%宝贝羊驼毛，手感极佳，编织出来的作品带着羊驼毛特有的褶裥，沉稳而优美。编织时毛线很容易劈开，需要注意。（风工房）

Vesper
奥林巴斯手编线

在柔软的美丽诺毛线中加入富有光泽的原材料，让手感和颜色更加优良。它是多色混合的毛线，很像印象派绘画的风格，无论是棒针编织还是钩针编织，都可以享受颜色变化之美。

参数

羊毛50%（美丽诺羊毛）锦纶47% 腈纶3% 色数/7 规格/每卷30g 线长/约57m 线的粗细/极粗 推荐用针/8~10号棒针，7/0、8/0号钩针

设计师的声音

毛线表面较为光滑，不管是棒针还是钩针，都很容易编织。长间距的段染线，配色较为大胆，或改变编织方向，或连接花片，可以尝试各种编织方法。（冈真理子）

Tree House Palace Tweed
奥林巴斯手编线

100%使用南美洲乌拉圭产蓬松柔软的优质羊毛。经典的传统颜色可以表现苏格兰呢风情的质感，简单编织即可成就一件高品质的佳作。

参数

羊毛100%（乌拉圭羊毛） 色数/9 规格/每团40g 线长/82m 线的粗细/极粗 推荐用针/9~11号棒针，7/0、8/0号钩针

设计师的声音

粗线很好编织，很蓬松，针目很有立体感，编织花样的效果会很好，编织的织片也会比较结实。注意针目不要织得太密实，以彰显蓬松的质感。（兵头良之子）

Event Report

《毛线球》40周年纪念活动：毛线节

谢谢大家!

疯狂!
"森林里的小猪"店里的编织符号曲奇

《毛线球》非官方形象"毛线先生"

撰稿/毛线球编辑部

2018年9月15~17日，以日本手工艺画廊（日本宝库社）为会场，举办了为期3天的《毛线球》创刊40周年纪念活动“毛线节”。有2000多名编织爱好者来到了会场，会场人气很旺。

来访者主要是《毛线球》的读者，有小孩，有老人，有父母带着孩子来的，也有学生，各个年龄段的人都有。大家在会场停留了很长时间，用心参观会场的一物一事。其中，不乏在里面待了一整天的人，有人甚至在会场待了整整三天！同一时期举办的还有“编织狂人节”“东京纺织品展（Tokyo Spinning Party）”“东京手工周（Tokyo Handcraft Week）”等活动，它们的参加者也陆续来到毛线节活动的现场，因此三天现场气氛都很热烈。

毛线节不仅是一场盛大的展出，它还有另一个出发点是，做一场编织爱好者喜闻乐见的活动。有羊毛仓库、编织师203gow的特别作品展，有《毛线球》创刊以来的过刊回顾长廊，有外国编织书、世界传统编织和古老的编织工具展，还制作了动画片专门讲述《毛线球》的成书故事，各种精彩的活动不胜枚举。

另外，除了有人气作家举行的编织研讨会以及销售专区之外，还有电影《毛线：装点人生的毛线》的发布会、设计师访谈、镂空拍照、毛线池等助兴活动。会场入口对面的玄关装饰是由全日本的编织爱好者和编织文字设计团队联手完成的。在编织师203gow的指导下，会场得以展示出如此别开生面、不同寻常的编织世界，令这场活动的传播速度飞快。

回顾这场活动，因为编辑人员全部是编织爱好者，所以在“想看的、想知的、想编的、想买的”方面有着和读者相同的诉求。为了办一场“真正属于成人的编织文化节”，在一年多的时间里，大家在工作之余，利用午休等业余时间兢兢业业地筹备，才换来如今观众满脸兴奋的表情。真诚感谢为这次活动提供帮助的各位，发自内心表示谢意，万分感谢！

编织，真好呀！

销售专区人气非凡。除了毛线店，还有拉脱维亚杂货店、梭编蕾丝专卖店、毛袜店等，这些有特色的摊位让会场热闹非凡

负责会场导览的Pepper君身上穿着传统花样的开衫

1/从创刊号到最新一期的封面（共179幅），专门准备了一面墙来展示。看着令人怀念的封面，不禁回忆起当年的编织情景 2/在一楼的大厅，编织师203gow设计的大王乌贼在欢迎观众的到来。长达8米，可调压轴之作 3/奈良县的人气毛袜老店的店主创喜先生一边蹬着自行车，一边编织毛袜 4/西村知子女士的研讨会，大家平静又认真地编织着

带毛线球标志的特别版钩针套盒也在销售中

服务也由身上点缀着编织元素的编辑人员提供。到处都是手工的痕迹

独一无二的手工编织
毛线球 keitodama26
优雅的
蕾丝编织

毛线球 keitodama27
圆育克
编织之美

毛线球 keitodama 1 作品精选
华美的披肩70款

毛线球 keitodama 2 作品精选
百搭的披肩、
围巾和帽子

河南科学技术出版社
精品图书推荐

毛线球 keitodama1
设得兰编织物语

毛线球 keitodama2
孔斯特蕾丝编织
用这样的线，
这样的素材也能编织

毛线球 keitodama3
来自冰岛的
温暖编织

毛线球 keitodama4
超柔软马海毛
编织之旅
独一无二的马海毛

毛线球 keitodama5
花样蕾丝
编织物语
夏日挑战
宣言

毛线球 keitodama6
欧洲经典
圆育克编织
永远的学院
男生＆女生

毛线球 keitodama7
阿兰编织

毛线球 keitodama8
挪威的
编织森林

毛线球 keitodama9
春色编织
拉脱维亚的至宝
连指手套

毛线球 keitodama10
趣味毛线编织
有趣的毛线！

毛线球 keitodama11
风工房的色彩游戏

毛线球 keitodama12
安和卡洛斯的编织花园

毛线球 keitodama13
令人沉醉的毛袜编织
来编织毛袜吧

毛线球 keitodama14
浪漫绽放的
布鲁日蕾丝

毛线球 keitodama15
爱意满满的
手工生活

毛线球 keitodama16
快乐的
圣诞编织
圣诞节
就穿毛衣

毛线球 keitodama17
挑战奢华的
披肩编织

毛线球 keitodama18
绚烂的花朵花片
全民皆爱！
花朵花片

毛线球 keitodama19
极简风经典毛衫编织
可以穿
十年的毛衫

毛线球 keitodama20
传统编织的
时尚回归

毛线球 keitodama21
拉脱维亚的
特色编织

毛线球 keitodama22
永恒的
白线蕾丝

毛线球 keitodama23
永远经典的
阿兰编织

毛线球 keitodama24
配色花样的魅力

毛线球 keitodama25
世界各地的花片编织

我家的狗狗最棒！

和狗狗在一起

这次是猫咪哟

#26

photograph Mica Kitamura

黄色的瞳孔和围巾、毛毯的配色形成撞色

一击必胜

4年前，无意间将苏佳放在超市购物袋里，幸运地漂洋过海。美佳第一眼看见苏佳时便喜欢上它了，现在苏佳和美佳夫妇一起生活在大阪。

美佳是常活跃在婚礼上的花艺设计师。她往返于东京西荻洼的工作室和大阪的住宅。苏佳还负责照看花店"La hortensia azul"，经常和美佳一起坐飞机去东京。猫咪坐飞机？听起来挺不可思议的，但苏佳自小已经习惯和美佳一起出行，所以它已经适应了。它有一项特殊技能，无论在哪里，都能睡得很香，什么交通工具都可以坐。常和爱好旅游的美佳夫妇一起东跑西转，苏佳已经成长成为一名爱好旅游的猫咪。2018年夏天，它还完成了欧洲之旅。

苏佳虽然很好动，但也喜欢在家里悠闲地消磨时间。这次，我们设计了可以用作沙发罩和暖炉罩的大毛毯，以及同款花片的猫咪围巾。苏佳很喜欢在大毯子上走来走去，还经常钻到毯子下面玩，看起来很喜欢这个毯子呢。给它戴上和毯子搭配的围巾，希望它能加油照看好花店！

设计/SAICHIKA
编织方法/131页
使用线/和麻纳卡

档案

猫咪 苏佳（原名苏佳丹）
黑白猫 4岁
性格 不爱穿衣服，贪吃、爱撒娇
主人 美佳

[新连载] michiyo 四种尺码的毛衫编织

终于等到了人气编织设计师michiyo的连载。
主题是四种尺码的毛衫编织！第一期将为大家介绍圆育克配色花样套头毛衣。

photograph Shigeki Nakashima styling Kuniko Okabe hair&make-up AKI model Veronika Sky

圆育克配色
花样的魅力

大家好，我是michiyo，非常荣幸在《毛线球》上开始我的连载。有些紧张，希望大家多多关照。

这次连载，我想主要讨论四种尺码的毛衣编织。

一种尺码和四种尺码，设计思路是不一样的。为了满足一件衣服尺码改变但样式不怎么改变的要求，需要研究多大的花样才便于改变尺码，要下很多功夫。相比一种尺码的毛衣编织，它在设计上有一些局限性，所以略显麻烦。但是，我却很喜欢这项工作。

如果通过改变编织密度，或者用不同粗细的线编织，来改变毛衣的尺码。非常合身或比较宽松的毛衣，也可以尝试用其他尺码编织。

本期设计的要点是做出了前、后身片差。从前面看的感觉和从后面看的感觉完全不同，形状很讨喜。洛皮风情的配色，搭配并不特别细密的图案，给人留下深刻的印象。这件套头衫虽说是洛皮风情，但并没有使用粗线编织，而用了稍细的线，编织出来的毛衣不会给人笨重的感觉，整体轮廓比较宽松。从领口向下编织，可以编织出喜欢的长度。前身片要编织得短一些哟。

配色花样圆育克背心

这里使用的是我很喜欢的 Keito Brooklyn Tweed LOFT 毛线，编织的毛衣手感轻柔，色调稳重。说起圆育克，很容易想到洛皮风格的花样，但这里用了稍细的线，尝试编织并不特别细致的花样。芥末黄色有着恰到好处的点缀效果。

制作 / 饭岛裕子
编织方法 /133 页
使用线 /Keito

育克花样
为便于编织四种尺码，单个花样设计得比较小，便于调节大小。

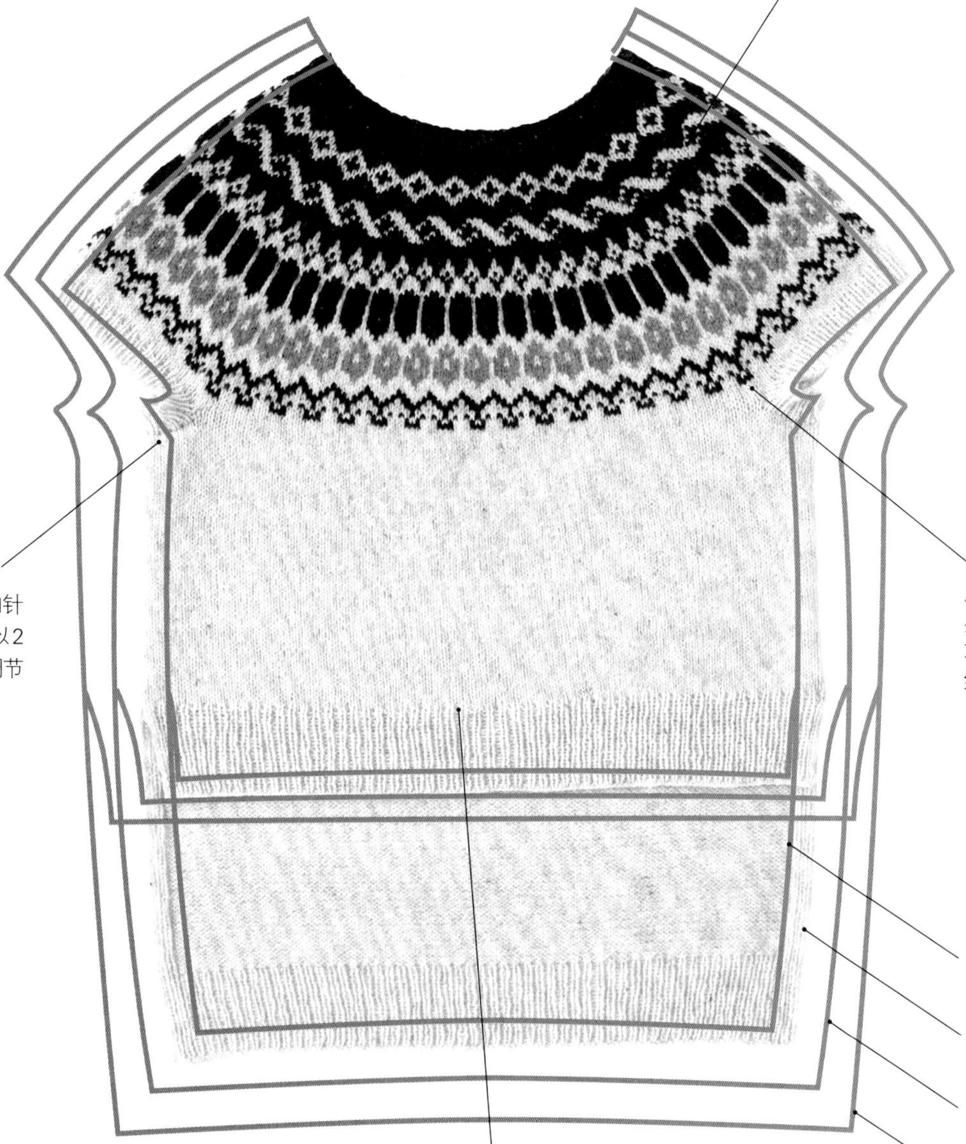

胁部卷针加针
根据所需要编织的尺码，加针部分可以进行微调。可以以2针为单位，根据个人喜好调节身片和袖口的宽度。

从育克开始，身片和袖分开
为了让最后的花样边界清晰，经过了仔细的计算。

S号
M号（图片）
L号
XL号

身片长度
它是表示尺码的，编织到距离下摆3cm左右的地方。

michiyo

做过服装、编织的策划工作，1998 年开始作为编织作家活跃。作品风格稳重、简洁，设计独特，颇具人气。著书多部。

漂漂亮亮地出门

华丽的毛衣

在特别的日子里自不必说，就算是提不起劲的日子，穿上钟爱的毛衣，打扮得漂漂亮亮地出门，也会让人心情大好。找到喜欢的款式，赶紧动手吧。

photograph Hironori Handa styling Masayo Akutsu hair&make-up Hitoshi Sakaguchi model Katie Neels

小香风短外套

段染线和原白色线各取 2 根，用阿富汗针编织修身的外套，拉针的条纹花样形成了格子花样。圈圈针装饰的边缘更增华丽之感。

设计 / 森 静代
编织方法 /143 页
使用线 / 钻石线

小翻领七分袖开衫、半身裙

这是一款非常吸引人眼球的外套，它是从几个三角形小花片开始钩织的，是喜欢编织的人不可错过的花样。用棒针横向编织的半身裙，轮廓很美。无论哪件，都可以单独穿着，也很好搭配衣服。

设计/岸 睦子
编织方法/135页
使用线/钻石线

圆领双口袋短开衫

说起适合成熟女人的时尚毛衣，首先浮现在我脑海里的是香奈儿风格的外套。无论是短裙，还是牛仔裤，都可以搭配。除了经典的黑色、金色和粗花呢线以外，加入这种暖色调，穿上会更漂亮。这件开衫上褐色和金色线的点缀让华丽的段染线看起来不会过于耀眼，是让人心动的一款美衣。

设计/冈真理子
制作/水野 顺
编织方法/155页
使用线/钻石线

复古圆领连衣裙、圆形手提包

这条裙子虽然是红色，却并不张扬，并且倍显优雅。腰部做下针编织，上半身和下半身的线条让人想起怀旧电影里的女主角。木提手和仿皮草线点缀的手提包，很有复古感。

设计/冈本启子
制作/宫崎满子（连衣裙）、佐伯寿贺子（手提包）
编织方法/146页
使用线/钻石线

格子花样背心裙、短上衣

这是一款加入了麻花针的格子花样背心裙和配套的短上衣，穿起来非常干练。袖口使用仿皮草线，让它更显优雅。这种背心裙和短上衣搭配不容易皱，很适合穿着旅行。

设计 / 大田真子
制作 / 须藤晃代
编织方法 /161页
使用线 / 内藤商事

镂空花样连肩袖开衫

这是使用珍贵的100%宝贝羊驼毛线编织的开衫。手感优良的线材编织的开衫，可以在多个季节穿着，非常轻柔。

设计 / 兵头良之子
制作 / 伊藤直孝
编织方法 /163页
使用线 / 内藤商事

梅村·玛蒂娜

来自气仙沼市的幸福编织报道

摄影\中川文作 协助采访\Martina Umemura 气仙沼 FS 工作室（KFS）

站在“新·2018 年东京纺纱展览会”展位前的梅村·玛蒂娜。身上穿戴着多款用最新开发的毛线“Relief”编织的作品

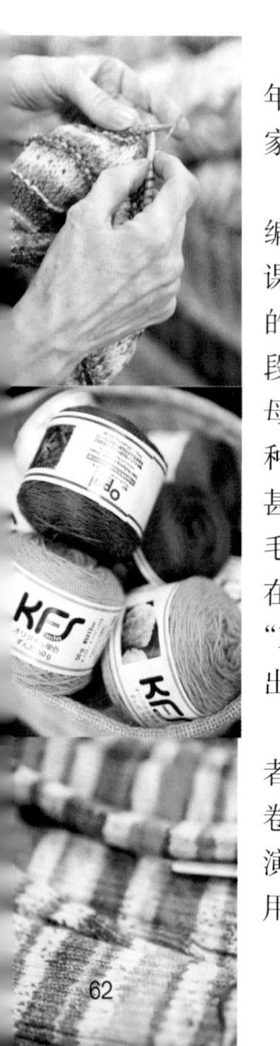

德国人玛蒂娜作为医学博士研究生来到日本还是 1987 年的事。30 多年后的今天，她在宫城县气仙沼市经营着一家编织公司。是怎样的机缘巧合让她进入编织行业的呢？

玛蒂娜开始编织是在 7 岁的时候。在德国，从小开始编织是极为普遍的。之后，她在柏林学习医学，因为研究课题的关系，作为研究生来到日本的大学。后来又在京都的大学任教，不久就结婚了。2 个男孩出生后，她很长一段时间里每天都忙于工作和育儿。期间，回德国省亲的时候，母亲告诉她附近可以买到 TUTTO 公司的袜子毛线 Opal。这种有魔法般的漂亮毛线令她着迷，每次回国都会大量购买，甚至将销售的所有颜色都织了个遍。她还想将这些精美的毛线介绍到日本。玛蒂娜编织的五彩缤纷的袜子深受好评，在京都知恩寺的手作集市很受欢迎。她将这些袜子取名为“Friendenssocken”（德语，意思是“和平的袜子”），并且捐出了销售所得，用来支援阿富汗。

此外，她还应顾客要求开始了编织教学。不过，初学者一开始就学习编织袜子太难了，于是她就设计了一款“腹卷帽”。无须加、减针，只需等针直编就能完成，而且可以演绎出各种穿戴方法（译者注：既可以用作肚围，又可以用作围脖或帽子等保暖），一经推出立刻大获好评。有一位玛蒂娜作品的忠实粉丝叫维尼夏（Venetia），是个香草专家，她在自己的电视节目中介绍了这种帽子，使其风靡一时。现在，“腹卷帽”也可以说已经成了玛蒂娜的代名词。

其实，将玛蒂娜和气仙沼市联系在一起的契机是 2011 年发生的东日本大地震。热爱编织的玛蒂娜希望尽自己绵薄之力宽慰那些受灾者的内心，将毛线和针具以及腹卷帽的编织方法制作成材料包寄给了多个避难所。其中就有气仙沼小原木中学避难所，其后就一直坚持支援活动。玛蒂娜还发起了“小原木章鱼项目”，并且得到了 TUTTO 公司的全面协助，即使不会编织的人也能学会制作这些小章鱼。于是，支援受灾者和保护热带雨林一举两得的活动也就开展了起来。这样一来，玛蒂娜要经常去气仙沼市，不仅如此，她还考虑把住民票（译者注：相当于户籍登记本）上的现居地迁到当地，并开办公司增加当地就业机会。刚开始，所有的工作都是在民宿高见庄的一个房间里进行，后来才成立了“Martina Umemura 气仙沼 FS 工作室（KFS）”。这一切都离不开她家人的理解和帮助。现在，她的丈夫也从以前工作的公司辞职，全面协助她的工作。玛蒂娜每月有 7~10 天的时间会留在气仙沼市，其余时间会回到京都。她的丈夫和她轮流驻守气仙沼市，代替飞往全国各地开展

被命名为“气仙沼鸡蛋”的小线团组合套装，包括精选的各种颜色

销售的棒针上也插着“小原木章鱼项目”中的小章鱼玩偶。这样，棒针就不会凌乱不堪了

1 / KFS 气仙沼地铁站前的店铺内。营业时间是周二至周六的 10:00~17:00
2 /小原木章鱼项目的活动场景。为了缓解震灾后的消沉情绪，开始带大家做些手工活儿。TUTTO 公司无偿提供活动所需线材
3 / 不会编织的人也能制作的“小原木章鱼”。包含着“用 8 条腿抓住幸福”的美好寓意
4 /参展东京纺纱展览会也成为惯例
5 / 节日倒计时日历（advent calendar）。到了 12 月，每天打开一个球，期待节日的到来
6 / 玛蒂娜希望各位职员也能积累展会活动的经验
（图片 1 和 2 / 玛蒂娜提供）

活动的妻子处理公司的大小事宜。

目前，KFS 的员工一共有 13 人。不同年龄的女性负责各种不同的事务。除了日本各地的毛线订单和咨询对接服务等销售业务，还要做好腹卷帽、护腿、袜子等编织产品的制作。销售的商品一定少不了人力，需要设法增加投入。玛蒂娜表示，“想把公司再扩大一点，增加人手”。除了开发更多 KFS 的毛线，雇用更多当地人，她还考虑要加强员工的业务培训。

Martina Umemura

梅村·玛蒂娜

生于德国。编织设计师。在京都大学研究生院医学研究科修完博士课程。热爱编织的她在手作集市销售作品，开始支援战乱中备受煎熬的阿富汗。东日本大地震后，在宫城县气仙沼市成立了和毛线、编织相关的公司，担任董事长。著作有《编织幸福的魔法毛线》和《Relief编织》等，附赠毛线的《Relief编织2》也在2018年开始销售（以上均由地球丸株式会社出版发行）。

精力充沛的玛蒂娜在 Opal 毛线的基础上开发新的颜色之余，还在德国销售腹卷帽的编织图书。在图书出版之际，她又有了新的想法：如果在编织的过程中织物能呈现某种特殊的效果，编织起来不就更有乐趣了吗？刚开始，她用现有的 Opal 毛线做了尝试，但是后来又意识到，如果有专用的毛线不是更有意思吗？于是心动不如行动，她马上亲自动手编织，加入颜色后又拆掉，并计算线的长度，开始了一系列的测试。当她向 TUTTO 公司提出自己的构想并被采纳后，名为“Relief”的特色线终于成功上市。玛蒂娜设计的这款“Relief”线凭借其独特性获得了专利，并开始销往美国、欧洲，乃至全世界。

“编织毛线的时间是为自己创造小幸福的时间，希望大家都能开心地编织。编织本身没有所谓的‘失败’，无论何时都可以拆掉重来，无论何处都能编织。编织是可以随身携带的幸福。”玛蒂娜微笑着说。期待总是充满创意和精力的玛蒂娜今后给我们带来更多精彩！

等针直编、好方便！

自由变化的腹卷帽

photograph Hironori Handa styling Masayo Akutsu
hair&make-up Hitoshi Sakaguchi model Katie Neels

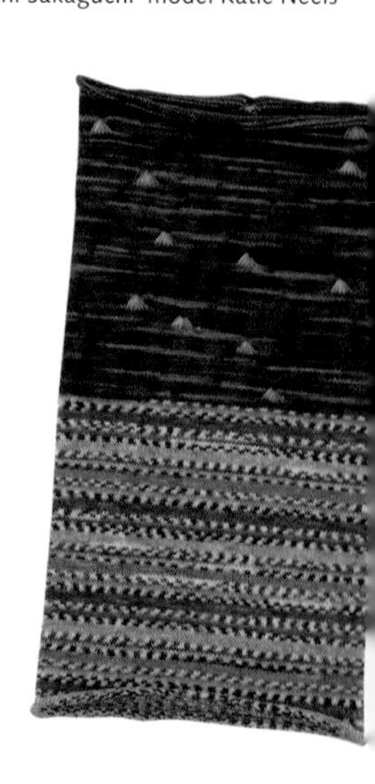

经典！

帽子

用新线Relief 2和KFS Original Color中稍显稳重的颜色各编织一半，编成腹卷帽。用Relief 2线中的黄绿色部分编织立体的扇形花样。

编织方法/172页
使用线/Opal毛线

护腕

用编织腹卷帽剩下来的线编织护腕。用罗纹针等针直编，在拇指处留孔即可。

编织方法/172页
使用线/Opal毛线

把成品翻面，正中间拧一下，然后再将其中一半翻到正面，腹围就成了帽子

暖腿套

这是用腹卷帽剩下来的线编织的暖腿套，虽然可以像腹卷帽那样用黄绿色线做立体编织，但这款并没有这样设计，简单的暖腿套反而独具美感。

编织方法/172页
使用线/Opal毛线

想和大家一起体验"毛线带来的幸福"

帽子

选择Relief 2中鲜亮的玫红混色和KFS Selection Series中玫红混色和海军蓝混色编织成腹卷帽。立体编织部分则选择毛线中的绿松石色编织泡泡针。

编织方法/172页
使用线/Opal毛线

暖腿套

这也是用编织帽子剩下来的线编织成的。简单的下针编织充分展现了Opal毛线的魅力。上下边缘自然地卷起来。

编织方法/172页
使用线/Opal毛线

护腕

用编织帽子剩下来的线编织护腕。没有进行立体编织，只是编织了简单的罗纹针。

编织方法/172页
使用线/Opal毛线

Couture Knit Again!

与志田瞳优美花样毛衫编织重逢 7

可爱蕾丝花样的冬日毛衣

photograph Toshikatsu Watanabe　Styling Terumi Inoue

协助／钻石线

本期我们选择了用优质毛线精心编织的这款半袖毛衣，在冬日温暖的室内穿着，尽显优雅气质。这是2015年秋季刊《优美花样毛衫编织20》封面上的作品，对我来说是一件非常有纪念意义的作品。

似乎每期的《优美花样毛衫编织》中都有半袖和无袖毛衣，不过这是最后的一件半袖套头衫。含有羊绒成分的毛线手感柔软，成品轻薄雅致，只要搭配得当，半袖也能在各种场合穿着。

细线编织虽然有点费时费力，不过精心编织的毛衣会让你觉得一切努力都是值得的，精致的花样在细腻中透着可爱。

在每行的斜纹蕾丝和上方的梯子状扭针蕾丝构成的空间里设计了两个花样。其中一个花样是将上针浮针形成的渡线在中心挑起后织成蝴蝶形状，然后在上方织入枣形针，就像葡萄串一样。另一个花样是2针的锯齿状蕾丝花样。整件套头衫就是重复编织这两个花样。

编织花样时需要注意的是，挑起浮针的渡线编织时要保持端正，编织枣形针时要统一大小。

这里编织了米色、茶色、红色这3种颜色的织片。用深色线编织，虽然花样看上去不是那么清晰，却也非常雅致。

选自《优美花样毛衫编织20》（本书中文简体字版《志田瞳优美花样毛衫编织6.华美的编织花样》已由河南科学技术出版社出版，可扫描下方二维码查看本书更多作品信息）

编织方法 / 166页

使用线 / 钻石线

冈本启子的 Knit+1 第18回

即使穿着素雅也掩饰不住心情的愉悦，仿佛散发着光芒。
一起用光泽雅致的线材编织冬日靓装吧！

photograph Shigeki Nakashima styling Kuniko Okabe hair&make-up AKI model Veronika Skay

女性无论在哪个年龄都喜欢Bling bling闪亮的物品。珍珠、金银丝线、亮片……拥有这些元素的服装常给人华丽、优雅的印象。如果身上的衣服透着光泽，不戴任何首饰也无妨，这也是令人开心的一点。

本期为大家介绍的线材是“CHAMPAGNE”。就像在玻璃杯里倒入香槟时出现的气泡一样，线材中零星夹杂着小亮片。我个人觉得“CHAMPAGNE”这个线名取得非常合适。穿在身上走动就会一闪一闪，可以感受到颜色的微妙变化，别有一番趣味。

首先为大家介绍的第一件作品是精致的灰色背心。使用上期介绍的FLUFFY线和本期的CHAMPAGNE线各1股，合成2股线编织。合股后，线材的闪亮程度有所降低，但是若隐若现的感觉也非常好。具有流动感的基础大花样使整件背心显得非常休闲。

另外一件作品是巧妙利用线材的光泽编织的香奈儿风外套。领口处还准备了流行的皮草装饰领。因为拆卸非常方便，可以按心情决定是否佩戴，还可以与各种服饰进行搭配使用。

休闲风的背心和香奈儿风的外套，可以根据不同场合选择穿着，绽放迷人光彩。

冈本启子：
Atelier K’s K的主管。作为编织设计师及指导者，奔走于日本各地。在阪急梅田总店的10楼开办了店铺“K’s K”。担任公益财团法人日本手艺普及协会理事。著作《冈本启子的棒针编织作品集》和《冈本启子的钩针编织作品集》(日文原版均为日本宝库社出版)正在热销中，深受读者好评。

线名：CHAMPAGNE

动感花样宽边背心

68页/这件背心用手感轻柔的FLUFFY线和加入小亮片的CHAMPAGNE线合股编织，闪亮的光泽若隐若现，休闲中透着精致。基础大花样的蜿蜒曲线呈现出流动感。

制作 / 宫本宽子　编织方法 / 160页
使用线 / K's K FLUFFY、CHAMPAGNE

菱格花样圆领开衫、装饰领

左 / 传统圆领设计的香奈儿风开衫，精巧的钩针花样，质地厚实。搭配另外钩织的装饰领，瞬间多了一份高贵气质。

制作 / 森下亚美　编织方法 / 151页
使用线 / K's K CHAMPAGNE、COCCOLA

调色板

Color Palette

家人每人一双
暖和的室内毛线鞋

这双鞋使用了里面带绒的鞋底编织，所以穿起来很暖和。
它是我们对抗寒冬的好伙伴。

photograph Shigeki Nakashima styling Kuniko Okabe
hair&make-up AKI model Miyako , Minami

森林绿色

在鞋底边缘的空隙中钩织短针，将棒针编织的麻花花样的鞋身和短针的头部连接在一起。搭配使用钩针和棒针，扩大了设计思路。婴儿款的袜底是12cm。装饰上蓝色系的段染线做成的绒球，很像住在森林里的小矮人的鞋子。这是婴儿款专用的装饰。

设计/冈真理子
编织方法/170页
使用线/奥林巴斯手编线

丰收色

被这种像花朵一样绚烂的颜色打动。这双室内毛线鞋在袜口部分使用了毛茸茸的圈圈线用作装饰。不同种类的毛线搭配在一起，感觉很新鲜。这是很方便穿脱的设计，可以穿着袜子穿进去，这样双脚就会更暖和了。

坚果色

给姐姐选择了类似森林中的果实的颜色。使用婴儿款尺码的15cm袜底。为方便穿脱，袜口的罗纹针编织得较浅。小宝宝从穿上鞋自己走路开始，一点点离开妈妈的怀抱，慢慢学会自己做一些简单的事情。这一件件“小事”累积下来，会帮姐姐慢慢成长为一名窈窕淑女。

紫色

因为是家人毛线鞋特辑，自然不能少了爸爸的。这款毛线鞋，如果脚长25cm左右，一般是可以穿上的。可以让爸爸先穿上妈妈的毛线鞋试试，如果可以穿上，选择适合男士的颜色给爸爸编织一双即可。

浆果色

工作环境里，冷飕飕的场所是个大敌。如果脚上暖和了，全身都会觉得暖和，所以袜口的罗纹针可稍微编织得长一些，类似毛袜的款式。成人款的鞋底是23cm，但因为鞋底是使用柔软的材料做成的，可以穿进去长25cm左右的脚。脚大点也不用担心。

编织机讲座 part 10

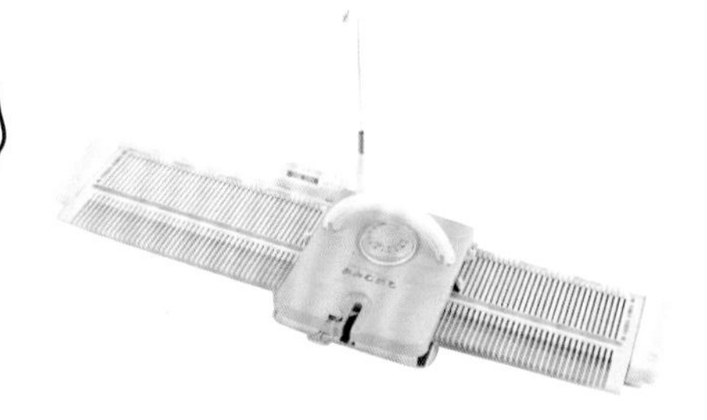

本期的主题是"嵌线编织"，是在编织过程中通过渡线或者绕线制作花样。嵌入的线会成为织物的装饰亮点，这是一个非常有趣的编织技巧。

photograph Hironori Handa styling Masayo Akutsu hair&make-up Hitoshi Sakaguchi model Katie Neels

纵向花样小背心

这款小背心纵向排列的嵌线编织花样采用的是横向编织。以红茶色系段染线为主线，嵌入米色线，编织完成后凸显出立体的花样。后身片编织上针，可快速完成。作品轻柔，与其他衣物叠穿也不错。

设计 / 银色编织研究会 奥村利惠子
编织方法 / 86页
使用线 / 奥林巴斯

横向花样长上衣

这款漂亮的绿色长上衣直编后在胸口位置做打褶处理。育克部分嵌入的线圈呈现出富于节奏感的花样。下摆和衣领的狗牙针边缘用编织机就能简单完成。

设计 / 银色编织研究会 奥村利惠子
编织方法 / 174页
使用线 / 钻石线

连袖短外搭

这款外搭以素雅的黑色为主色，嵌入段染线编织花样，非常别致。一边在两端绕线一边直编，最后只需做针与行的机械缝合即可，非常简单。即使里面的衣服袖子比较宽或者是蝙蝠袖，在外面套上这款外搭也是绰绰有余，非常方便实用。

设计 / 银色编织研究会 奥村利惠子
编织方法 / 173页
使用线 / 钻石线

编织机讲座
part 10

“嵌线编织”是机器编织特有的一种编织方法。
其实，使用“Amimumemo”这款机型也能实现这个操作。
刚开始，将线挂在机针上或许有点费劲。
熟练掌握后，就能创作出手编无法表现的作品。
摄影／森谷则秋

嵌线编织

1
编织至要做嵌线编织的那一行，将机针全部推出至D位置。

2
将要嵌入的线每隔1针上下交替地挂在机针上，注意线不要拉得太紧。

3
挂好线的状态。接着移动机头编织1行。

4
嵌线编织完成。

5
下一行也将机针全部推出至D位置，与步骤2上下相反进行挂线。

6
2行的嵌线编织完成。

绕3针的嵌线编织

1
按嵌线编织的要领挂线，到绕线位置时在3根机针上一起绕2圈线。

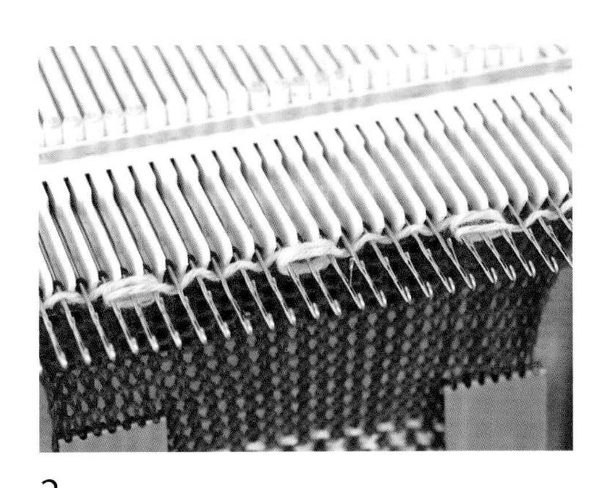

2
慢慢移动机头编织（先将绕线部分的机针的针舌合上，编织起来会更加方便）。

3
绕3针的嵌线编织完成。

WM·DIY

爱玩美手工（郑州如一文化发展有限公司），是中原出版传媒集团下属河南科学技术出版社聚力打造的现代创意手工品牌。依托河南科学技术出版社1000余种手工图书和丰富多彩的手工培训课程提供知识服务与输出。

爱玩美手工已形成了线上线下深度图书出版融合发展的立体化产业模式，为中国手工爱好者和从业者提供全媒体手工出版、教育培训、手工素材和工具设备选购、手工文创、直播录播、国际博览会、艺术大赛、社团团建、休闲体验等一站式综合服务。

爱玩美手工

一站式手工服务和文创平台

手工行业平台服务商
（知识输出、电商、教育培训、视频平台等）

手工教育培训输出商
（团建、社团、沙龙等）

手工原材料综合服务商
（面料、工具、设备、辅料等）

爱玩美手工拥有一站式“中国国际手工文化创意博览中心”、4万平方米“国际手工文化创意产业园”，致力于打造手工教育培训知识输出商、手工行业平台服务商和手工原材料综合服务商。

编织师的极致编织

【第29回】天鹅造型的泡芙

上小学的时候，
妈妈有时会做泡芙给我吃。
从普通泡芙到超级泡芙，
她满怀爱意地做了各种形状的泡芙。

我一直以为，
通过往泡芙皮里挤奶油做出的各种形状，
就是泡芙的全部。

一天，我随手翻开了一本甜点书。
那里有各种不可思议的泡芙。
天啊，还有天鹅造型的泡芙！
美得仿佛时间都停止了。

于是，那一天，
我对妈妈感叹了一番。
“我不可能做的。”她这么回复我。

撰文、图片 / 203gow 参考作品

编织师203gow

持续编织非同寻常的“奇怪的编织物”。成立让编织充满街头的游击编织集团“编织奇袭团”，还涉足百货店的橱窗、时尚杂志背景、美术馆、画廊展示、舞台美术以及讲习会等活动。

时尚达人的手艺时光之旅⑮

男人编织的鼻祖

明治期 下士卒下着と防寒襟巻着装法

《日本海军军曹图鉴》
明治时期保暖围巾的穿戴方法
资料来源：靖国偕行文库

英国的渔夫们堪称男人编织的鼻祖，他们编织的根西毛衣众所周知，在船上穿着时既方便活动又很实用。1857年开始，根西毛衣作为保暖衣物被配备给英国士兵。

日本在1870年决定将海军兵制改成英式以来，开始向水兵发放御寒用的“保暖围巾”。它其实就是一块带穗大披肩，在胸部和背部绕一圈后围在衬衣外面。到了大正初期，随着编织技术的进步，御寒衣物从保暖围巾换成了平针编织的毛衣。简单的高领设计，与当时的运动毛衣非常相似。

到大正八年（1919年）左右，据说经常可以看到日本房总（今千叶县附近）和湘南地区（神奈川县相模湾沿岸一带）的渔夫用骨节突起的双手拿着竹棒针编织外套的情景。虽说当时也是编织技术教育的鼎盛时期，但我想恐怕是在横须贺海军基地等服完兵役的渔夫们掌握了编织这项技能了吧。为什么这么说呢？把时间再往后推一点，昭和前十年出生的女性还能回忆起这样的场景：小时候去朋友家玩，经常可以看到作为海军军人的朋友父亲在织毛衣。一问才知道，原来水兵们经常利用在甲板上的空闲时间织毛衣。或许当时会编织的男人都出自海军吧。

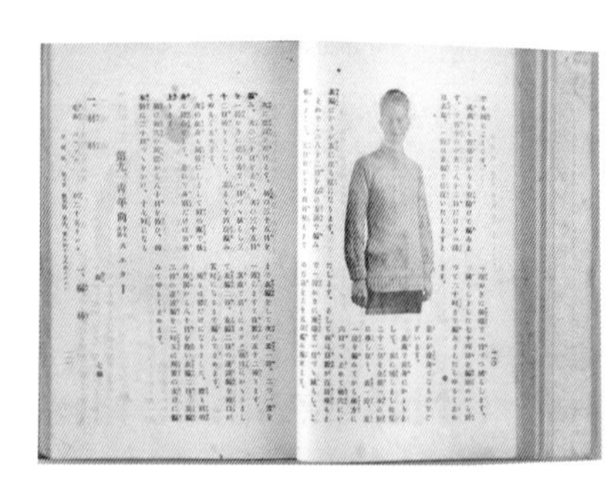

大正十一年（1922年）左右，编织就更加普及了。大城市里，在银行和公司工作的年轻男职员中非常流行利用碎片时间编织毛衣和袜子。因为市面上销售的成品毛衣价格昂贵，对于年轻的男职员来说，亲手编织设计新潮的毛衣无疑是一件既划算又很酷的事情。

大正十一年（1922年）发行的、当时最新的《编织讲习录》。上面也刊登了男士毛衣的编织方法。
编织方法虽然是文字说明形式，但是也介绍了起针等基础技法。

本期，我们试着用当时的编织技法再现了一款运动毛衣，它曾经刊登在大正十一年（1922年）11月12日~14日报知新闻社发行的、当时最新的《编织讲习录》中。

比如，起针方法是将线环挂在左棒针上，然后用右棒针拉出针目再挂到左棒针上；收针方法是简单的伏针收针；为了方便活动，袖子长度偏短，而罗纹针部分较宽……

秋天的夜晚渐长，不妨像当年那些男性编织达人一样，编织一件简单的运动毛衣吧！

再现了当时的“运动毛衣”
制作：空猫

彩色蕾丝资料室　北川景

为日本近代手艺人的技术和热情所吸引，积极进行手工艺研究。出于对蕾丝的热爱，在担任蕾丝编织讲师的同时，还在东京品川区开设“彩色蕾丝资料室”。是孔斯特蕾丝俱乐部的主管，也在持续举办“时尚达人手艺讲座”。

毛线世界

编织符号真厉害

一起来理解交叉符号吧【棒针编织】

大家好！你们是否正在编织？我是对编织符号非常着迷的小编。冬天到了哟。据说，冬天是一个很容易放弃其他爱好而专注于编织的季节。

本期的主题是大家都编织过的交叉符号。它通过将针目进行交叉，来完成更富立体感的花样，经常被用于编织阿兰花样。就算是没有编织过的人，看到后也会感叹“啊,原来是那个花样啊”。它非常流行,一直受人喜爱。

交叉针的种类很多，看起来很复杂，但只要理解它的名称，就无须担心。例如“右上 1 针交叉”和“右上 2 针交叉”相比，虽然编织符号区别较大，但它们的针法结构是一样的，只要知道“要使右边的下针位于左边的下针上方进行交叉”，看编织符号时就很容易理解了。这样的话，是要加针吗，是要加入上针吗，中间要加入针目吗，诸如此类针目的构造就会不知不觉在大脑中浮现。这样编织即可。

编织经验丰富的老手可能会觉得上面说的都是理所当然的事情，但考虑到现实中人们在看编织符号时一般不会把它当作简化的针法，而经常把它单纯地看作一个符号，忽然出现交叉针的符号时，可能会觉得迷惑。这不能简单地用好或不好来定义，只是每个人对符号的诠释方法不同。

顺带说一下，如果是扭针的交叉针，它和基本的交叉符号相差甚远，而且符号看起来也很复杂（还很难画），但只要理解它的构造，就算不看编织基础书，也可以想象到它的编织方法。

交叉针目，很简单，却又蕴藏着无限的可能性。让我们重新审视一下交叉符号吧。

了不起的符号 1 符号是简化的针法。应该先有这个意识！

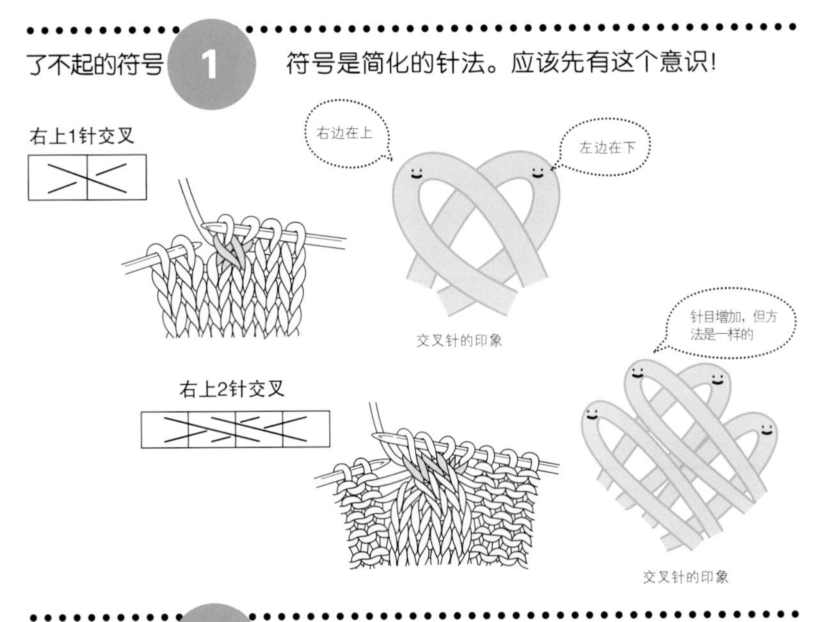

交叉针的印象

交叉针的印象

了不起的符号 2 多针交叉时符号会被简化

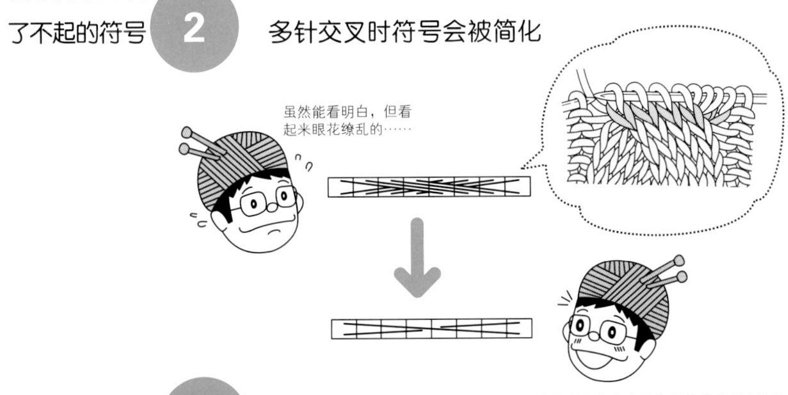

了不起的符号 3 这些都会编吧？交叉针的变化

左上1针交叉（下侧是上针）

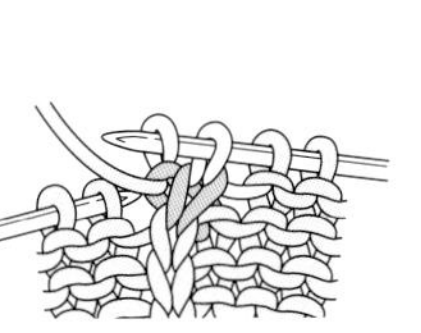

右上2针和1针交叉

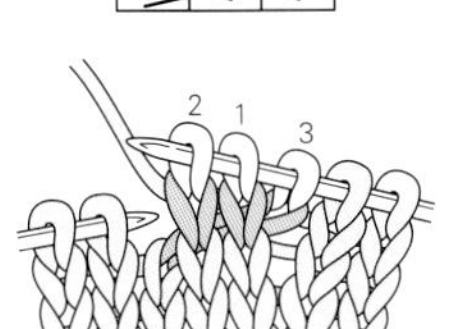
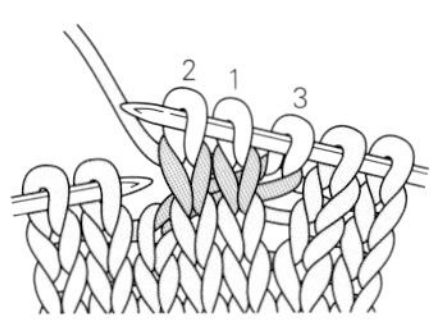

左上1针交叉（中间织入3针下针）

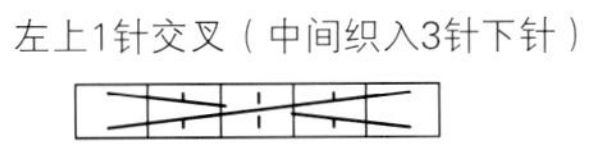
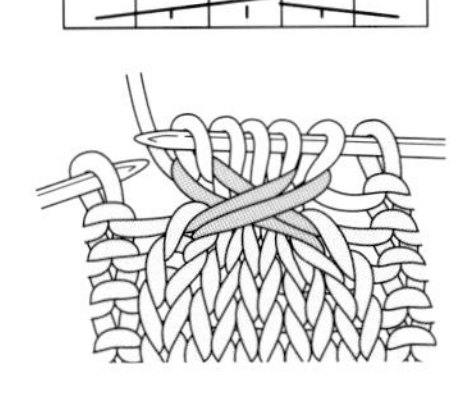

左上扭针1针交叉（2针）

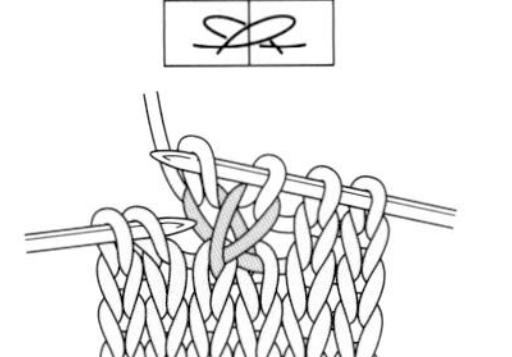

右上扭针2针交叉（2针）

右上滑针的1针交叉

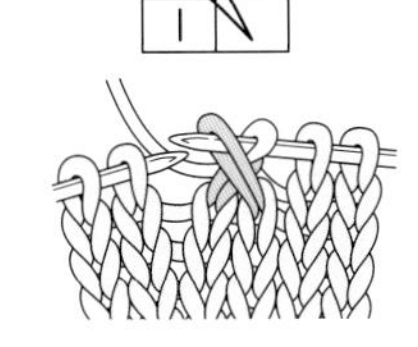

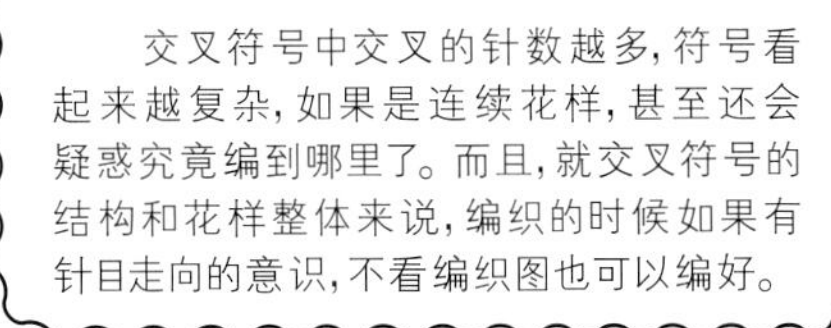

小编的碎碎念

交叉符号中交叉的针数越多，符号看起来越复杂，如果是连续花样，甚至还会疑惑究竟编到哪里了。而且，就交叉符号的结构和花样整体来说，编织的时候如果有针目走向的意识，不看编织图也可以编好。

编织报道：

东京纺纱展览会
（Tokyo Spinning Party）

因为是以『纺纱』为主题的展会，所以到处可以看到绵羊，而这只绵羊尤其引人注目

2018年9月16日，我从“毛线球40周年庆典活动”（9月15日~17日）的会场中途溜出来，去了正在锦系町墨田产业会馆举办的“新·2018年东京纺纱展览会”。

东京纺纱展览会是日本唯一的纤维展。自2001年首次举办以来，2018年是第16届。它以纺纱为中心，包括染色和纺织等，只要与纱线有关，人们都可以在这里学习、交换信息、交流，或者展示作品和商品，在业界已经确立了坚实的地位。2018年，展会又回到了原点，以“手纺”为主题，打出的宣传语是“纺纱、染色、纺织、编织、编绳、缝纫，面对面、手把手”。会场共设100多个展位，场面盛大。来自日本各地的纺纱和染织等工具商、羊毛和材料经销商、毛线店主、各种培训教室和杂货店经营者等各类参展者汇聚一堂。这是一个难得的机会，可以一次性看到各种各样的工具和材料。这场大型展会每天的参观人数都在2000人以上。

人头攒动的会场气氛热烈，总觉得空气中飘散着动物的气味……原来是很多店铺都在售卖各种原毛。能看到这么多的羊毛，这在日本可是机会难得。在销售纺车的展位，也可以看到有人正在尝试纺纱。此外，还有一些商家在销售染成漂亮颜色的毛线和手纺的花式线。

在“毛线球40周年庆典活动”中参展的袋貂毛线经销商Quality Yarn Down Under在这里也设置了展位。在本期冬季号《毛线球》中，我们有幸采访到了梅村·玛蒂娜（Martina Umemura），她的KFS展位就在会场入口边上，现场非常热闹。很多人还去了同时期举办的“毛线球40周年庆典活动”，或者参加了“Tokyo Handcraft Week”的打卡活动，爱好线材的人们乐在其中的样子随处可见。

此次展览会的另一大特征是在其他楼层开展的一场场精彩纷呈的讲习会和讲座。比如，“纤维混色必备理论知识”“羊毛的素材学”等，有各种激情洋溢的讲座。只有纺纱展览会才能看到这样的规模，不愧是有16届的举办历史啊！

现在还不知道?

扣眼和纽扣

种类真多啊!

扣眼只是编织过程中的一个小小的存在,
但它却直接影响作品的完成度,可谓小而重要。
下面介绍棒针编织中扣眼和纽扣的处理方法。

摄影/森谷则秋 监修/今泉史子

各种扣眼

其1

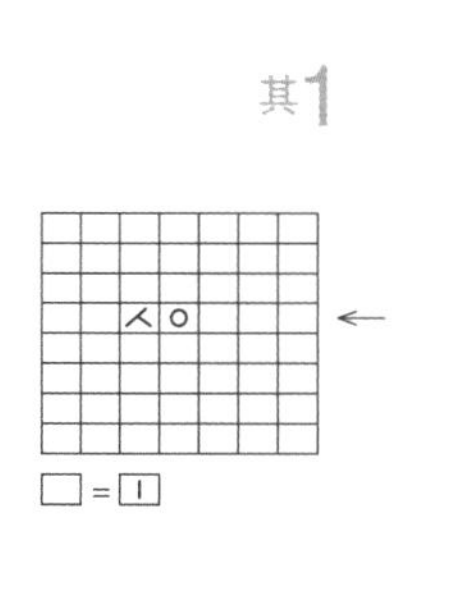

这是最常见的挂针和2针并1针的扣眼。编织2针并1针时，使挂针旁边的针目位于下侧。

其2

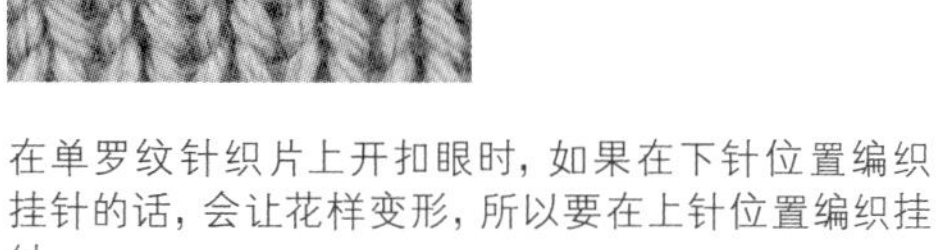

在单罗纹针织片上开扣眼时，如果在下针位置编织挂针的话，会让花样变形，所以要在上针位置编织挂针。

其3

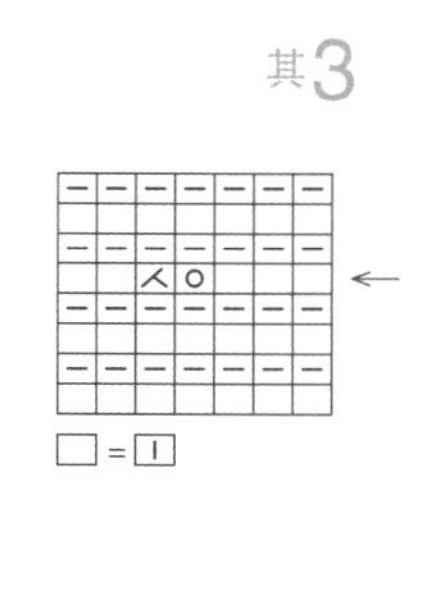

起伏针织片时,要在看着正面编织的行上开扣眼，这样扣眼会开在织片的沟上,看起来比较漂亮。

其4

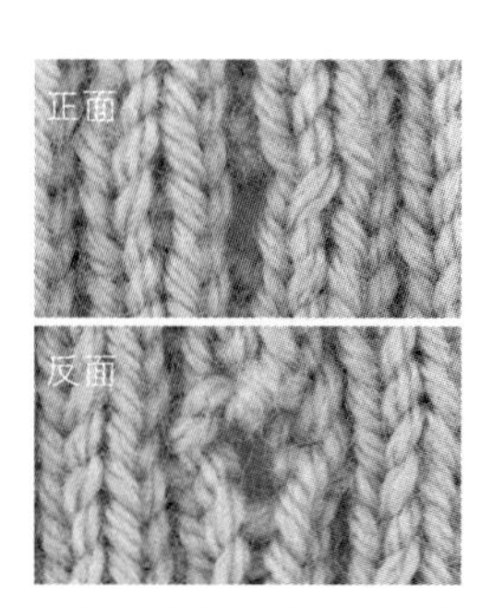

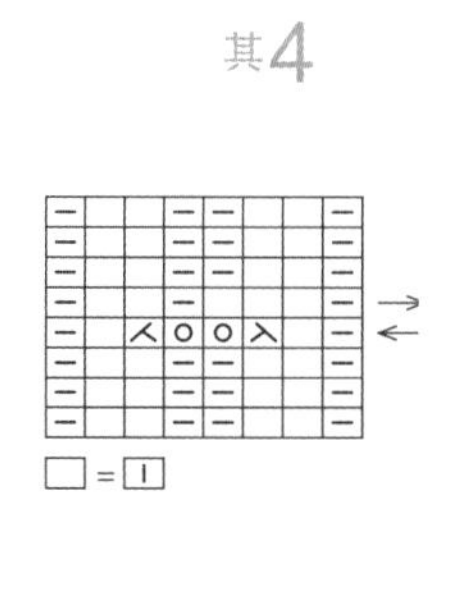

在双罗纹针织片上开扣眼时，方法和单罗纹针的相同，在上针位置开扣眼，但因为在上针的沟的中心开扣眼，要连着编2针挂针，为避免下一行成为非常大的1针，分别编织1针下针、1针上针。

其5

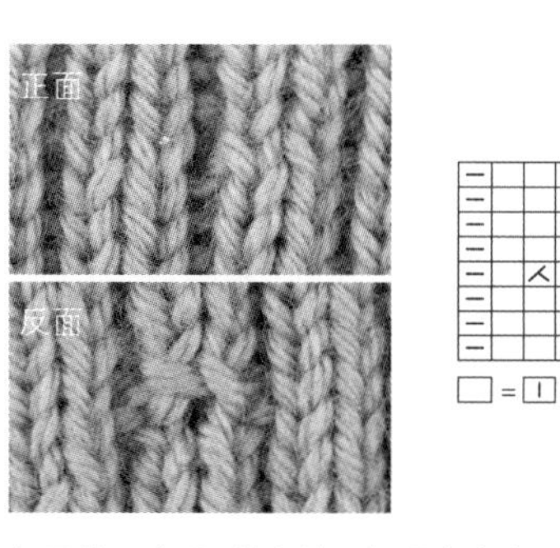

如果按照步骤4的方法开扣眼会太大，下一行的2针均编织扭针。通过扭针，扣眼会稍微变小一点。

其6

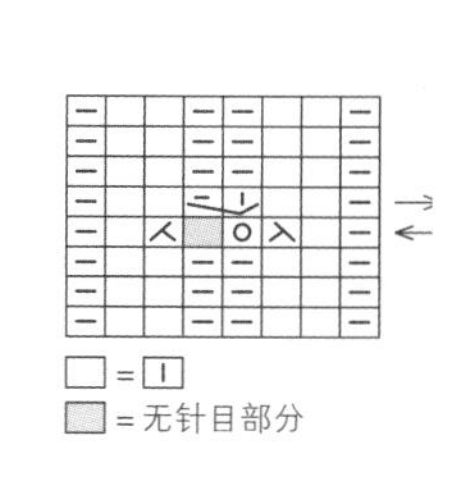

在扣眼的两侧编织2针减针，而挂针为1针，下一行针目则编织相应针数的加针。这也会形成小扣眼。

其7

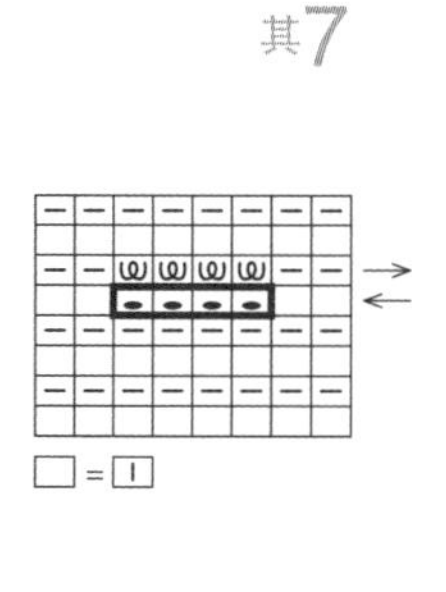

只在所需要的部分编织伏针，下一行编织同样针数的卷针。这种方法和编织花样无关，可以按喜欢的大小开扣眼。

其8

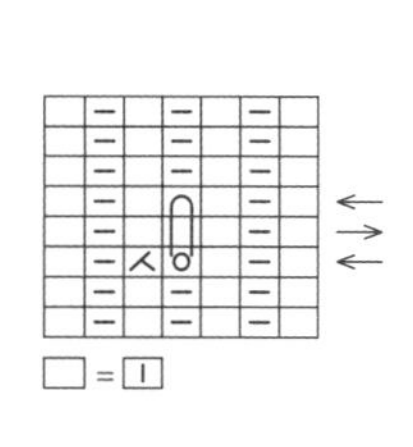

编织挂针，然后编织拉针，可以开一个纵向扣眼。

其9

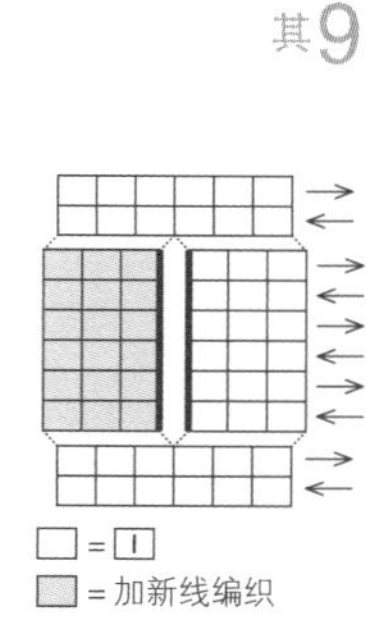

如果想开更大的纵向扣眼，可以加新线，左右分别编织。这种编织方法无论多大的扣眼都可以开。

编入另线的方法

在需要开扣眼的地方编入针数和扣眼针数相同的另线。

编完后拆掉另线，用新线引拔收针。

完成。

想编得更薄些，可在针目中穿入 1 次另线。

再次穿入另线，使线交互错开。

挑起 2 根线，做扣眼绣。

完成。

不留空扣眼的准备

一边将线分开，一边将针插入同一个地方。

挑起撑大的渡线，将线穿过。

没必要那么用劲。

将针插入扣眼位置，向上、向下将洞撑大。

不留空扣眼 A

挑起 2 根线，在孔的周围做扣眼绣。

另一侧也挑起渡线做扣眼绣。

线头藏在反面。

完成。

不留空扣眼 B

将针插入最下面被撑大的行，如箭头所示穿过。

一边卷入渡线，一边如箭头所示入针。

另一侧也挑起撑大的渡线，按照步骤 1、2 的方法绣。

和不留空扣眼 A 一样，将线头藏在反面，完成。

纽扣的缝合方法

在毛衣上缝合纽扣和在布料上缝合不一样，有几点需要注意的地方。
毛衣针目很大时，纽扣可能会跑到反面。
为避免这种情况出现，要搭配使用针织衫上常用的衬扣。

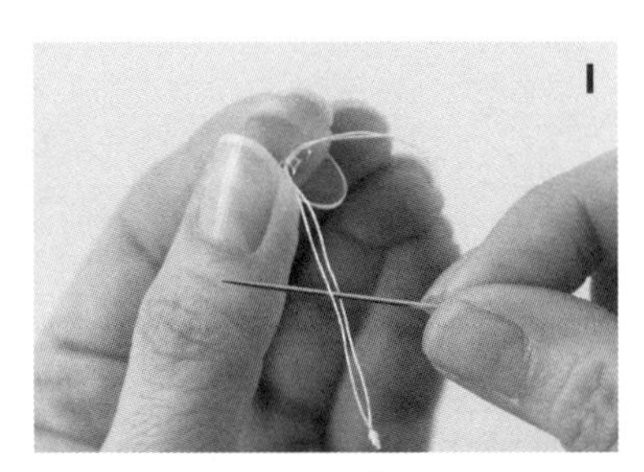

取 2 根缝纽扣的线打个结。穿上衬扣，穿过线圈。

从反面将针插入缝纽扣的位置，在正面出针，然后穿入纽扣上的扣眼。

将线拉出，立即将针插入旁边的针目，从反面衬扣的扣眼中穿过。拉紧线，留出织片厚度的长度。

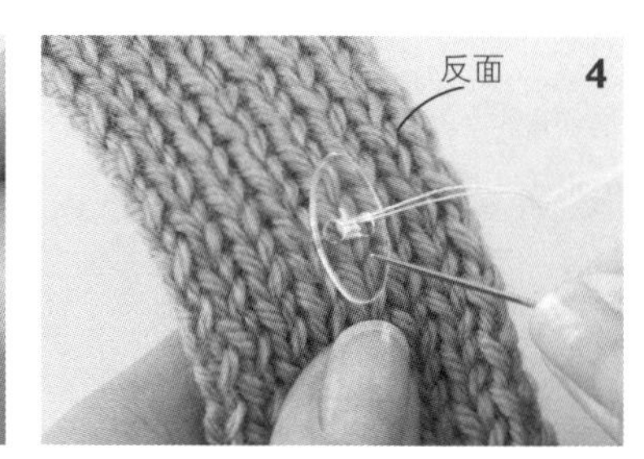

再次将线穿入正面纽扣上没有穿线的扣眼和衬扣上的扣眼，在纽扣和织片之间出针。

在步骤 3 剩余的纽扣底部缠绕数次线。

用线做个圈，将针插入圈中打结。最后将针插入底部，在反面出针。

纽扣的选择方法

纽扣种类繁多。
有扣面上带眼的，有没眼的，有款式简单的，有复杂的……
如果你不知道选什么纽扣好，下面给出几种参考意见。

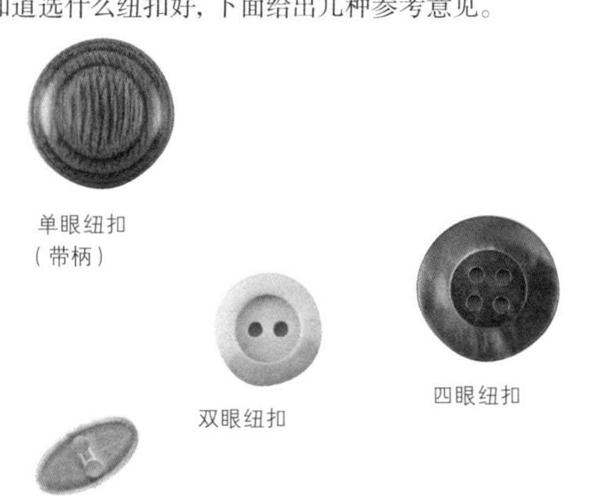

这种纽扣上面有很多眼的款式，可以用和作品颜色相同的毛线缠一圈，将它变成和作品配套的纽扣。

如果是可以看见扣眼的纽扣，会让人纠结缝纽扣用的线的颜色。在缝好纽扣后，可再用毛线缝一圈，盖住先前的缝线。如果一开始就用毛线缝，线会很容易磨断，需要注意。

挑战拼色编织

大家知道“拼色编织(Planned Pooling)”这个词吗?
这是一种不可思议的编织方法。
使用1种色系的段染线，只需按指定的规则编织，就能呈现出配色花样般的纹理。
这次，我们将以37页的作品为例，向大家介绍最简单的“拼色编织”技法。

监修/今泉史子

※ 段染线的每种颜色以相同的规律循环时，就可以用来做“拼色编织”。比起渐变的颜色，过渡明显的段染线织出的花样更加清晰。推荐每种颜色的长度较短的段染线。

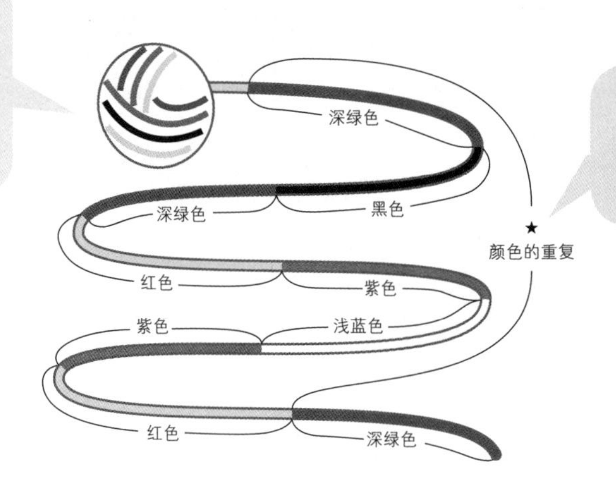

1
从线团中将线拉出，观察并找出颜色的变化规律，即重复方式。

4
如针法符号图所示，第1行钩织1次★的长度。其中短针部分的针数就是重复基数(这个重复的针数因为线材和颜色不同会有差异)。

※ 想要增加织物宽度时，将★作为1个花样，以1个花样为单位加针

★1次
深绿色4针　黑色4针　深绿色4针　红色4针　紫色4针　浅蓝色4针　紫色4针　红色4针

2
刚开始的颜色可能不是完整的，所以从第2段颜色开始钩锁针起针。

3
钩完1次★的长度为起针数。

5
钩第2行时，将第1行末端的1针拆掉后开始钩织。这样一来，颜色会有1针错位，从而慢慢倾斜。

6
接下来，始终遵守重复基数(此处为4针短针)继续钩织。与基础的针数不一致时，拆掉现在正在钩织的颜色，适当调整，符合基础针数后再继续钩织。

※ 重要的只是短针的针数，而两种颜色交界处的锁针无论用哪一种颜色钩织都没关系

※ 如果每2行错开1针短针，说明拼色编织成功!

※ 两端的引拔针也计为1针短针

作品的编织方法

★的个数代表作品的难易程度和对编织者的水平要求　★…初学者可放心选择　★★…拥有一定自信者都可以尝试
★★★…有毅力的中上级水平者可以完成　★★★★…对技术有自信者都可大胆挑战
※ 线为实物粗细
※ 图中未注明单位的数字均以厘米（cm）为单位

材料

奥林巴斯 ARLANE 红茶色系段染(104) 160g/5团；Tree House Palace 米色(402) 10g/1团

工具

编织机 Amimumemo(6.5mm)

成品尺寸

胸围98cm，衣长50.5cm，连肩袖长27cm

编织密度

10cm×10cm面积内：上针编织和编织花样均为18.5针，28.5行

编织要点

●身片…另线起针，后身片做上针编织，前身片做上针编织和编织花样。编织终点分别在肋部和袖窿编织几行另色线。下摆挑取指定针数后编织单罗纹针。编织终点做单罗纹针收针。

●组合…右肩做挑针缝合。衣领按与下摆相同的要领编织。左肩、衣领侧边做挑针缝合。袖口按与下摆相同的要领编织。肋部做机器缝合。下摆侧边、袖下做挑针缝合。

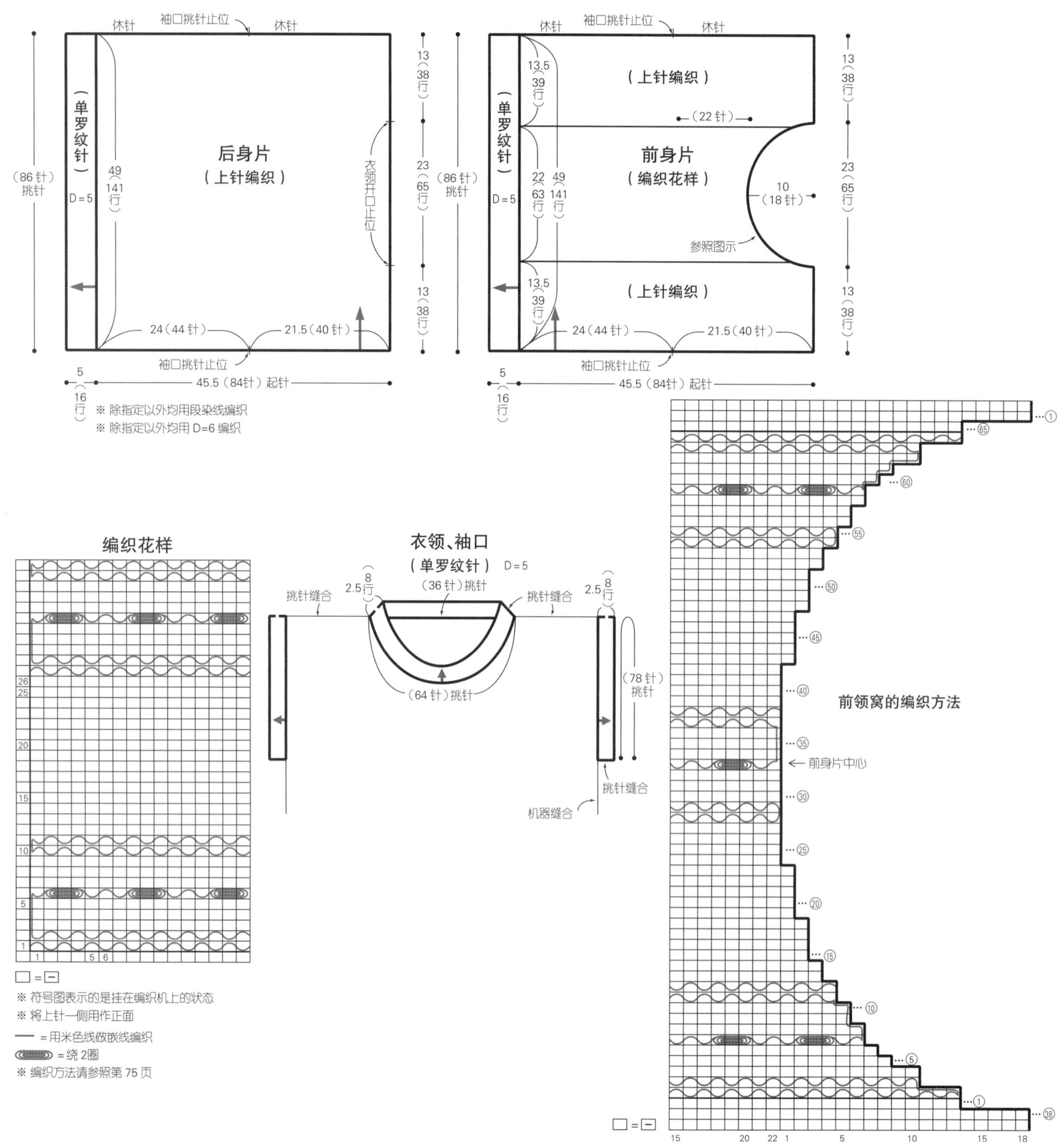

材料

手织屋 Moke Wool B 浅灰色(14) 265g，黄绿色(04) 245g，藏青色(28) 95g；直径20mm的纽扣6颗

工具

棒针10号、9号、8号

成品尺寸

胸围104cm，衣长56cm，连肩袖长72.5cm

编织密度

10cm×10cm面积内：下针编织18针，23.5行；条纹花样25.5针，14.5行；桂花针16.5针，28.5行

编织要点

●身片、袖…手指挂线起针后开始编织。后身片编织双罗纹针和下针编织，前身片编织双罗纹针和条纹花样，袖编织起伏针和桂花针。条纹花样从反面行开始编织。减2针以上时做伏针减针，袖下的加针在1针内侧做扭针加针。

●组合…一边在前身片的肩部做减针，一边与后身片肩部做盖针接合。衣领、前门襟挑取指定针数后编织双罗纹针，在右前门襟留出扣眼。编织终点做下针织下针、上针织上针的伏针收针。袖与身片之间做针与行的接合。胁部和袖下做挑针缝合。最后缝上纽扣。

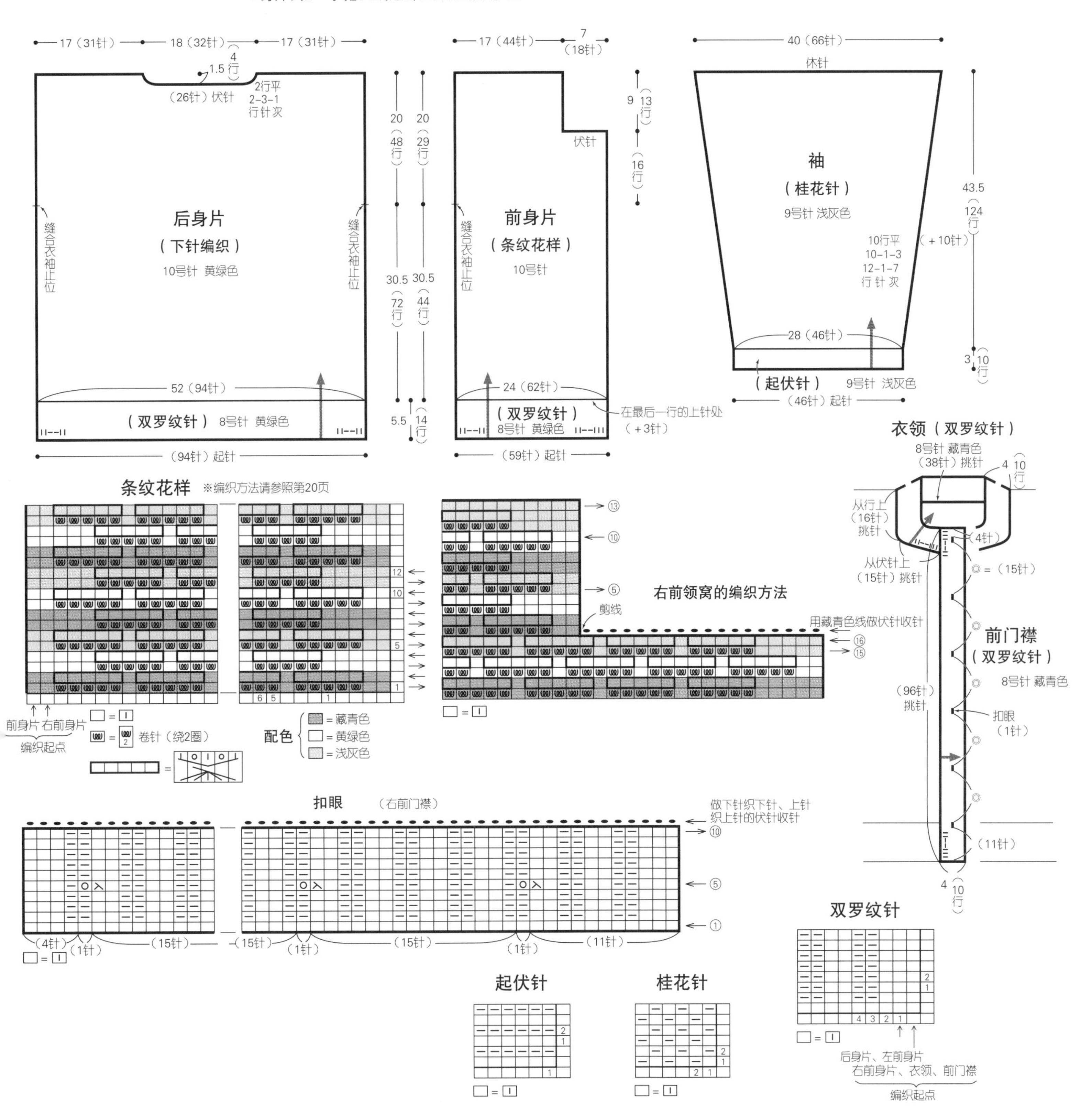

材料

达摩手编线Merino Style 中粗 灰棕色(4) 20g/1团，靛蓝色(14) 10g/1团

工具

棒针7号

成品尺寸

宽8cm，头围52cm

编织密度

10cm×10cm面积内：条纹花样31针，18.5行

编织要点

●另线锁针起针，按起伏针和条纹花样编织。编织终点做伏针收针。编织起点和编织终点做下针的无缝接合，连接成环形。

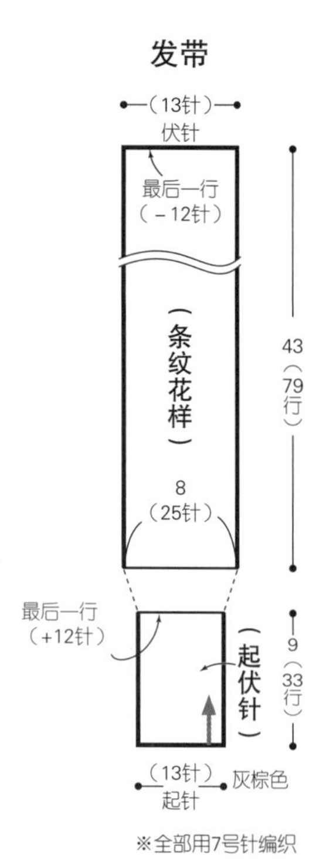

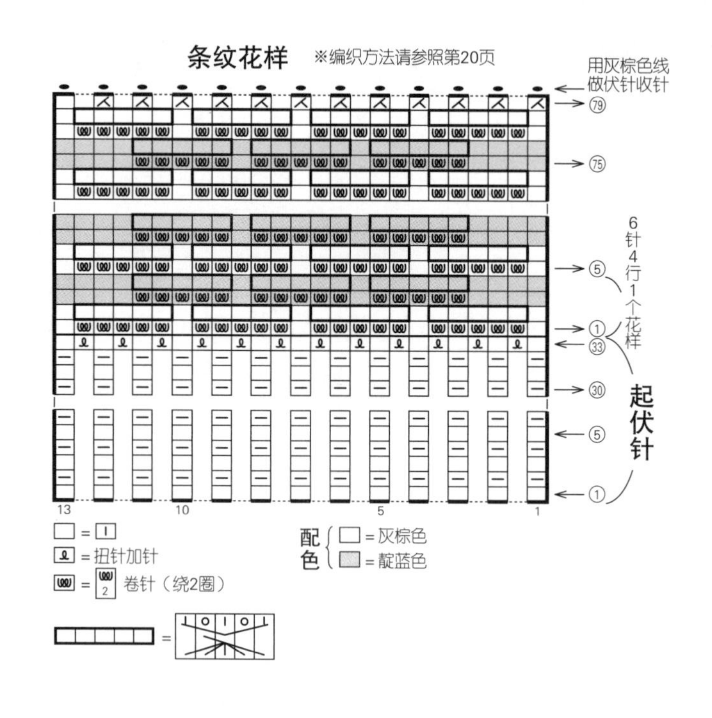

手指挂线单罗纹针起针
(两端均为2针下针的情况)

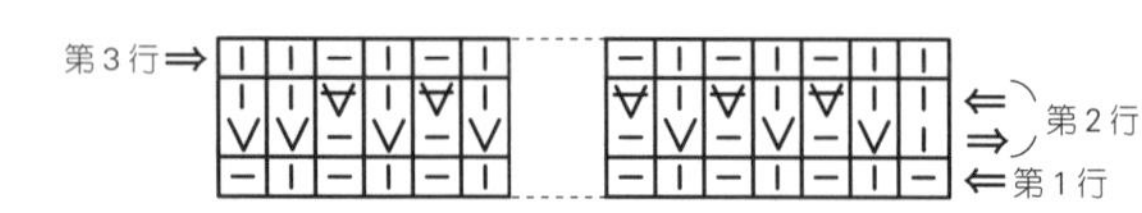

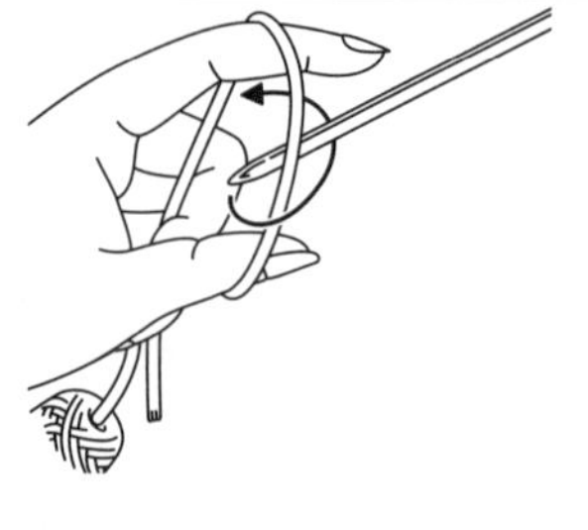

1 将棒针放在线的后侧，如箭头所示转动棒针起1针上针。

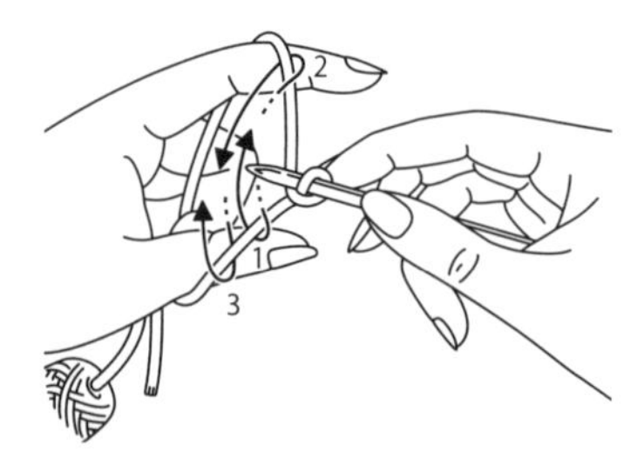

2 按1、2、3的顺序转动针头起1针下针。

3 第3针如箭头所示转动棒针起上针。重复步骤2和3。

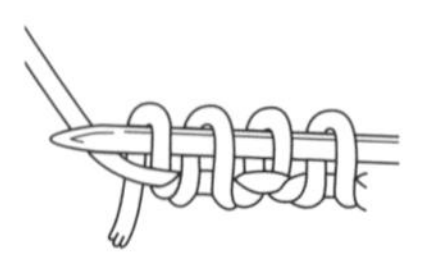

4 第1行左端的针目状态。最后以步骤3（上针）结束。

第2行

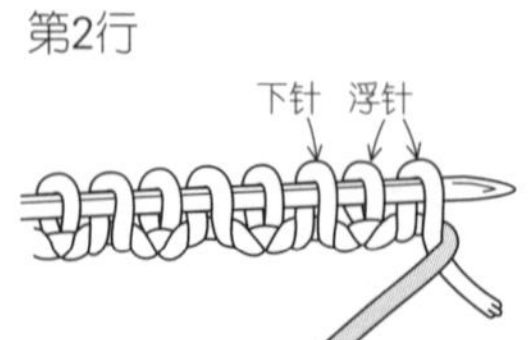

5 翻转织片，将线放在前面。

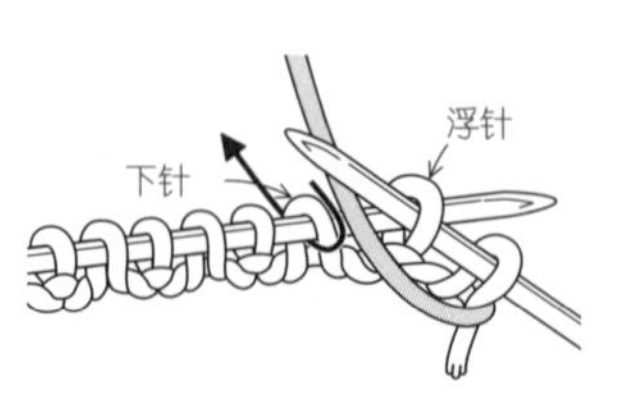

6 右端的2针不织，直接移至右棒针上（浮针），第3针编织下针。

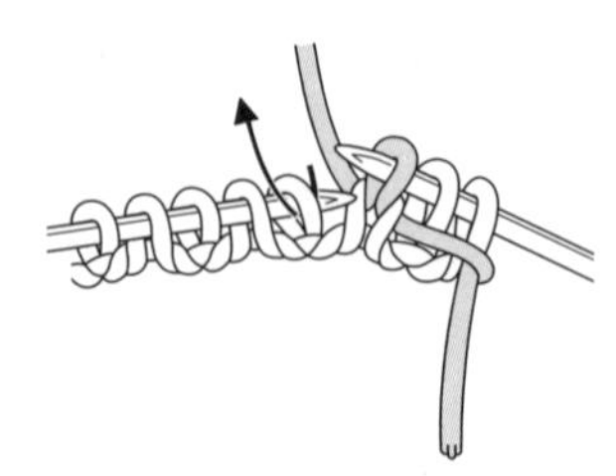

7 接下来，交替重复编织“1针上针的伏针、1针下针”。

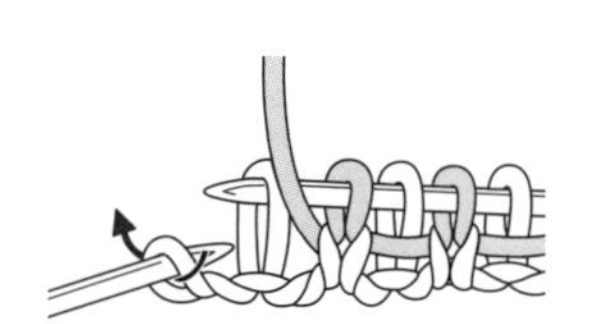

8 最后一针编织下针。

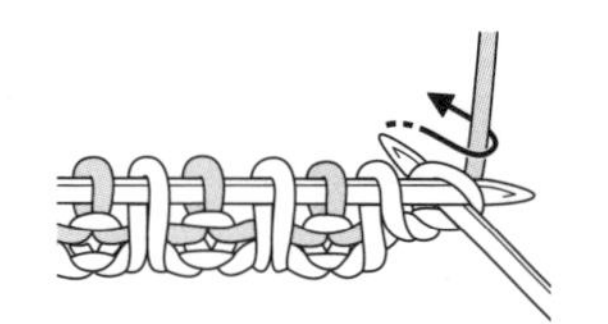

9 翻转织片，边上2针编织下针。

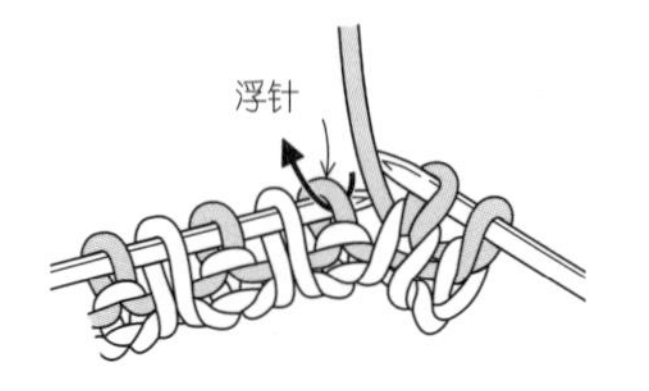

10 从下个针目开始，重复编织“1针上针的伏针、1针下针”。最后一针编织下针。

第3行

11 翻转织片，边上2针编织上针，从下个针目开始交替重复编织“1针下针、1针上针”。最后一针编织上针。

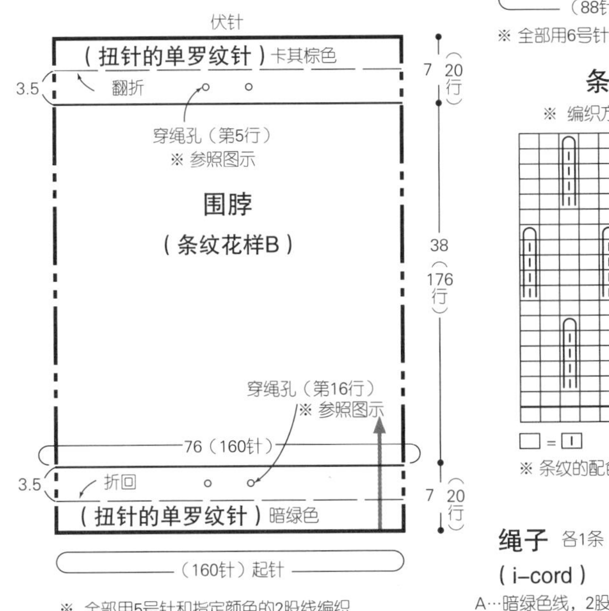

材料

[圆筒帽] 手织屋 Poppy 蓝绿色(6) 55g；Wool N 灰色(31) 40g

[围脖] 手织屋 Sofia Wool 暗绿色(28) 95g，卡其棕色(27) 85g，浅绿色(30) 40g，灰色(19)、姜黄色(33)各25g

工具

棒针6号、5号

成品尺寸

[圆筒帽] 头围49cm，帽深28.5cm

[围脖] 颈围76cm，宽45cm

编织密度

10cm×10cm面积内：条纹花样A 18针，40行；条纹花样B 21针，46行

编织要点

●圆筒帽…手指挂线起针，按单罗纹针和条纹花样A环形编织。参照图示做分散减针。编织终点在最后一行的针目里穿2次线后收紧。将帽口的单罗纹针往反面翻折后做藏针缝缝合。

●围脖…手指挂线起针，按扭针的单罗纹针和条纹花样B环形编织。在指定位置留出穿绳孔。编织终点做伏针收针。绳子也是手指挂线起针，按指定颜色编织。编织起点和编织终点的单罗纹针部分将绳子夹在中间，往反面翻折后做藏针缝缝合。制作流苏，缝在穿入穿绳孔的绳子两端。

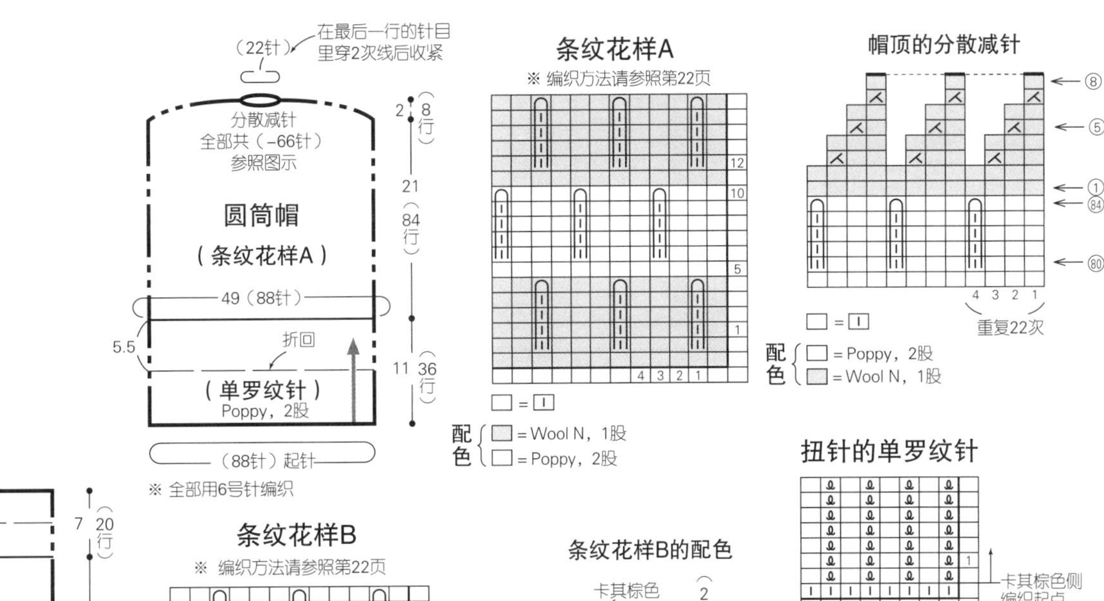

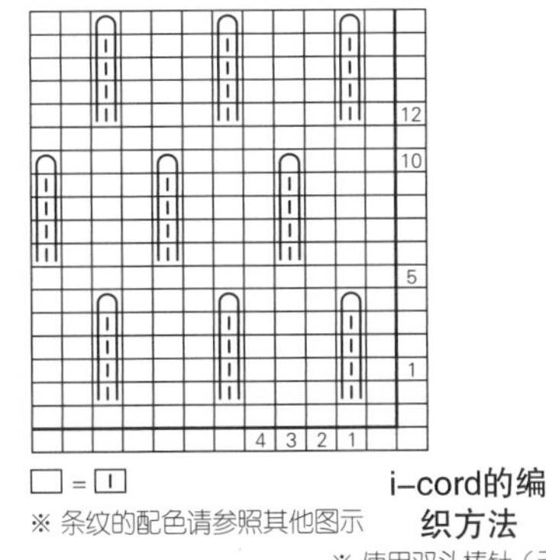

条纹花样B的配色

颜色	行数
卡其棕色	2行
暗绿色	
卡其棕色	重复2次
暗绿色	
浅绿色	重复3次
卡其棕色	
暗绿色	
浅绿色	重复3次
卡其棕色	
姜黄色	
灰色	
暗绿色	6行

176行

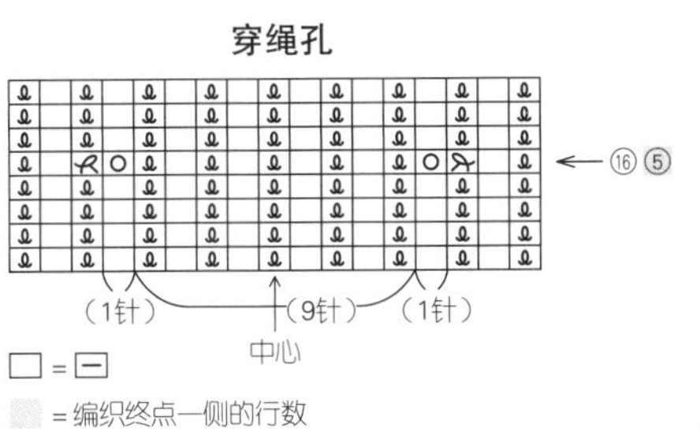

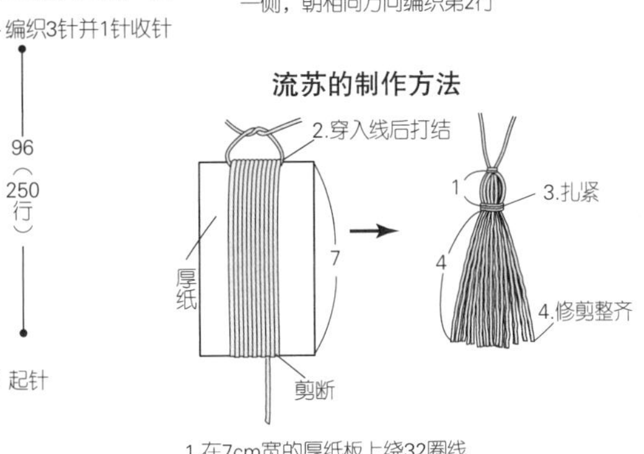

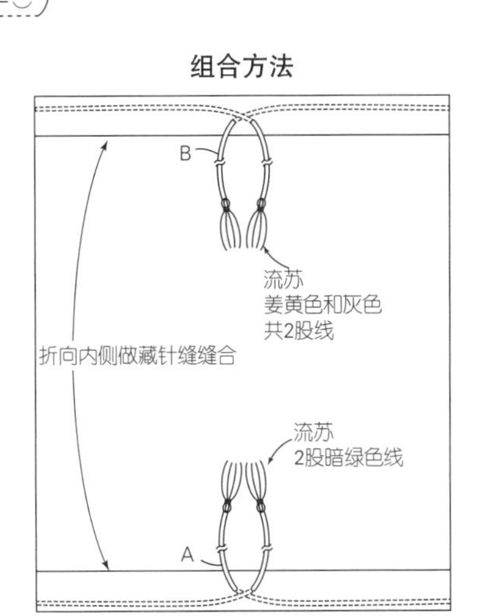

11 页的作品 ★★★

材料

手织屋 长段染(e-wool)蓝色和绿色系段染(06)350g

工具

棒针7号、4号、2号

成品尺寸

胸围98cm，衣长54.5cm，连肩袖长67cm

编织密度

10cm×10cm面积内：编织花样A 24针，33行

编织要点

●身片、袖…手指挂线起针，按单罗纹针和编织花样A编织。腋下针目编织伏针。插肩线的减针是在边上第2针和第3针里做2针并1针。身片的编织终点休针备用。袖的育克切换线做伏针减针。

●组合…插肩线、肋部、袖下做挑针缝合，腋下针目做下针的无缝接合。育克部分从身片和袖挑取针目，按编织花样B环形编织，注意有些行的编织起点位置不同，请参照图示编织。接着一边分散减针一边按编织花样A环形编织。衣领按编织花样C编织。编织终点做下针织下针、上针织上针的伏针收针。

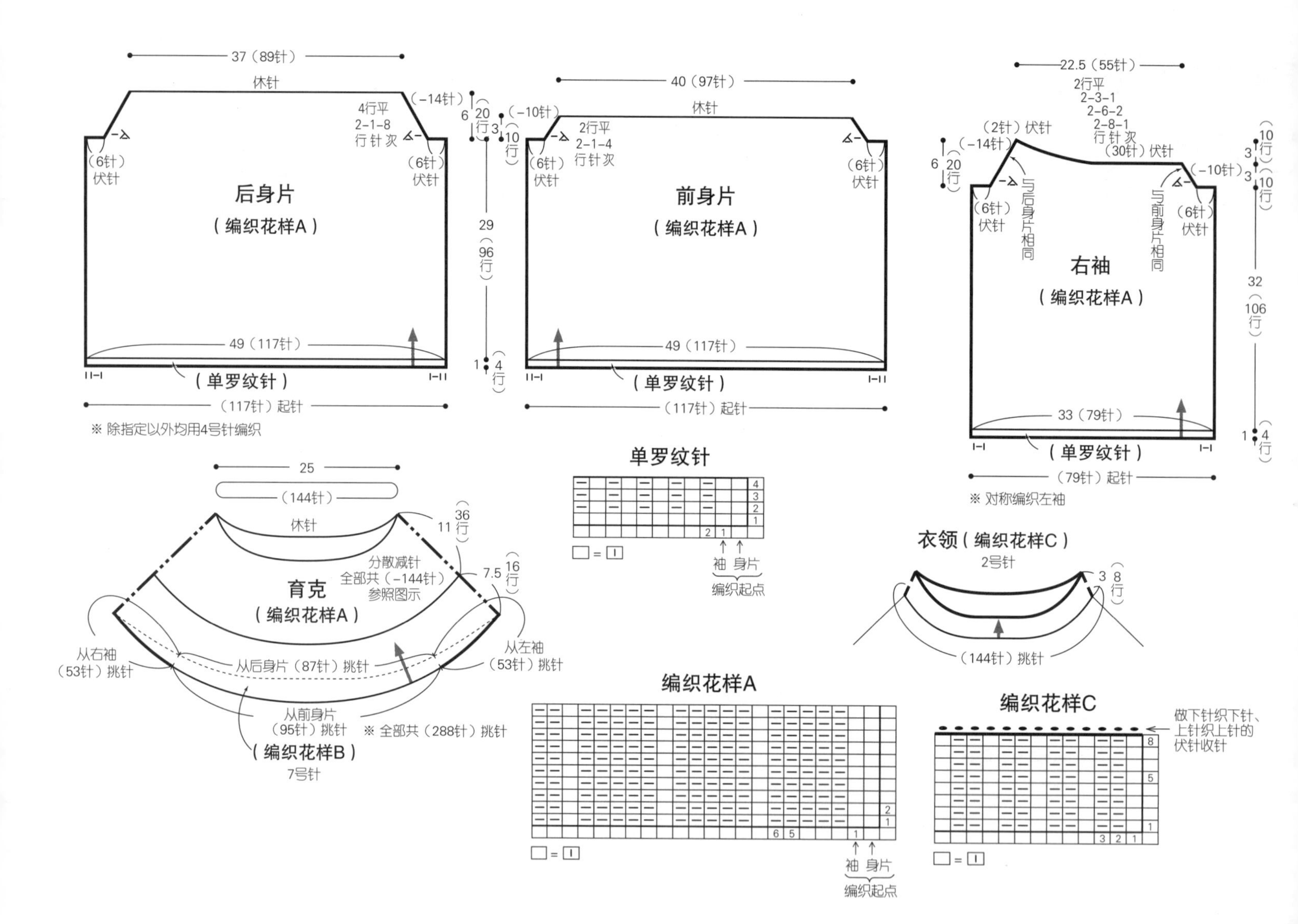

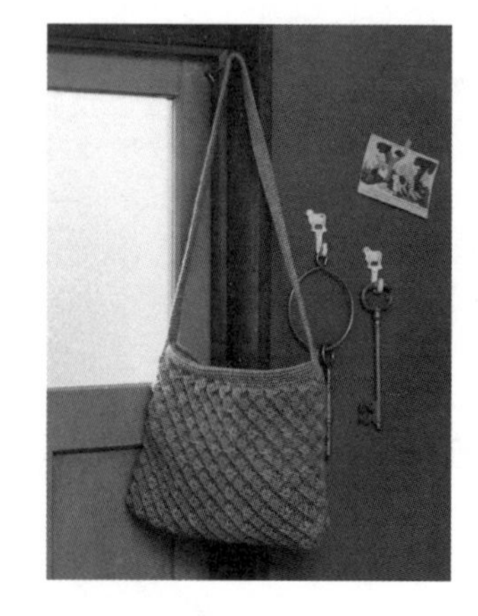

材料

芭贝 Mini-Sport 灰色(660) 135g/3团，粉色(708) 60g/2团

工具

棒针10号，钩针6/0号

成品尺寸

宽30cm，深26cm

编织密度

10cm×10cm面积内：条纹花样24.5针，15行

编织要点

●主体另线锁针起针，按条纹花样编织。最后一行参照图示减针。编织终点做伏针收针。编织2个相同的织片。底部拆开起针时的锁针后做引拔接合，侧边做挑针缝合。包口挑取指定针数后环形钩织短针。钩织完成后向内侧翻折并做藏针缝合。钩织提手，参照组合方法图缝在主体上。

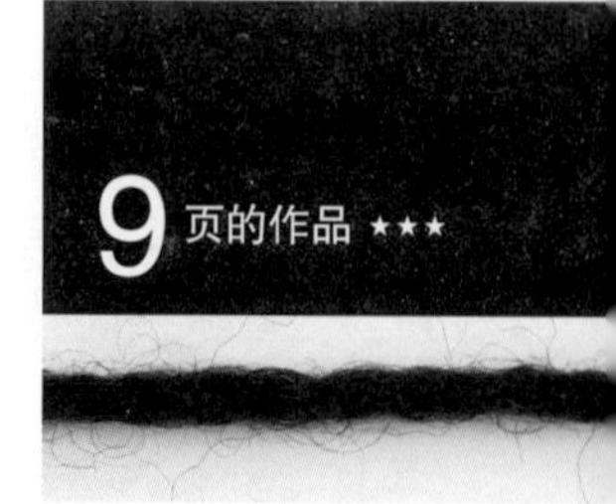

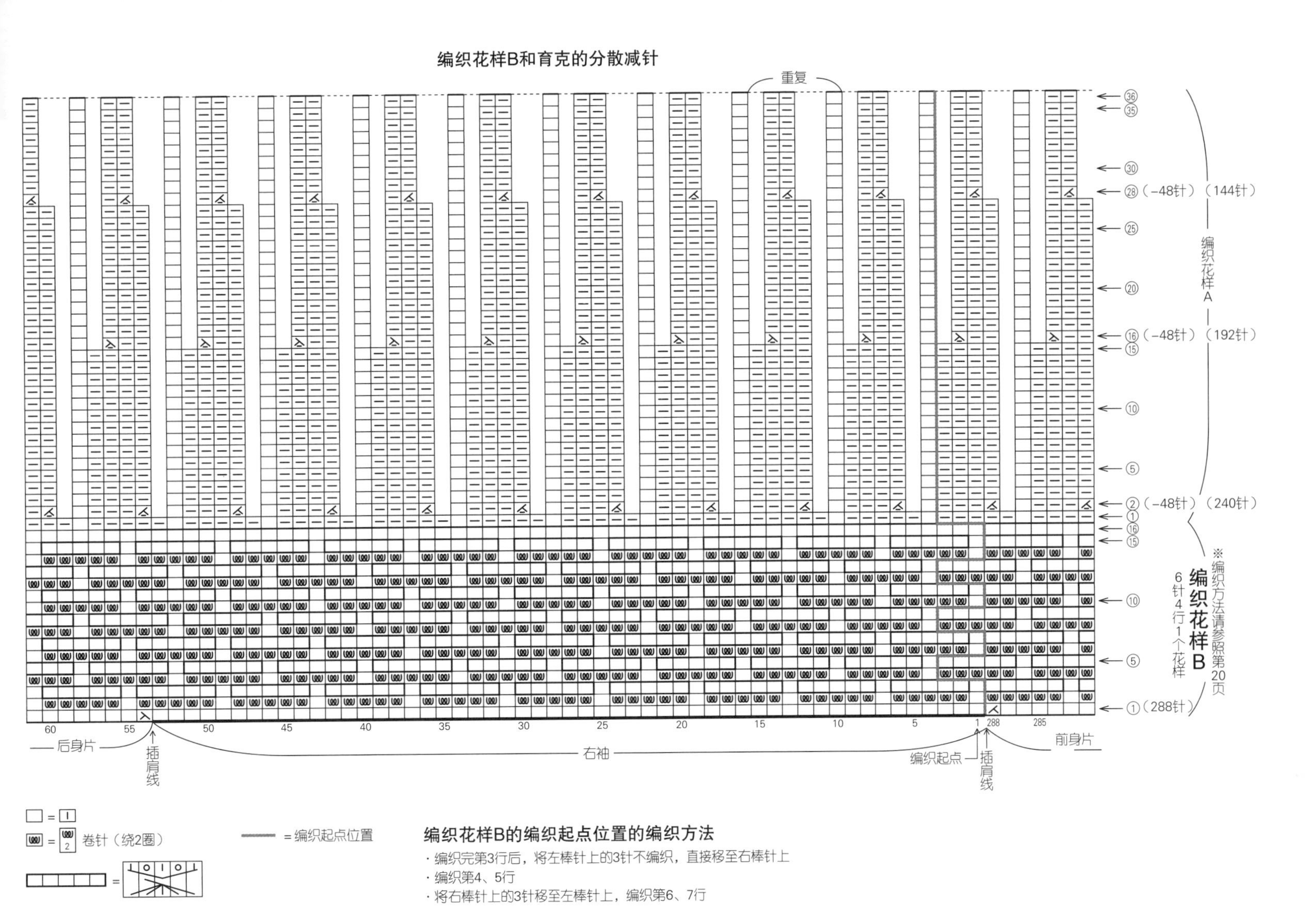

编织花样B的编织起点位置的编织方法

- 编织完第3行后，将左棒针上的3针不编织，直接移至右棒针上
- 编织第4、5行
- 将右棒针上的3针移至左棒针上，编织第6、7行

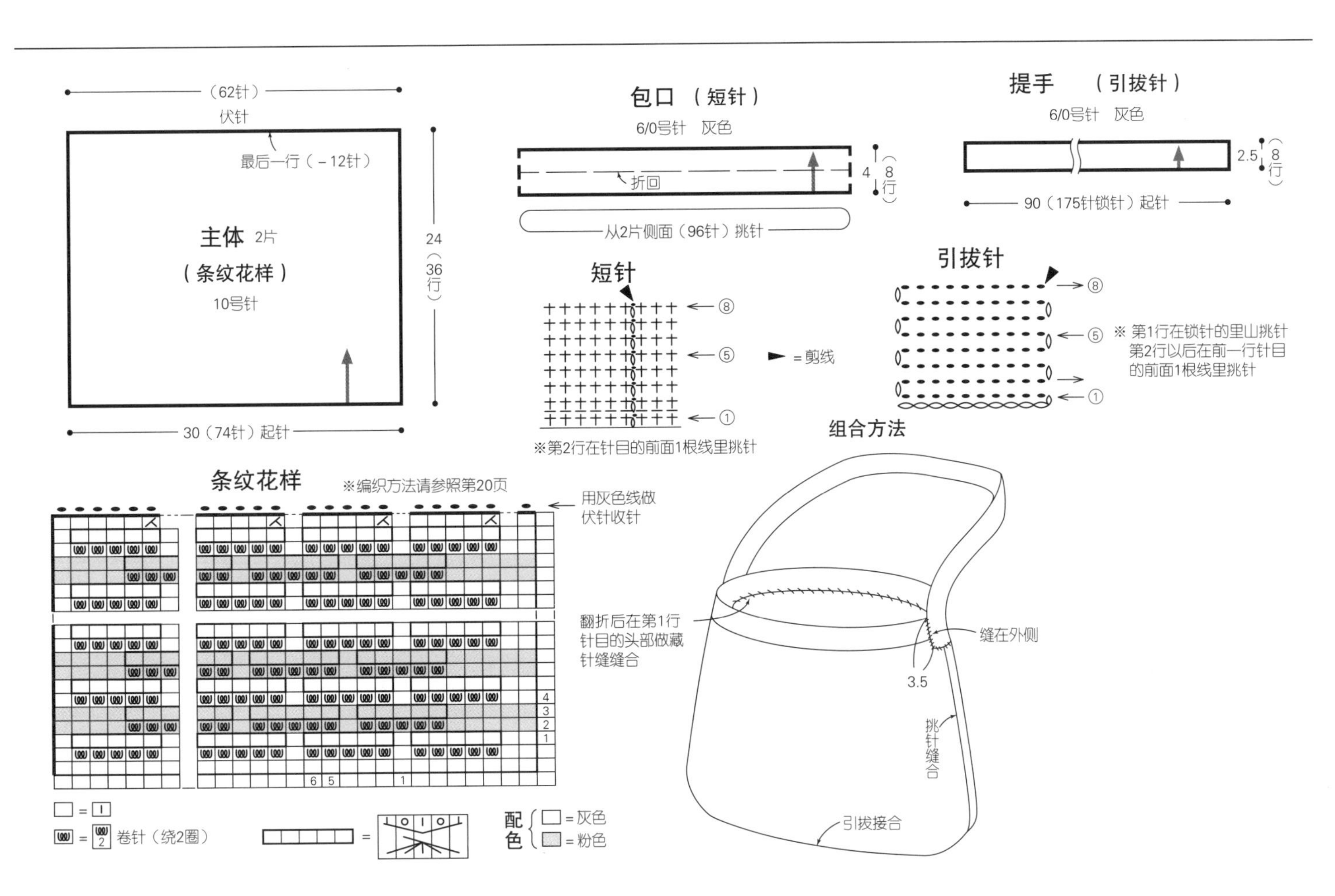

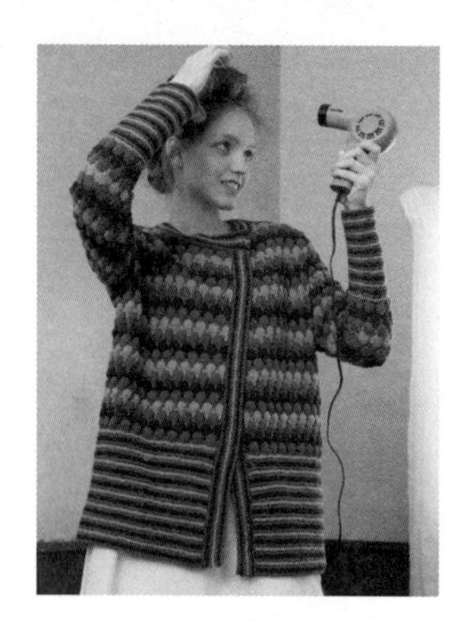

材料

手织屋 Wool N 紫色(19)270g，藏青色(35)145g，浅蓝色(33)120g；直径14mm的子母扣2对

工具

棒针6号、5号、4号，钩针5/0号

成品尺寸

胸围94cm，肩宽35cm，衣长65cm，袖长54cm

编织密度

10cm×10cm面积内：条纹花样17.5针，34行

编织要点

●身片、袖…另线锁针起针，按条纹花样编织。减针时，2针以上时做伏针减针，1针时立起侧边1针减针。加针时，在1针内侧做扭针加针。下摆、袖口拆开起针时的锁针挑取针目后，按起伏针条纹编织。编织终点从反面做伏针收针。前门襟挑取指定针数后按起伏针条纹编织。编织终点与下摆一样，从反面做伏针收针。

●组合…肩部做盖针接合，胁部、袖下做挑针缝合。衣领一边调整密度，一边按与前门襟的相同要领编织。袖与身片之间做引拔缝合。钩织子母扣的垫片，缝在右前身片衣领的反面。最后缝上子母扣。

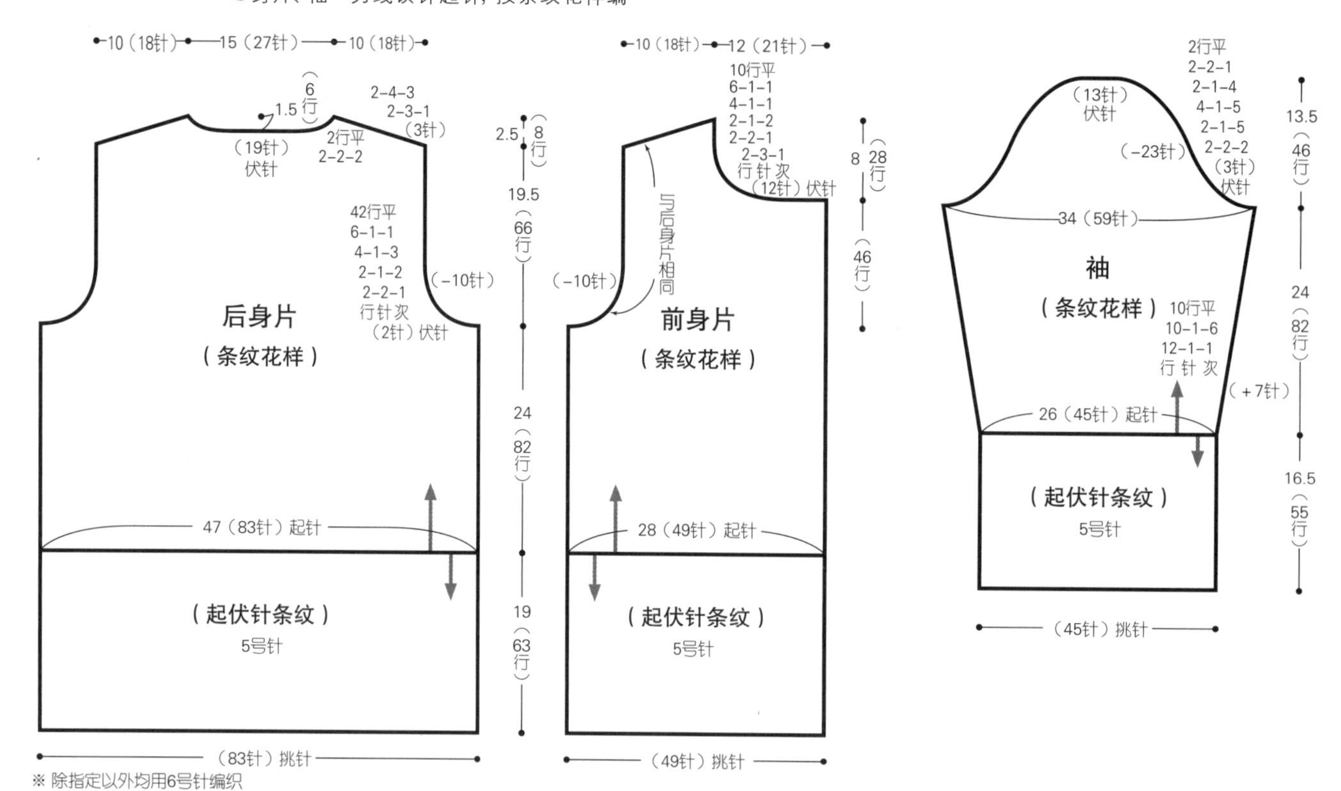

※ 除指定以外均用6号针编织

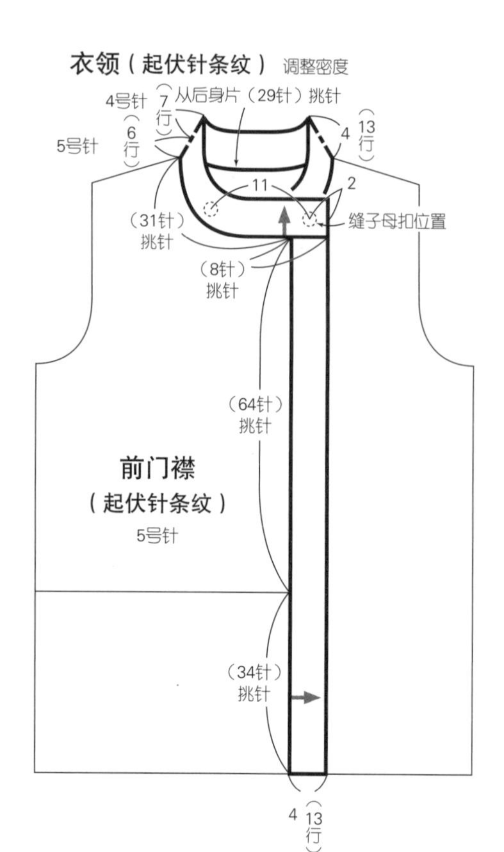

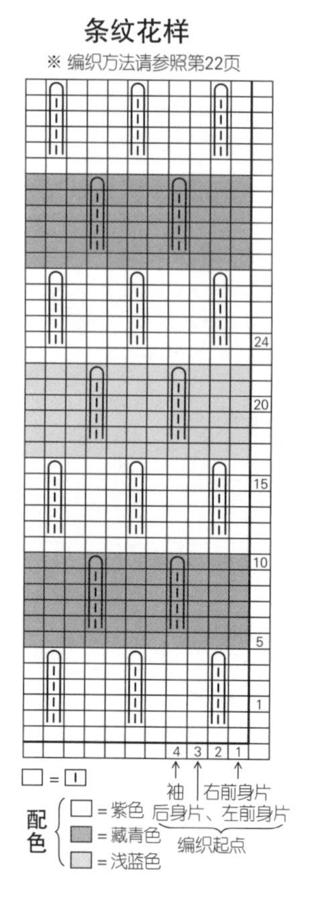

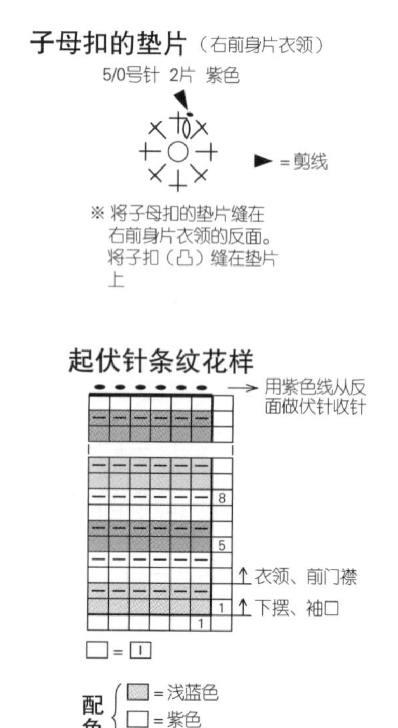

材料

PIERROT YARNS、ZAKKA Stores Provence Series Chiffon（Arles中细）海军蓝色（59）95g/4团，蓝绿色（55）90g/3团

工具

棒针2号、4号

成品尺寸

宽18cm，长150cm

编织密度

10cm×10cm面积内：配色花样27针（54针），31行

编织要点

●参照第23页，用4号针和海军蓝色线做另线锁针的单罗纹针起针。从第2行开始换成2号针，在正反两面编织配色花样。最后2行蓝绿色针目滑过不编织，只编织海军蓝色针目。编织终点用海军蓝色线做单罗纹针收针。

16 页的作品 ★★★

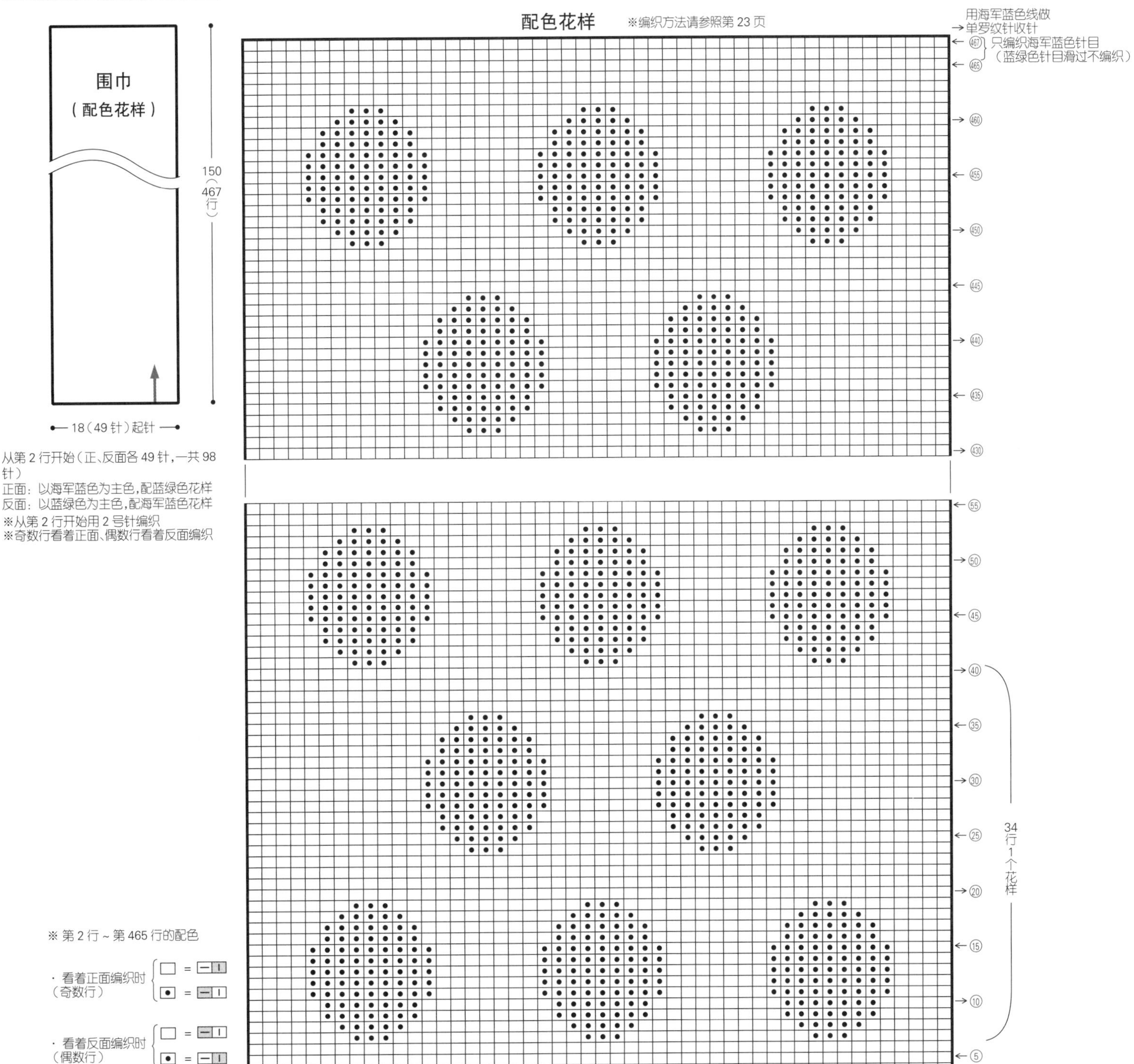

材料

奥林巴斯 Tree House Palace 卡其色(413) 215g/6团，米色(402)、浅茶色(403)各165g/各5团

工具

棒针15号、9号

成品尺寸

胸围116cm，肩宽34cm，衣长73cm，袖长55.5cm

编织密度

10cm×10cm面积内：上针条纹15.5针，21行(15号针)；条纹花样24针，21行

编织要点

●身片、袖…身片手指挂线起针，按编织花样、扭针的双罗纹针条纹花样、条纹花样、上针条纹。前领窝参照图示减针，腋下针目做伏针收针。后领口的编织终点一边做编织花样一边做伏针收针，其余针目休针备用。袖按与右前身片的相同要领起针后，按编织花样、条纹花样、上针条纹编织。袖下的加针在1针内侧做扭针加针。袖山参照图示减针。编织终点与后领窝一样处理。

●组合…肩部、△处做盖针接合。对齐记号☆处做针与行的接合。胁部、袖下做挑针缝合。袖与身片之间做引拔缝合。腰带手指挂线起针，编织上针和条纹花样。编织终点做伏针收针。

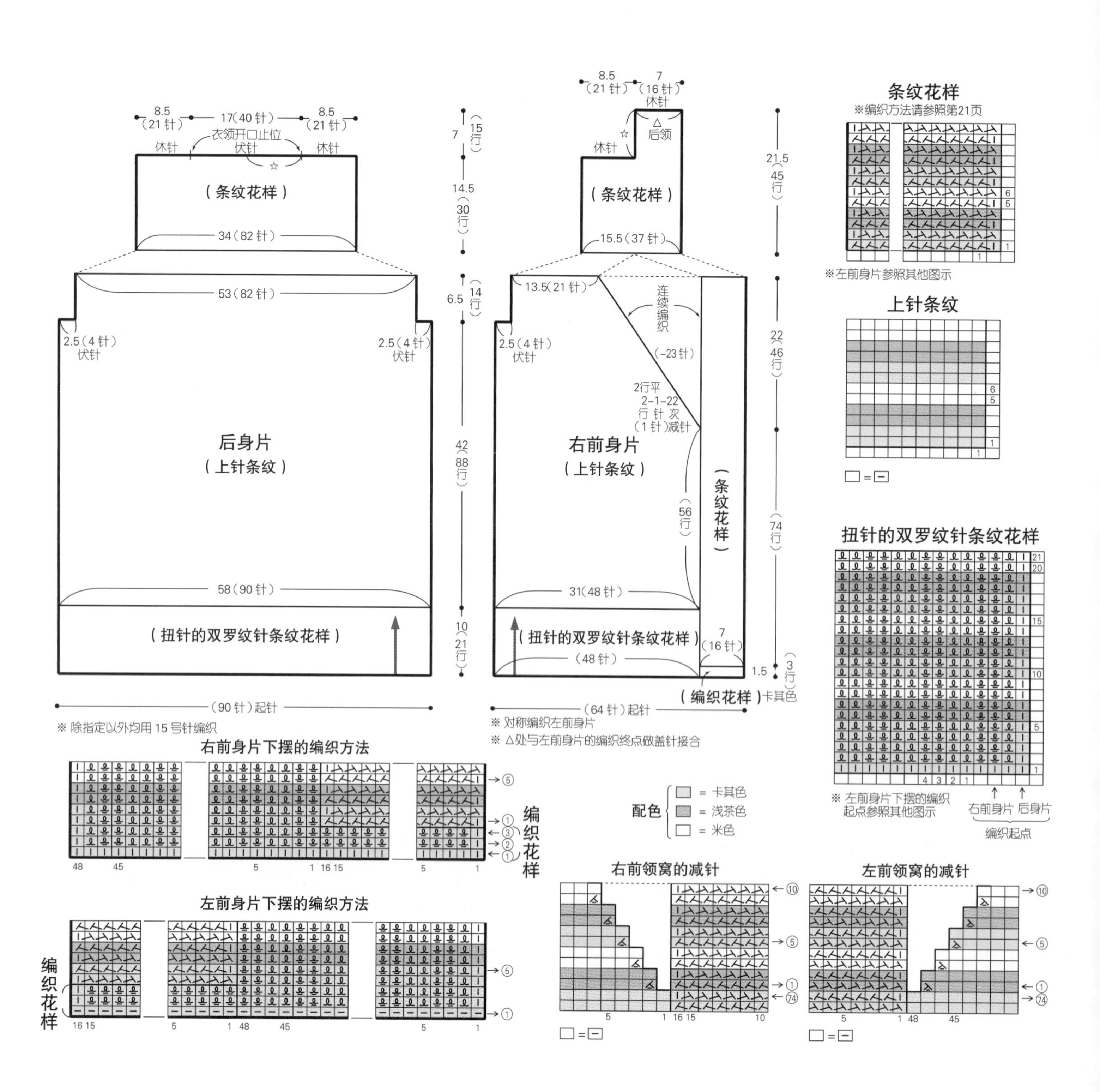

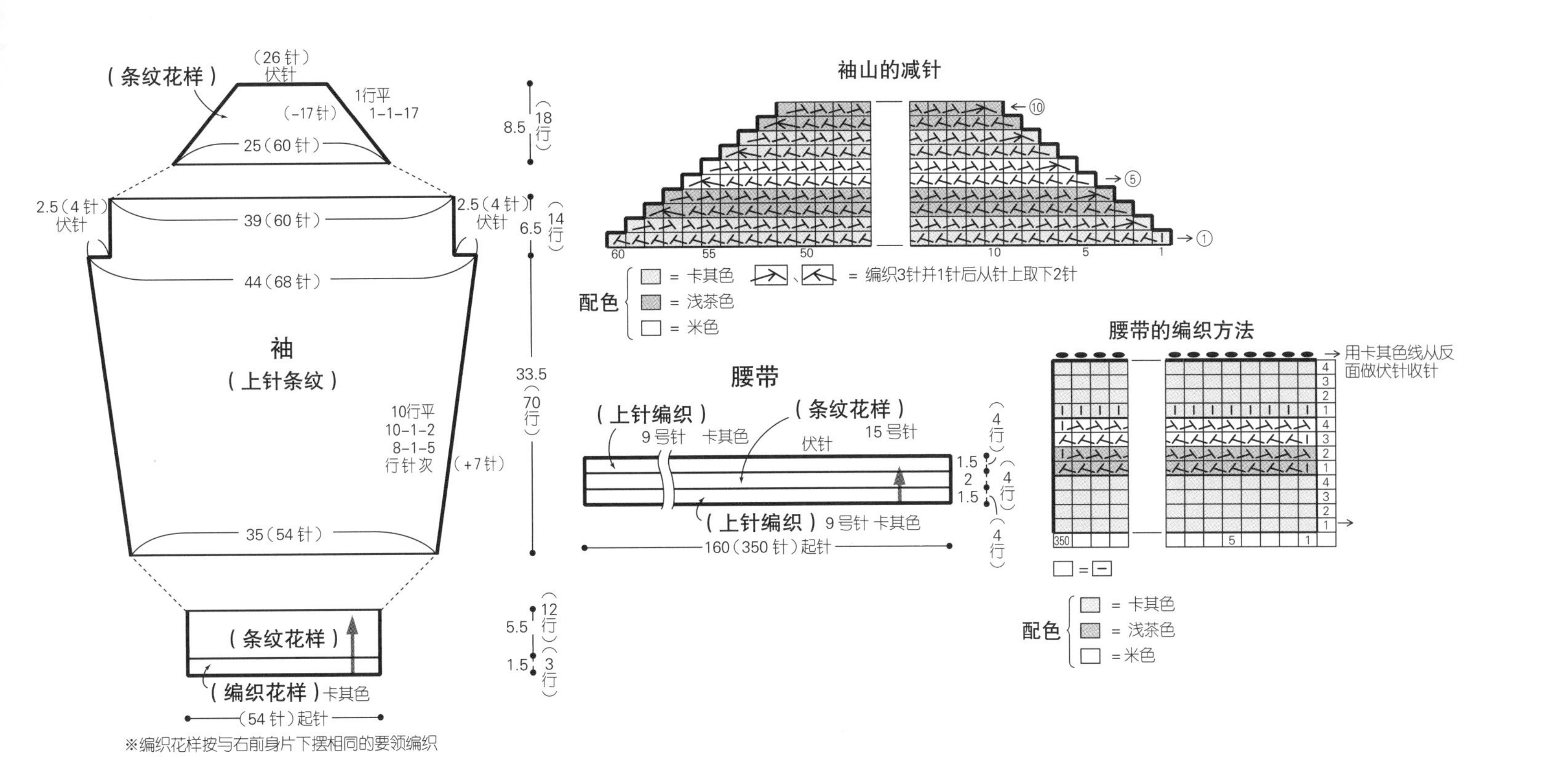

材料

达摩手编线 Geek 绿色、白色(6)30g/1团;Soft Lambs Sport 鲜黄色(33)10g/1团

工具

棒针10号

成品尺寸

掌围20cm,长17.5cm

编织密度

10cm×10cm面积内:条纹花样24.5针,15.5行

编织要点

●手指挂线起针后编织起伏针和条纹花样。编织终点从反面做伏针收针。侧边做挑针缝合。

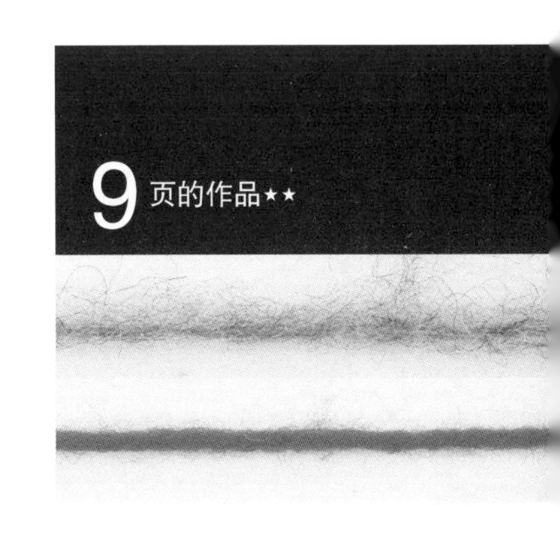

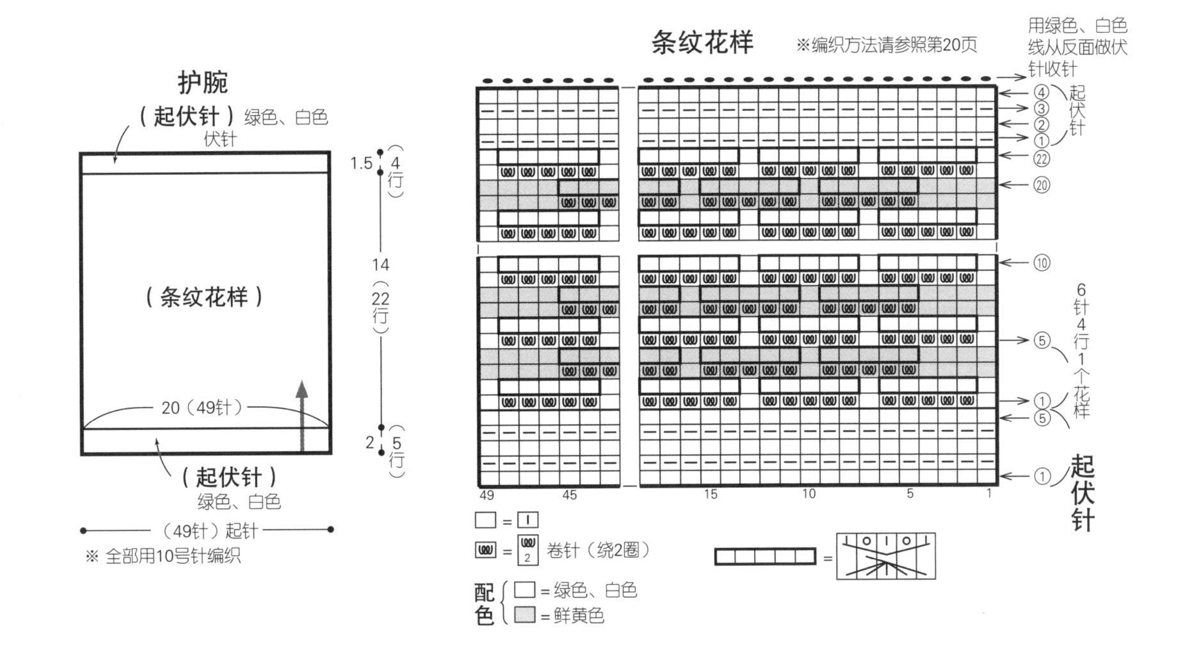

材料

奥林巴斯 Make Make Tomato 米色和灰色段染(201) 75g/3团

工具

棒针7mm

成品尺寸

颈围60.5cm

编织密度

10cm×10cm面积内：编织花样19针，20行；上针编织15.5针，20行

编织要点

●手指挂线起针后做编织花样和上针编织。编织终点休针。参照组合方法，对齐标记◆做上针的无缝接合，侧边错开1个花样做挑针缝合。

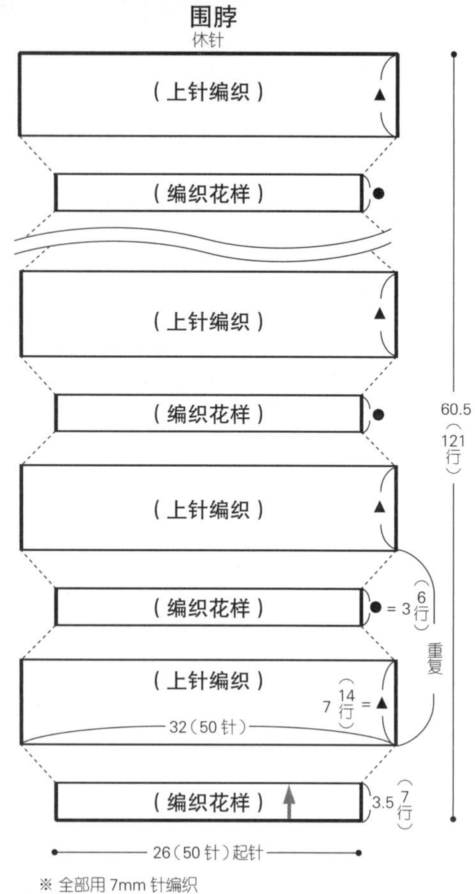

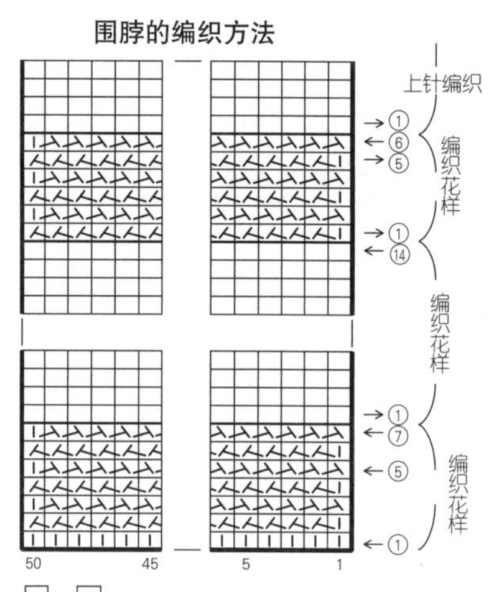

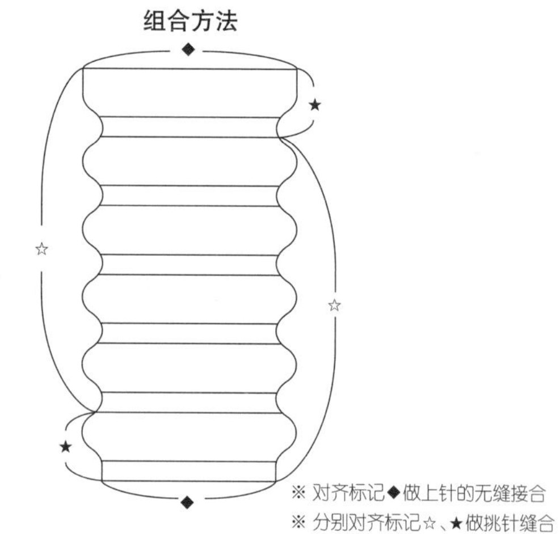

上针的无缝接合
（其中一侧的针目为收针状态）

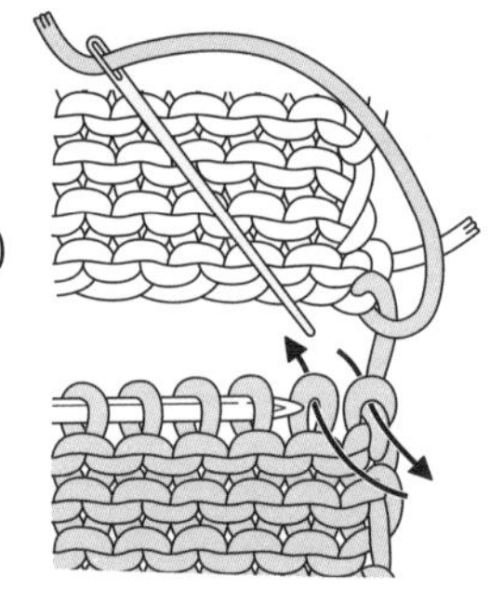

1 在前、后2个织片的边缘针目里穿针后的状态。接着，如箭头所示依次在前面的2个针目里插入手缝针。

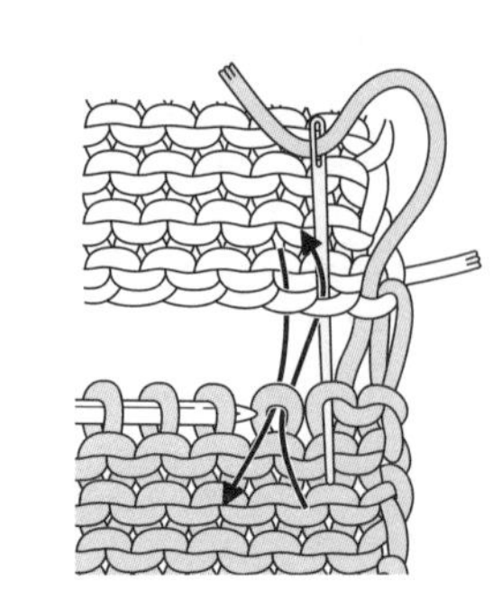

2 在后面织片的边缘针目里从反面插入缝针，将线拉出。如箭头所示依次在后面和前面织片的针目里插入手缝针。重复此操作。

扭针的右上2针并1针

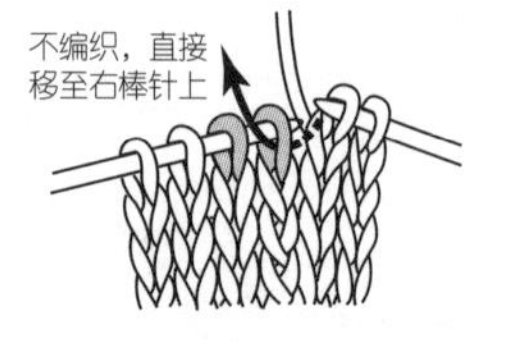

1 从右边针目的后侧插入棒针，不编织，直接移至右棒针上。

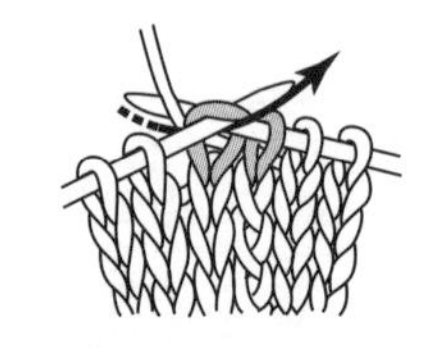

2 在左边的针目里插入棒针，挂线后拉出编织下针。

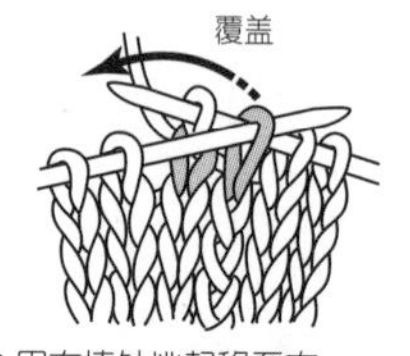

3 用左棒针挑起移至右棒针上的针目，覆盖在刚才编织的针目上。

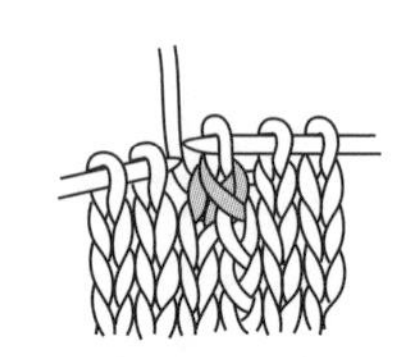

4 扭针的右上2针并1针完成。

扭针的左上2针并1针

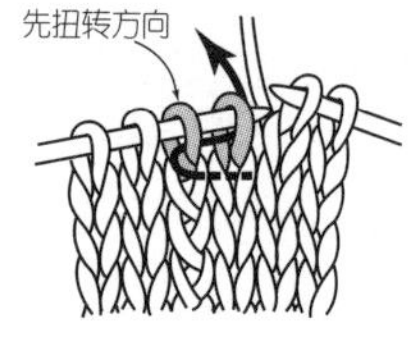

1 先将左边的针目扭转方向，再如箭头所示插入右棒针。

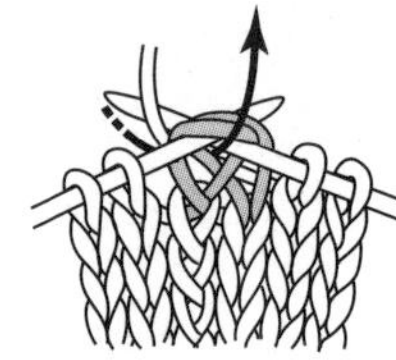

2 挂线后拉出，在2个针目里一起编织下针。

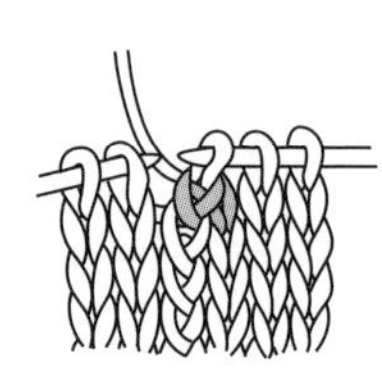

3 扭针的左上2针并1针完成。

材料

奥林巴斯 Tree House Leaves 橘黄色(4) 125g/4团

工具

棒针7号

成品尺寸

宽22cm，深23.5cm

编织密度

10cm×10cm面积内：编织花样27针，24行

编织要点

●主体手指挂线起针后做编织花样和上针编织。包口的编织终点一边编织上针一边做伏针收针，接着编织提手。提手的编织终点休针备用。参照组合方法进行缝合。

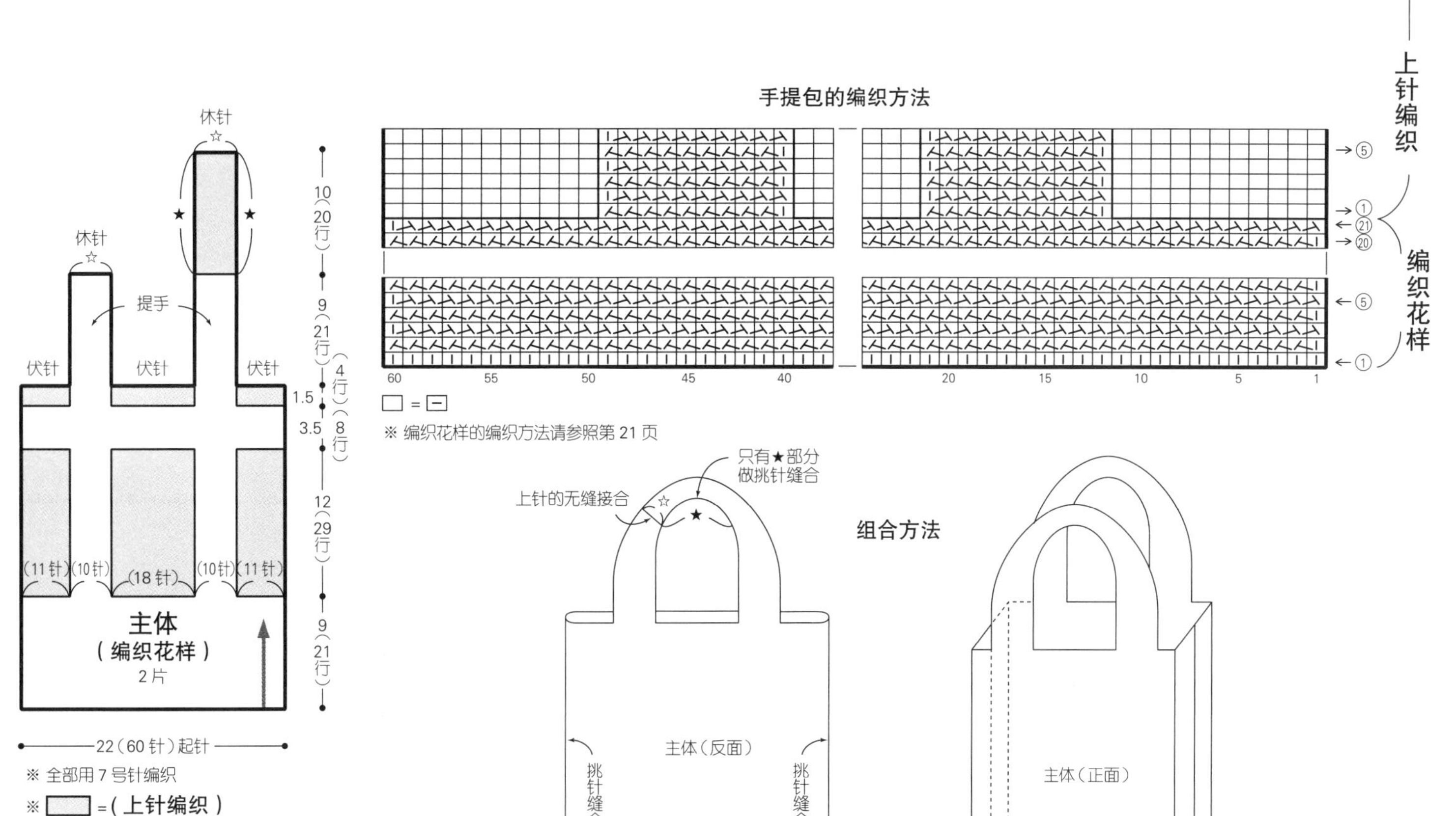

1针放2针的加针

(kfb)

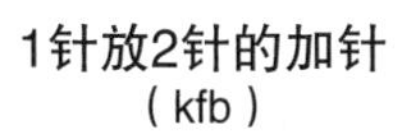

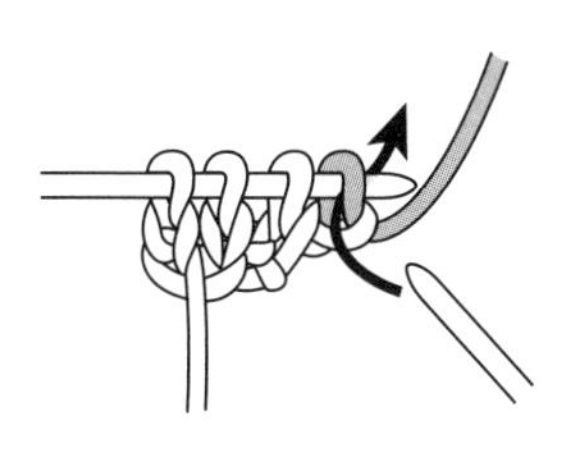

1 边缘1针编织下针。不要取下左棒针上的针目。

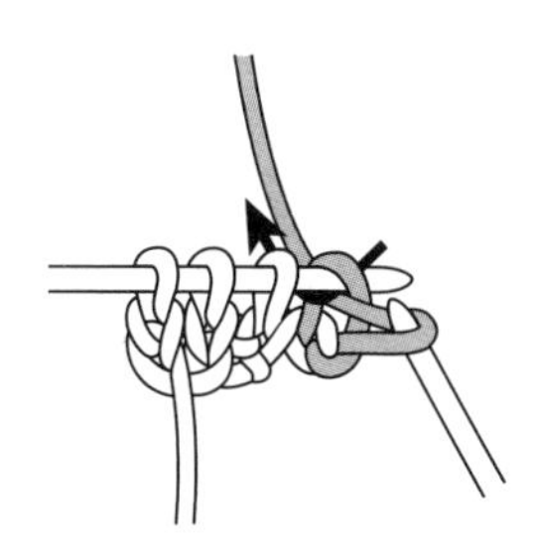

2 按扭针的入针方式插入棒针。

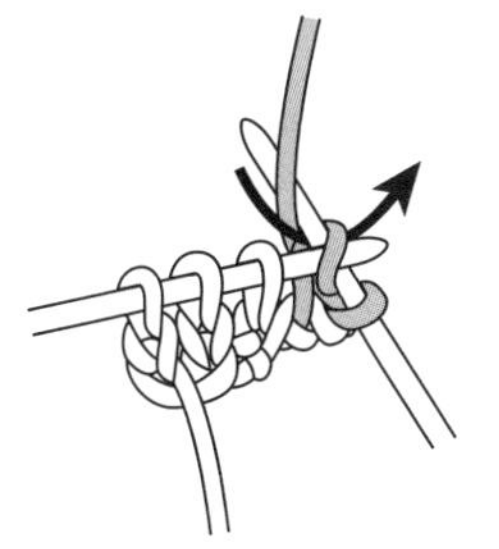

3 挂线后拉出。

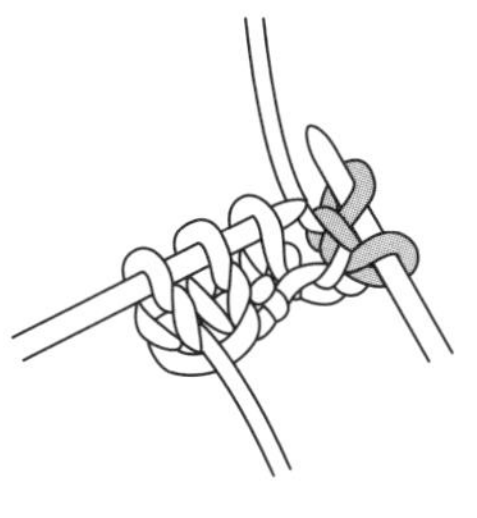

4 1针放2针下针的加针完成。这个编织技法在国外很常用，被称为“kfb”。

材料

奥林巴斯 Tree House Palace 浅茶色(403) 295g/8团，黄色(404) 275g/7团

工具

棒针6号

成品尺寸

胸围92cm，肩宽36cm，衣长55cm，袖长49.5cm

编织密度

10cm×10cm面积内：起伏针条纹22针，44行(身片)；22.5针，39.5行(袖)。配色花样的1个花样18针为4cm，10cm内44行(身片)，10cm内39.5行(袖)

编织要点

●身片、袖…手指挂线起针，按起伏针、起伏针条纹、配色花样编织。起伏针条纹和配色花样的交界处用纵向渡线的方法编织。配色花样的编织方法请参照第22页。袖窿减针时，2针以上时做伏针减针，1针时立起侧边1针减针。袖下的加针在1针内侧做扭针加针。袖山参照图示做加、减针。

●组合…肩部做盖针接合。肋部、袖下做挑针缝合。袖用半回针缝针法与身片接合，注意在配色花样部分缩缝。

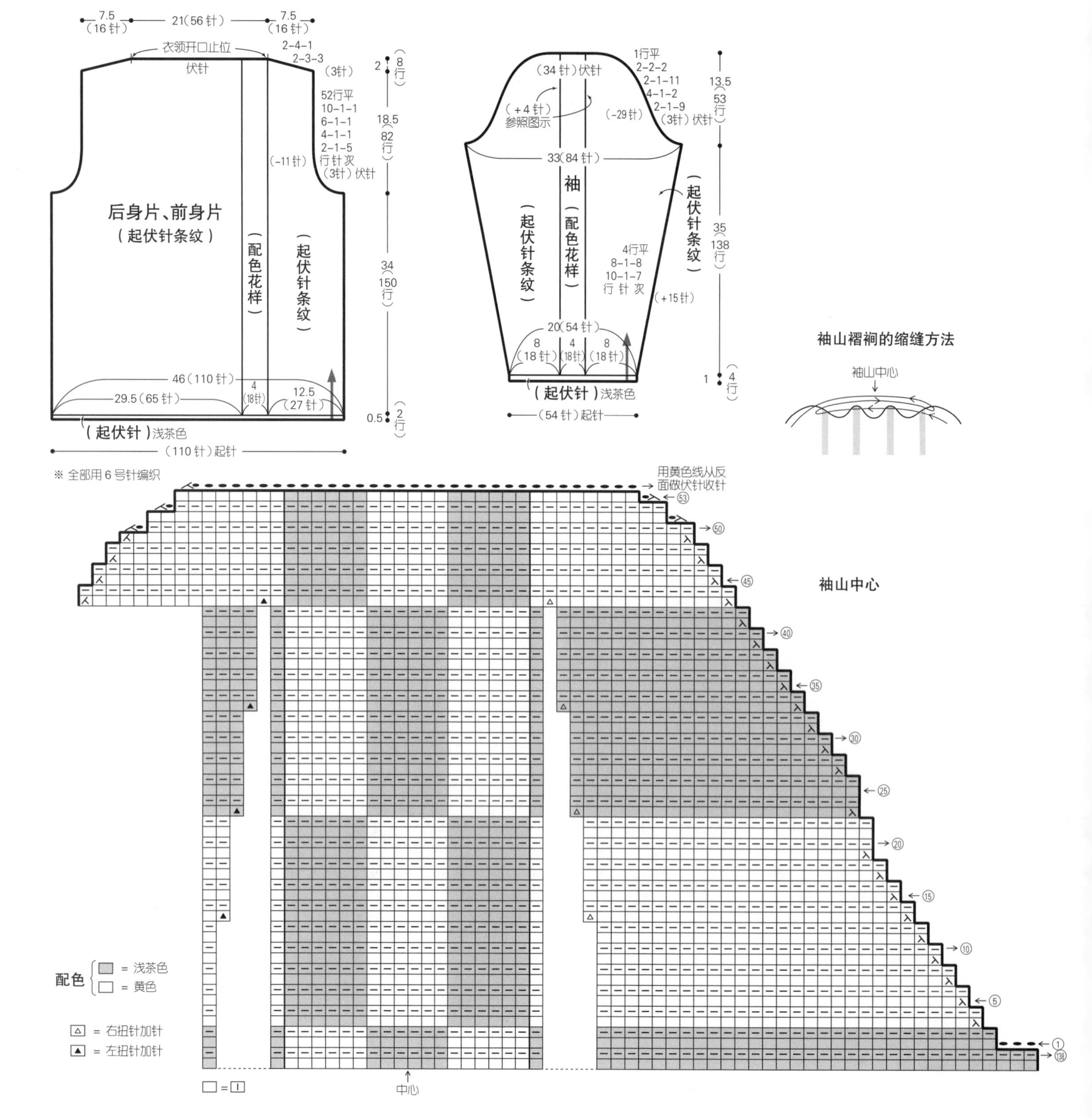

左右两侧的扭针加针

▲ 左扭针加针
（向左扭转的加针）

△ 右扭针加针
（向右扭转的加针）

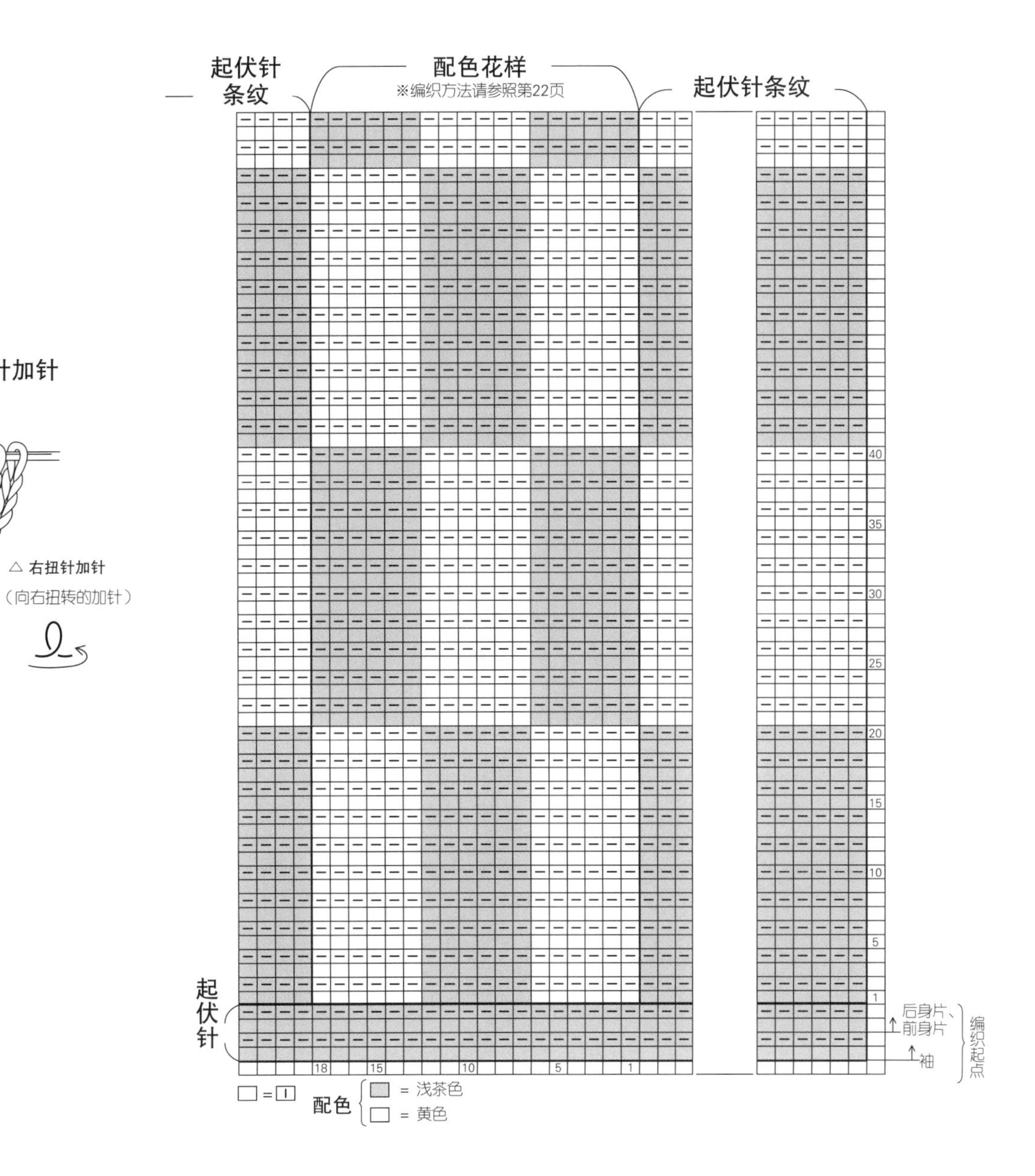

滑针（1行的情况）

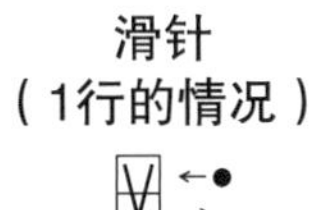

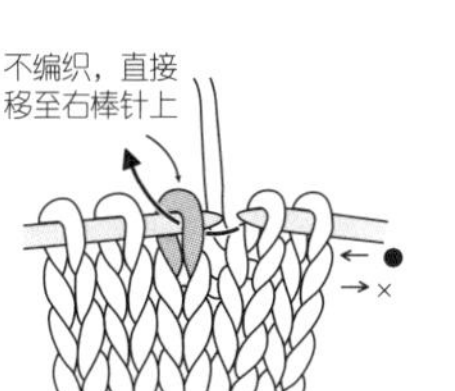

1 ×行编织成下针。●行将线放在后侧，将针目直接移至右棒针上。

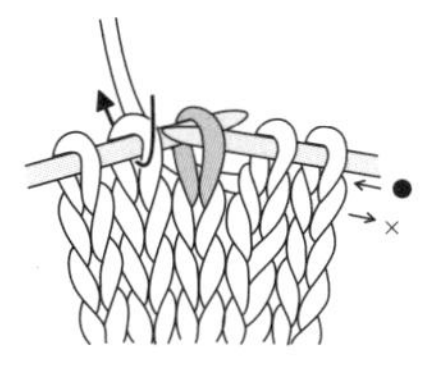

2 从下个针目开始，如箭头所示插入棒针编织下针。

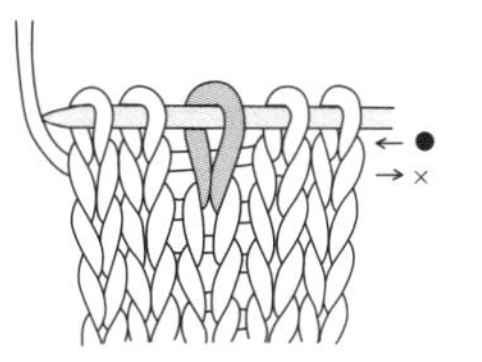

3 1行的滑针完成。

上针的滑针（1行的情况）

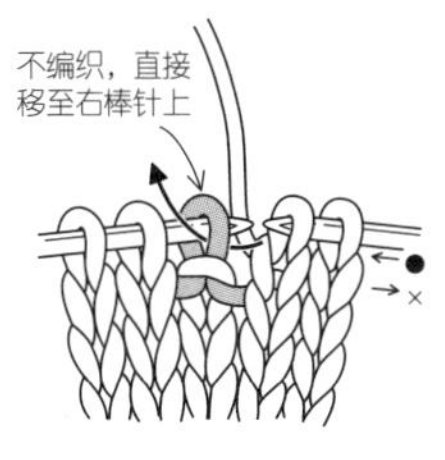

1 ×行编织成上针。●行将线放在后侧，如箭头所示插入棒针。

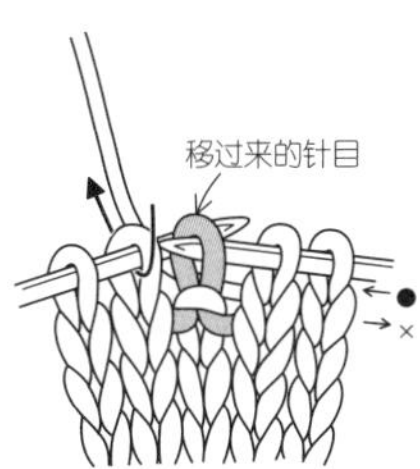

2 该针目不编织，直接移至右棒针上。在下个针目里编织下针。

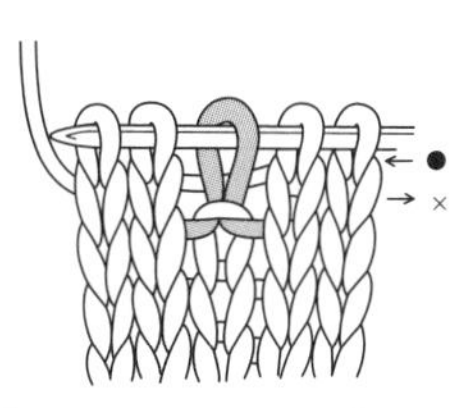

3 上针的滑针完成。

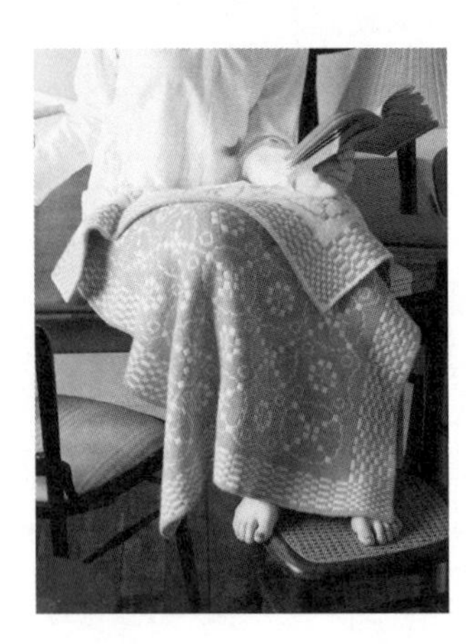

材料

PIERROT YARNS Soft Merino 芥末黄色(18) 370g/10团，象牙白色(1) 360g/9团

工具

棒针6号、8号

成品尺寸

宽77cm，长91cm

编织密度

10cm×10cm面积内：配色花样23针(46针)，30行

编织要点

●参照第23页，用8号针和芥末黄色线做另线锁针的单罗纹针起针。从第2行开始换成6号针，在正反两面编织配色花样。最后2行象牙白色线的针目滑过不编织，只编织芥末黄色线的针目。编织终点用芥末黄色线做单罗纹针收针。

盖毯

(配色花样)

正面：以芥末黄色为主色，配象牙白色花样

反面：以象牙白色为主色，配芥末黄色花样

91(274行)

※ 从第2行开始用6号针编织

※ 奇数行看着正面、偶数行看着反面编织

右上2针交叉
(中间有1针上针)

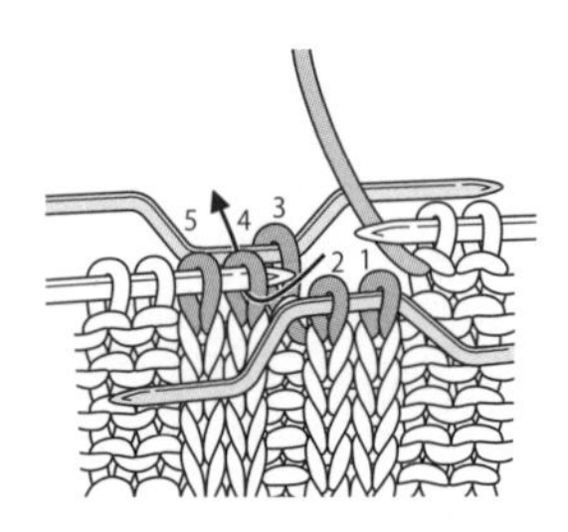

1 分别将右边的2针和中间的1针移至2根麻花针上，右边的2针放在前面，中间的1针放在后面，休针备用。

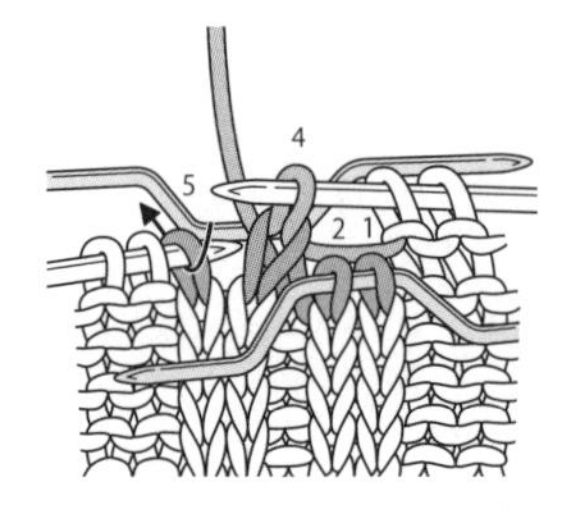

2 在针目4、5里编织下针。

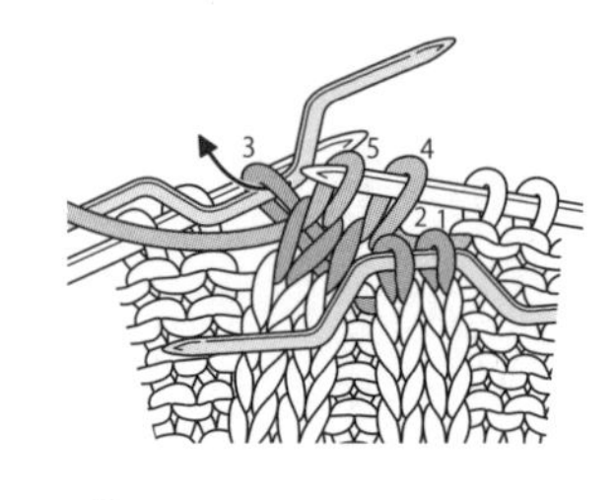

3 在刚才休针的麻花针上的针目3里编织上针。

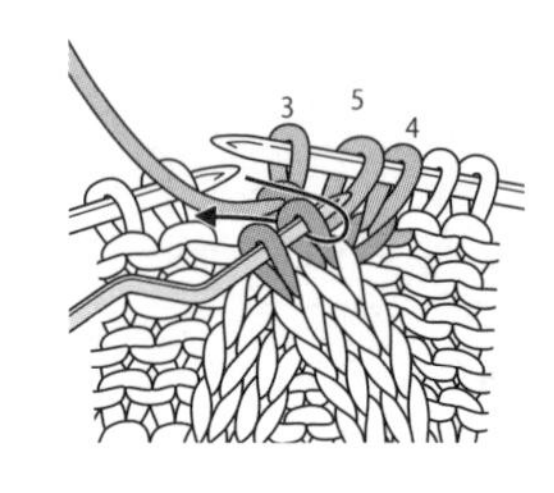

4 在针目1、2里编织下针。

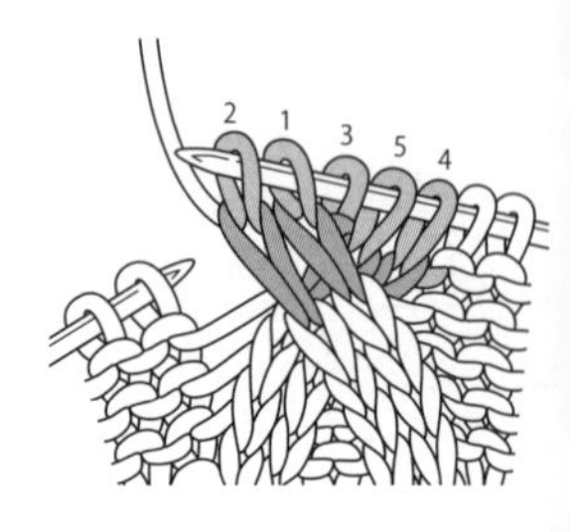

5 右上2针交叉（中间有1针上针）完成。

配色花样

※编织方法请参照第23页

←用芥末黄色线做单罗纹针收针

※只编织芥末黄色线的针目，象牙白色线的针目滑过不编织

重复2次▲

重复2次☆

☆62行1个花样

4行1个花样

①※用芥末黄色线做另线锁针的单罗纹针起针（177针）

也包含反面的针目

★50针1个花样

重复1次★

重复3次◎

第2~272行的配色

看着正面编织时（奇数行）

看着反面编织时（偶数行）

□ = 芥末黄色

▨ = 象牙白色

材料

ISAGER TWEED 红褐色（辣椒红色）160g/4桄，深粉色（胭脂红色）、红紫色（酒红色）各80g/各2桄；ALPACA 1 橙色（21）130g/3团，灰色（60)50g/1团

工具

棒针6号、5号

成品尺寸

胸围108cm，衣长54.5cm，连肩袖长66cm

编织密度

10cm×10cm面积内：条纹花样(基本)23针，32行

编织要点

●身片、袖…全部取2根指定颜色的线编织。后身片手指起针，参照图示编织2片部件A。编织终点休针。左、右肩部从另线锁针起针挑针，其他地方从部件A的休针挑针，编织条纹花样、起伏针。编织终点做伏针收针。左前身片的起针方法和后身片相同，编织部件B，编织终点休针。继续从另线锁针起针挑取7针，编织起伏针和编织花样。编织17行后，部件B的休针继续编织。编织到最后10行后，拆开左肩部的另线锁针，挑针编织条纹花样、起伏针条纹、起伏针。注意，最初的2行要在中途换色。编织终点和后身片相同。右前身片参照图示，看着左前身片的反面挑针，编织起伏针、编织花样。拆开后身片处右肩部的另线锁针，挑针按照前身片的要领编织。衣袖按照和后身片相同的要领编织，但条纹花样的加针次数不一样，需要注意。

●组合…衣领、袖、胁部和袖下使用毛线缝针做挑针缝合。

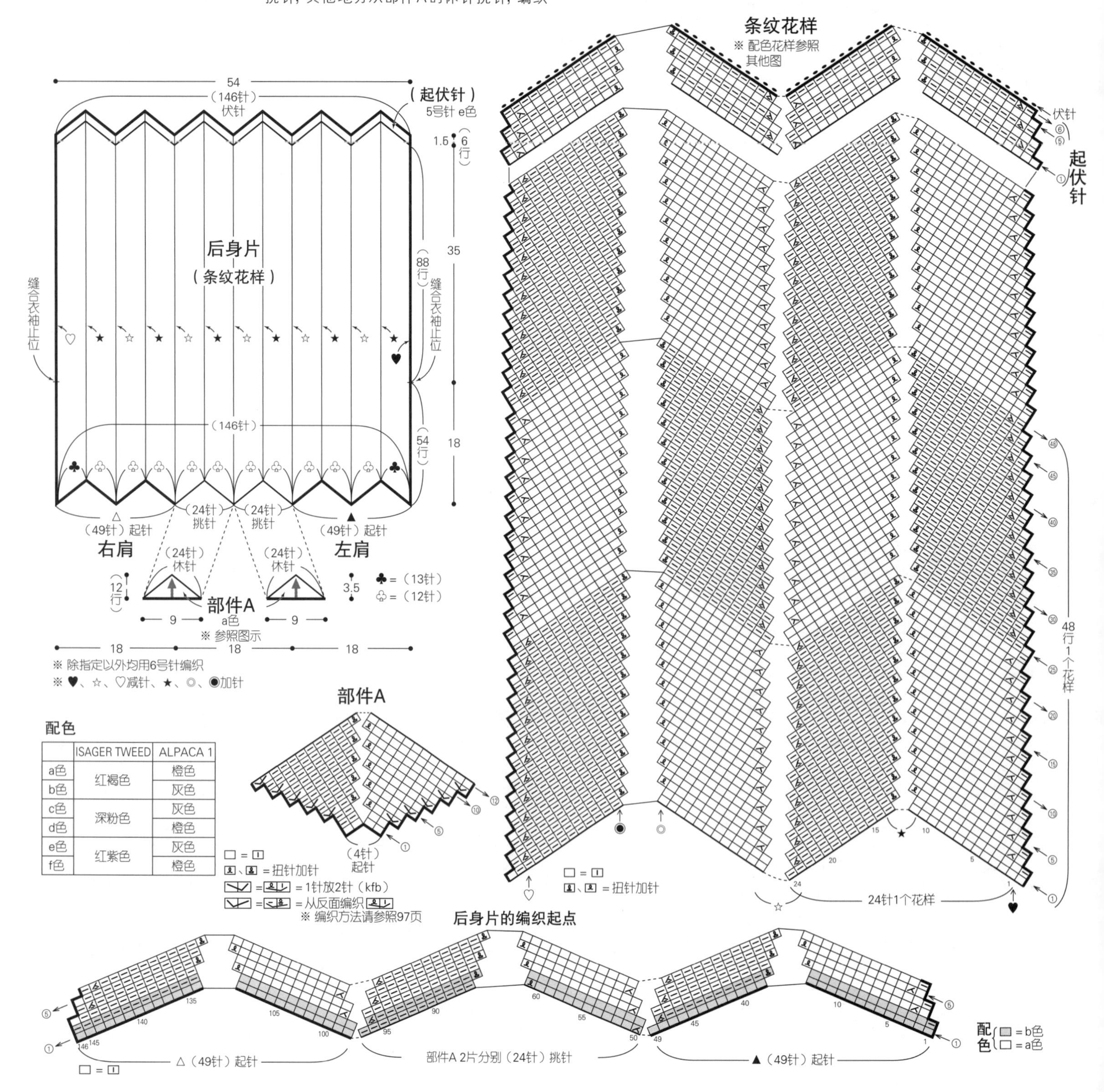

配色

	ISAGER TWEED	ALPACA 1
a色	红褐色	橙色
b色		灰色
c色	深粉色	灰色
d色		橙色
e色	红紫色	灰色
f色		橙色

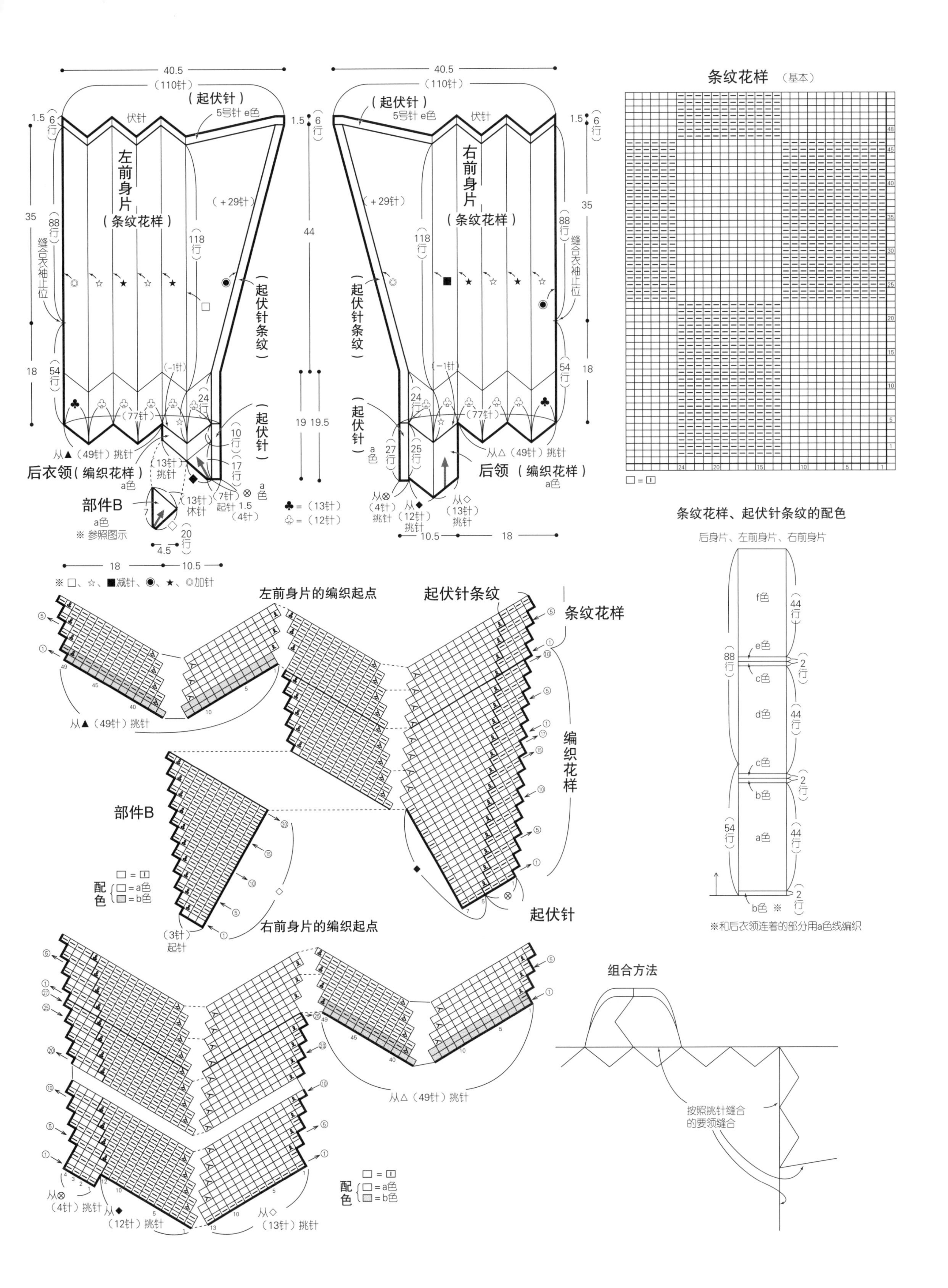

40.5
(110针)
(起伏针)
5号针 e色
伏针
1.5
6行
左前身片
(条纹花样)
(+29针)
35
88行
缝合衣袖止位
118行
(起伏针条纹)
18
54行
(-1针)
24行
(77针)
10行
17行
起伏针
后衣领(编织花样)
a色
从▲(49针)挑针
(13针)挑针
(13针)休针
(7针)起针
1.5
(4针)
⊗ a色
部件B
a色
※参照图示
7
20行
4.5
18
10.5
※□、☆、■减针、◉、★、◎加针
44
19
19.5
♣=(13针)
♧=(12针)
右前身片
(条纹花样)
后领(编织花样)
从△(49针)挑针
从⊗(4针)挑针
从◆(12针)挑针
从◇(13针)挑针
27行
25行
条纹花样 (基本)
□=□|
条纹花样、起伏针条纹的配色
后身片、左前身片、右前身片
f色
44行
e色
2行
c色
d色
b色
a色
b色 ※
※和后衣领连着的部分用a色线编织
左前身片的编织起点
起伏针条纹
条纹花样
编织花样
部件B
配色
□=a色
▨=b色
右前身片的编织起点
(3针)起针
起伏针
从▲(49针)挑针
从△(49针)挑针
从⊗(4针)挑针
从◆(12针)挑针
从◇(13针)挑针
组合方法
按照挑针缝合的要领缝合

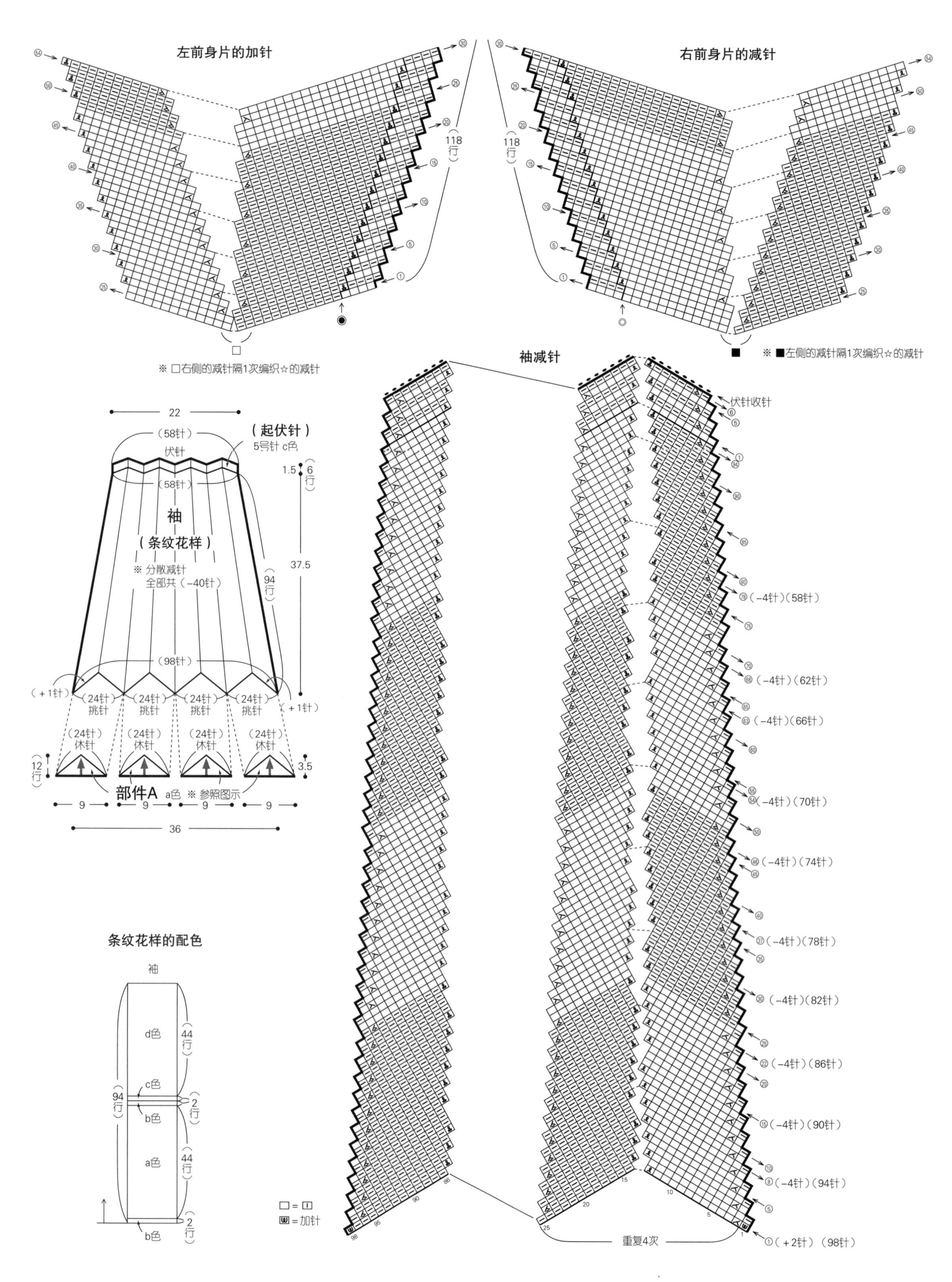

左前身片的加针
右前身片的减针
118行
※ □右侧的减针隔1次编织☆的减针
※ ■左侧的减针隔1次编织☆的减针
袖减针
伏针收针
⑦⑧(－4针)(58针)
⑥⑧(－4针)(62针)
⑥③(－4针)(66针)
⑤④(－4针)(70针)
④⑥(－4针)(74针)
③⑦(－4针)(78针)
③⓪(－4针)(82针)
②②(－4针)(86针)
⑮(－4针)(90针)
⑧(－4针)(94针)
①(＋2针)(98针)
重复4次
22
(58针)
(起伏针)
5号针 c色
伏针
1.5
6行
袖
(条纹花样)
※ 分散减针
全部共(－40针)
37.5
94行
(98针)
(＋1针)
(24针)
挑针
休针
12行
3.5
部件A a色 ※ 参照图示
9
36
条纹花样的配色
d色
44行
c色
2行
b色
a色
b色
□＝□
＝加针

材料

芭贝 HUSKY 白色、蓝色、灰色段染（166）315g/4团；QUEEN ANNY 蓝色（987）75g/2团，浅橘色（988）35g/1团

工具

棒针7号

成品尺寸

胸围110cm，衣长59.5cm，连肩袖长72.5cm

编织密度

10cm×10cm面积内：配色花样和下针编织均为20针，27行

编织要点

●身片、袖…手指挂线起针，做双罗纹针、配色花样和下针编织。配色花样采用横向渡线的方法编织。胁部和领窝减针时，2针以上时做伏针减针，1针时立起侧边1针减针。腋下针目编织伏针，插肩线参照图示减针。袖下的加针在1针内侧做扭针加针。

●组合…插肩线、胁部、袖下做挑针缝合，腋下针目做下针的无缝接合。衣领挑取指定针数后做下针编织和单罗纹针。编织终点做单罗纹针收针。

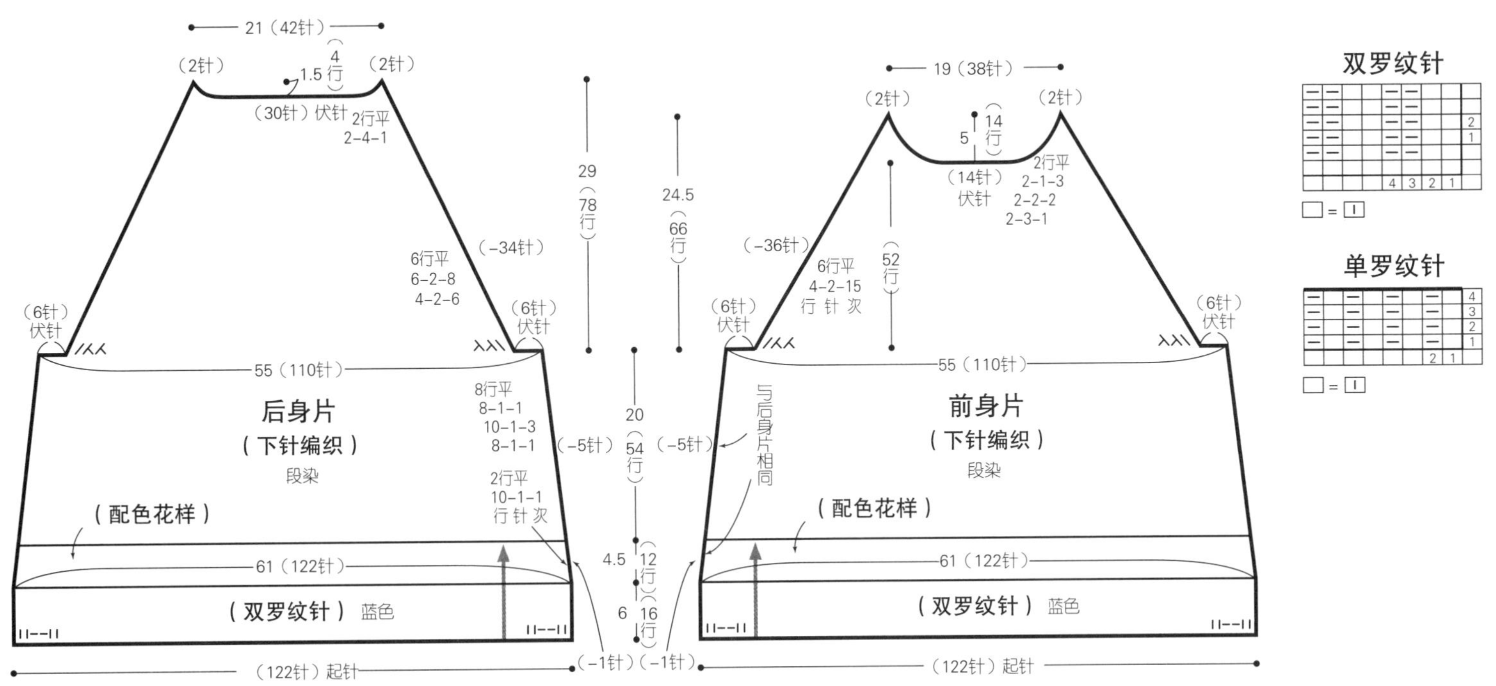

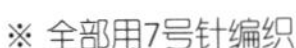

※ 全部用7号针编织

※ 横向渡线编织配色花样的方法请参照第106页

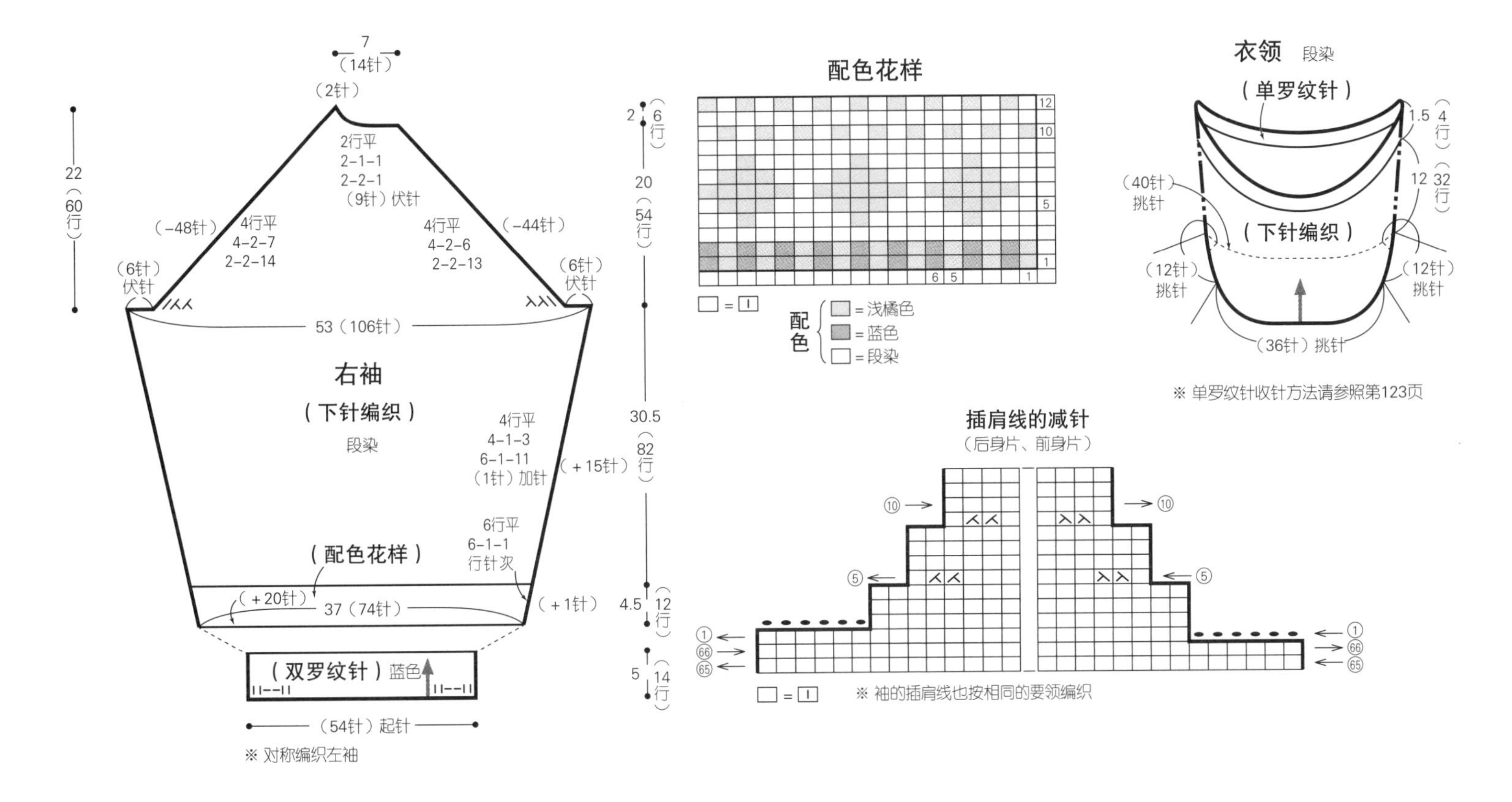

材料

FEZA ALP ORIENTAL 青蓝色、紫色、黄色系段染(0024) 240g/1团；PLASSARD TRAPPER 灰色(0023) 40g/1团

工具

棒针10mm

成品尺寸

颈围68cm

编织密度

10cm×10cm面积内：起伏针、编织花样均为8针，15行

编织要点

●手指起针，环形编织起伏针。编织26行后，要搭配编织花样和起伏针进行往返编织。编织花样和起伏针交界处要纵向渡线编织。编织终点处的编织花样部分休针，起伏针部分编织伏针收针。参照图示，对齐相同标记做下针的无缝缝合。缝上流苏，完成。

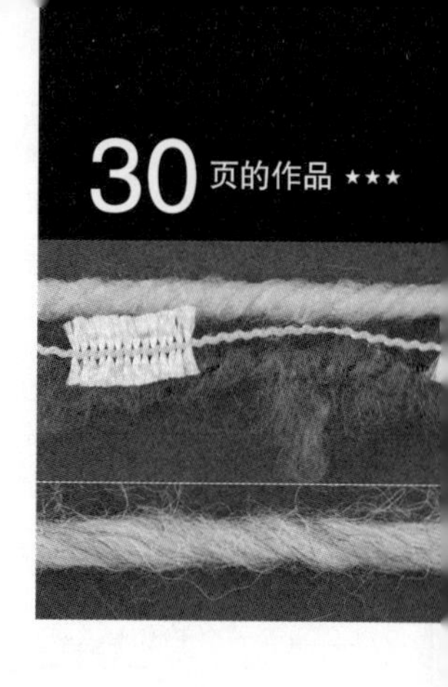

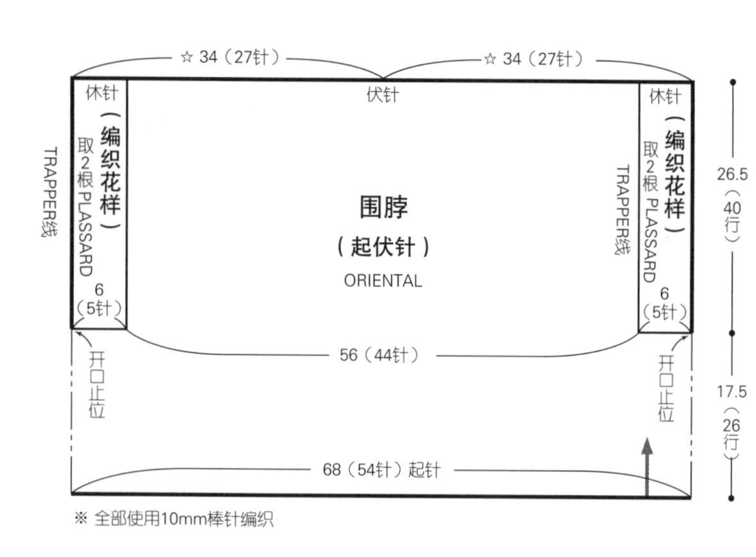

※ 全部使用10mm棒针编织

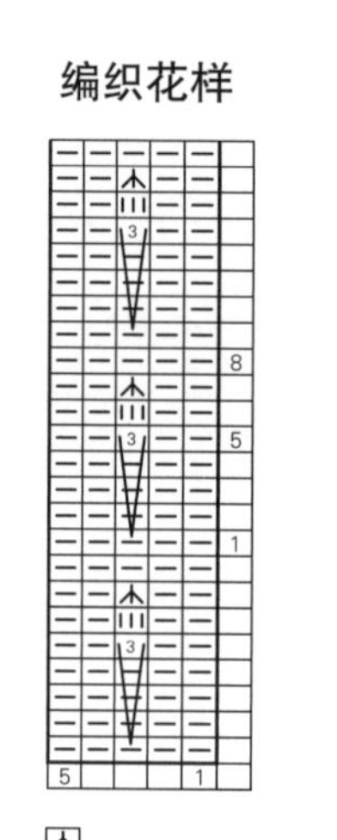

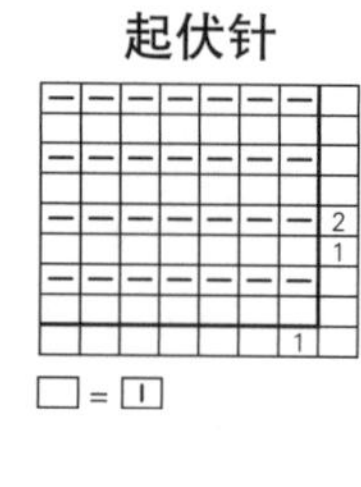

向下编织3行的爆米花针

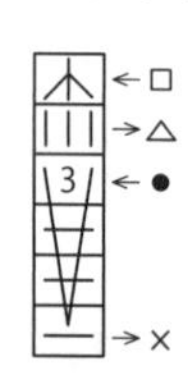

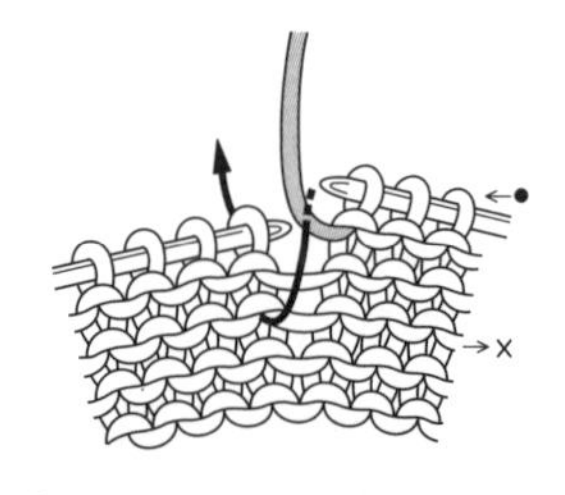

1 如箭头所示，将右棒针插入3行下面×行的针目，编织一定高度的下针。

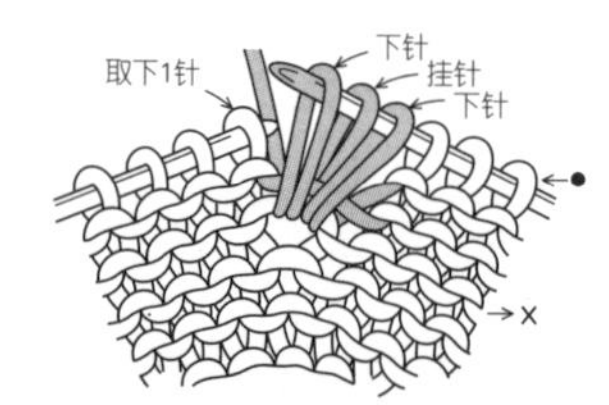

2 编织挂针，将右棒针插入同一个针目中编织下针，左棒针上的针目取下1针。

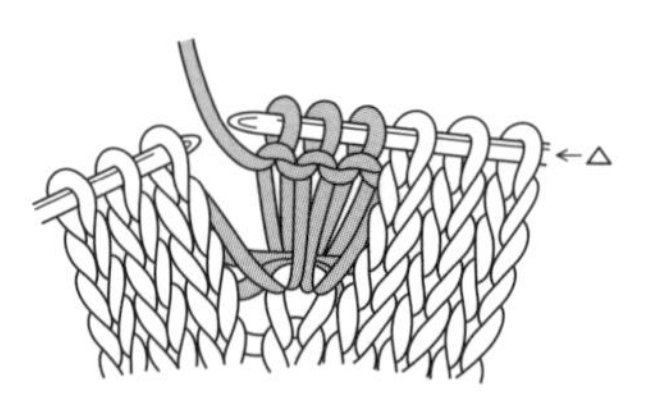

3 下一行从反面编织普通的上针。

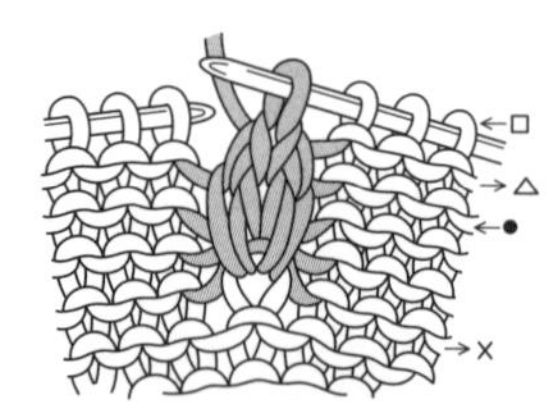

4 在□行将3针编织中上3针并1针，完成。

横向渡线编织配色花样的方法

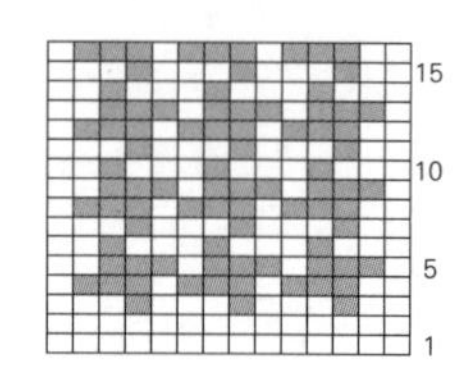

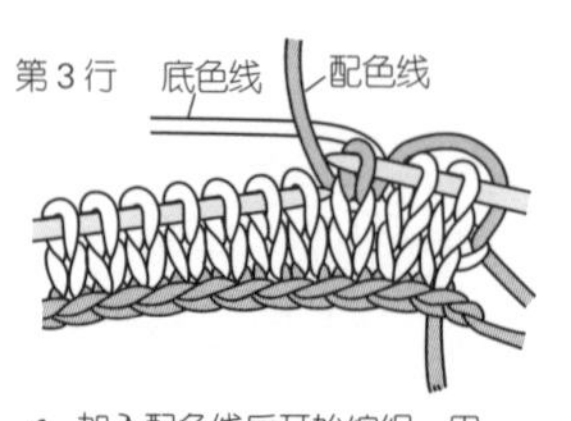

1 加入配色线后开始编织，用底色线编织2针，用配色线编织1针。

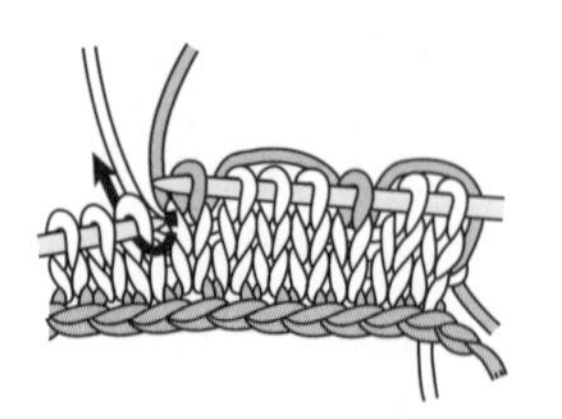

2 配色线在上、底色线在下渡线，重复"底色线编织3针，配色线编织1针"。

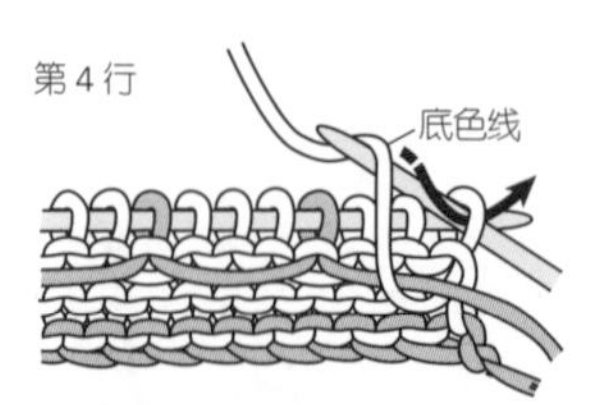

3 第4行的编织起点。加入配色线编织第1针。

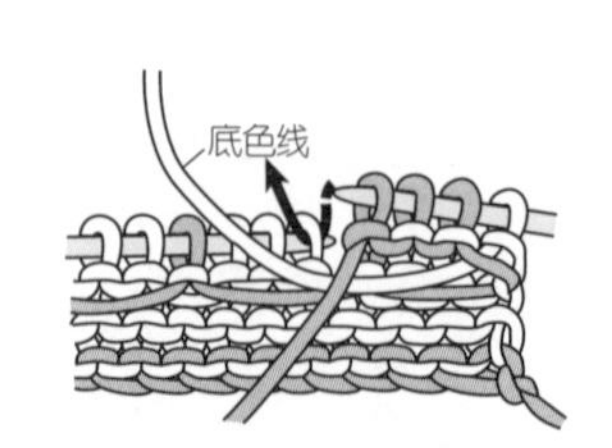

4 编织上针行时也要配色线在上、底色线在下渡线。

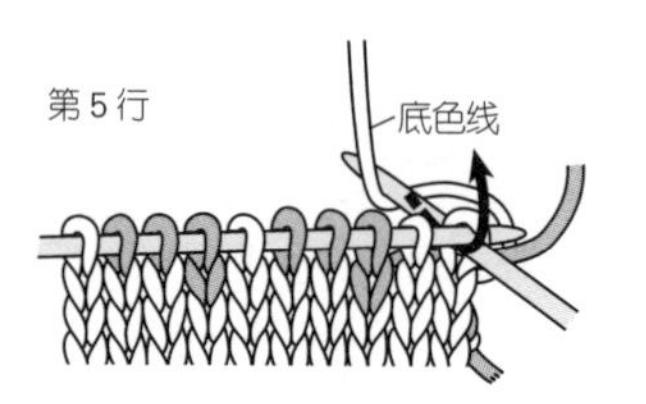

5 行的编织起点，在编织线中加入底色线后编织。

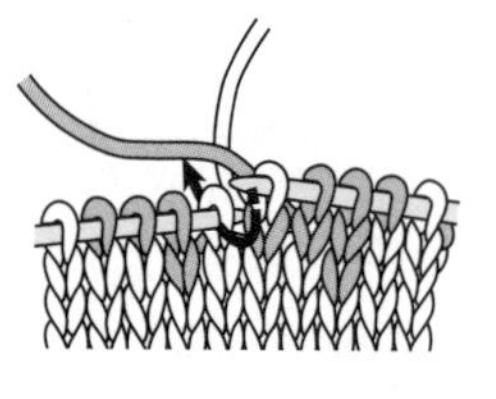

6 按照符号图，重复"配色线编织3针、底色线编织1针"。

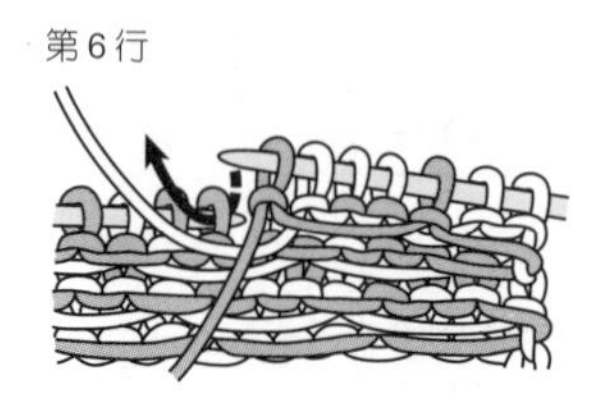

7 重复"配色线编织1针，底色线编织3针"。此行能编织出1个花样。

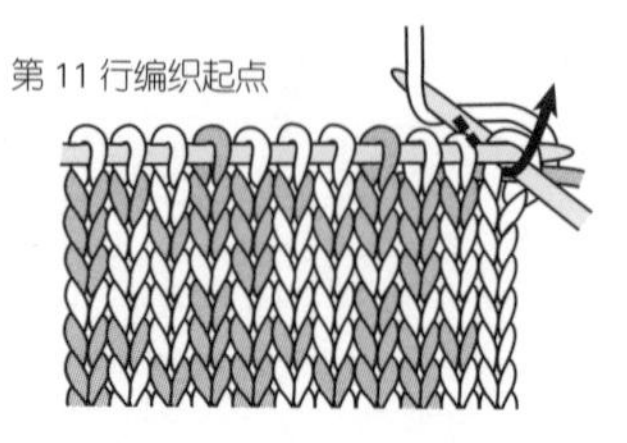

8 再编织4行，2个千鸟格花样编织完成的情形。

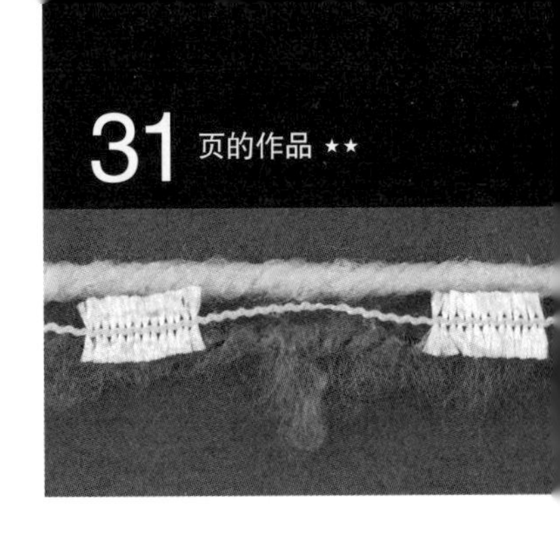

31 页的作品 ★★

材料

FEZA ALP ORIENTAL 粉色、红色、黄绿色系段染(0024) 210g/1团；外径27cm的铝质口金1个

工具

钩针8mm

成品尺寸

宽32cm，深19cm

编织密度

10cm×10cm面积内：编织花样10针，10行

编织要点

●包底锁针起针，参照图示编织短针。编织15针锁针，一边和包底连在一起，一边在主体做编织花样。主体的编织起点和编织终点做卷针缝缝合。在口金上编织短针用作提手，用卷针缝的方法缝在包身指定位置。缝上流苏，完成。

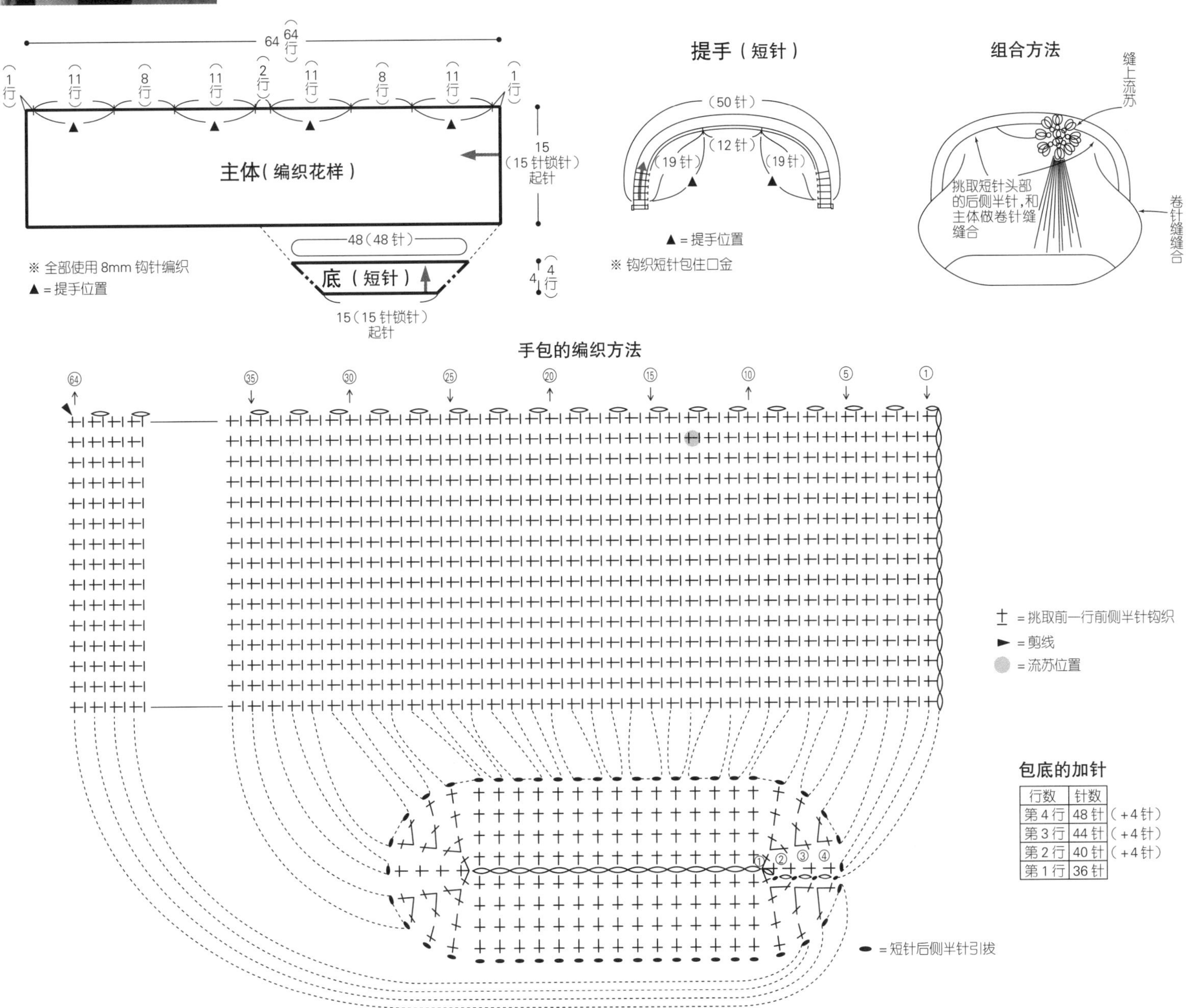

包底的加针

行数	针数	
第4行	48针	(+4针)
第3行	44针	(+4针)
第2行	40针	(+4针)
第1行	36针	

短针的圈圈针

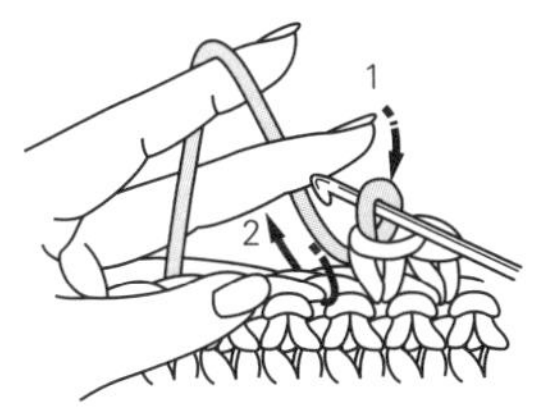

1 左手的中指放在线上，在后侧和织片一起拿好，如箭头所示插入钩针。

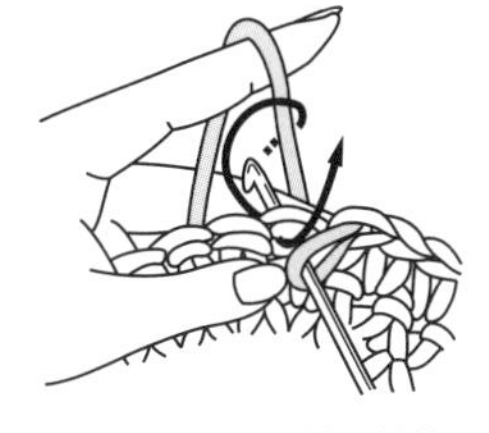

2 左手中指向下压住线，如箭头所示挂线并拉出。

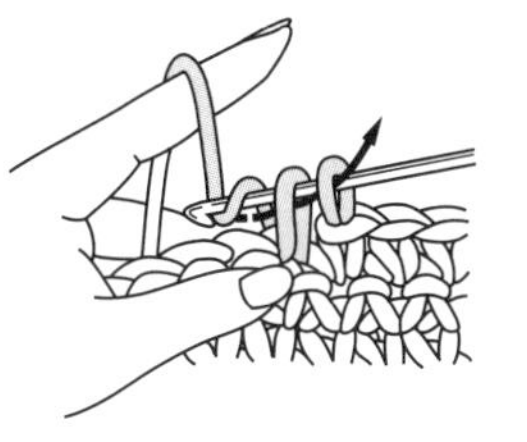

3 再次挂线引拔。抽出左手中指。

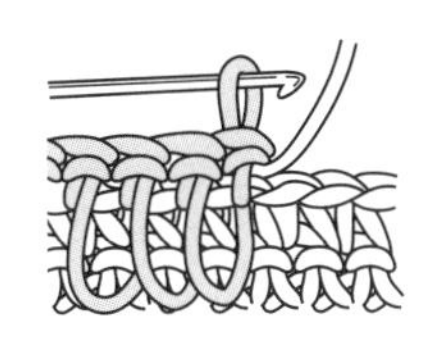

4 短针的圈圈针完成了。圈圈针出现在反面。

材料

DMC Revelation 粉红色和浅紫色段染（200）285g/2团

工具

棒针6号

成品尺寸

衣长76cm，连肩袖长67cm

编织密度

10cm×10cm面积内：编织花样A 24针，26行

编织要点

●身片手指挂线起针，做起伏针和编织花样A、B。编织终点做伏针收针。分别对齐标记△、▲做引拔接合。衣领和下摆挑取指定针数后按编织花样A、B环形编织。编织终点做伏针收针。袖按与身片相同要领起针，按起伏针和编织花样A编织。编织终点休针备用。从身片的侧边挑取62针，与袖的编织终点正面相对做引拔接合。袖下做挑针缝合。因为是长段染线，作品的色彩效果会有一定差异。

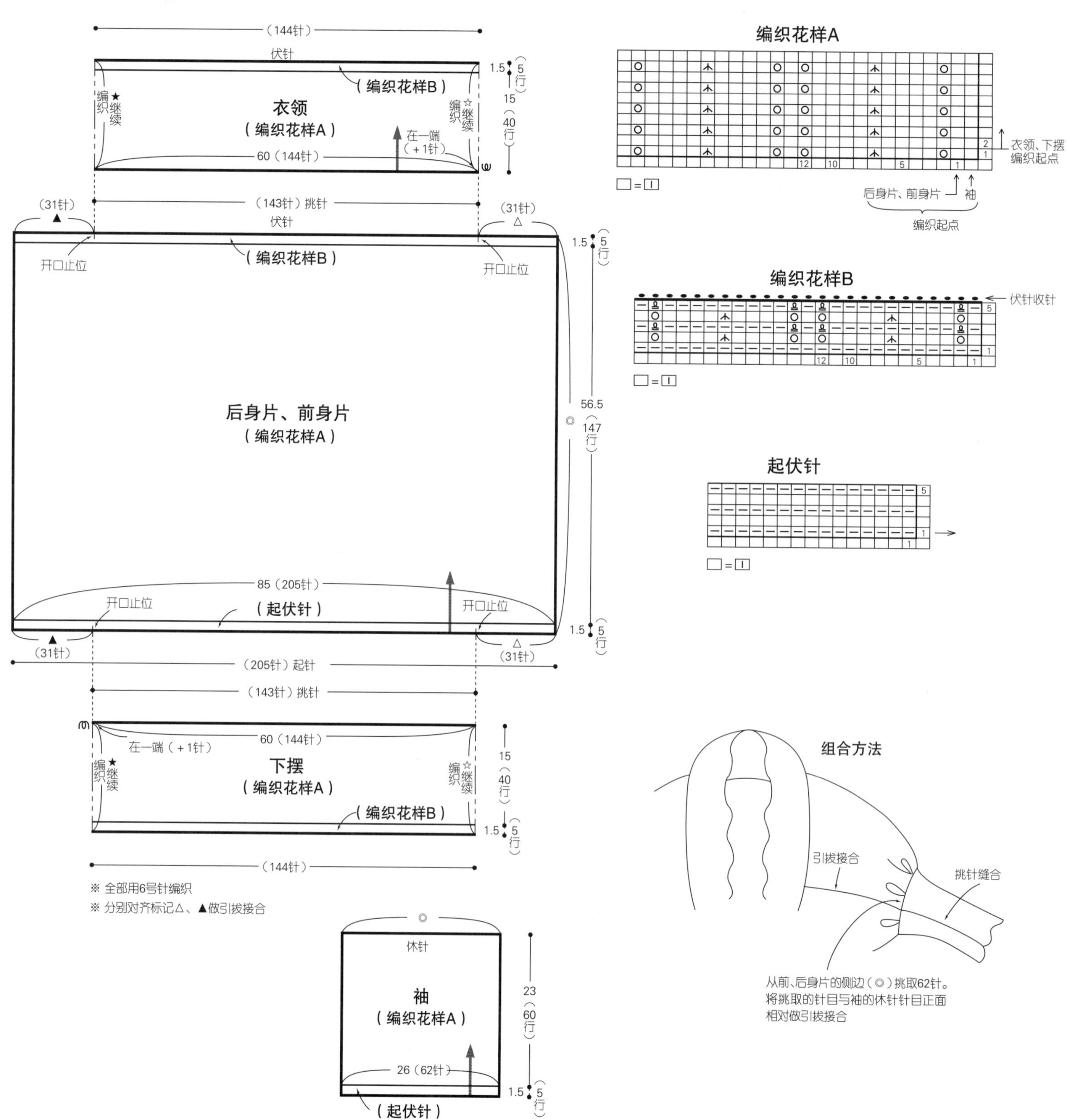

材料

和麻纳卡 Lantana 蓝色和紫色段染(202) 250g/1团；3.5cm的胸针1个

工具

钩针4/0号

成品尺寸

长54cm

编织密度

编织花样A 10cm内9.5行；编织花样B 10cm内9行

编织要点

●环形起针，按编织花样A、A'、B钩织。参照图示分散加针。钩织花瓣和叶子，参照组合方法缝制成胸花。因为是长段染线，作品的色彩效果会有一定差异。

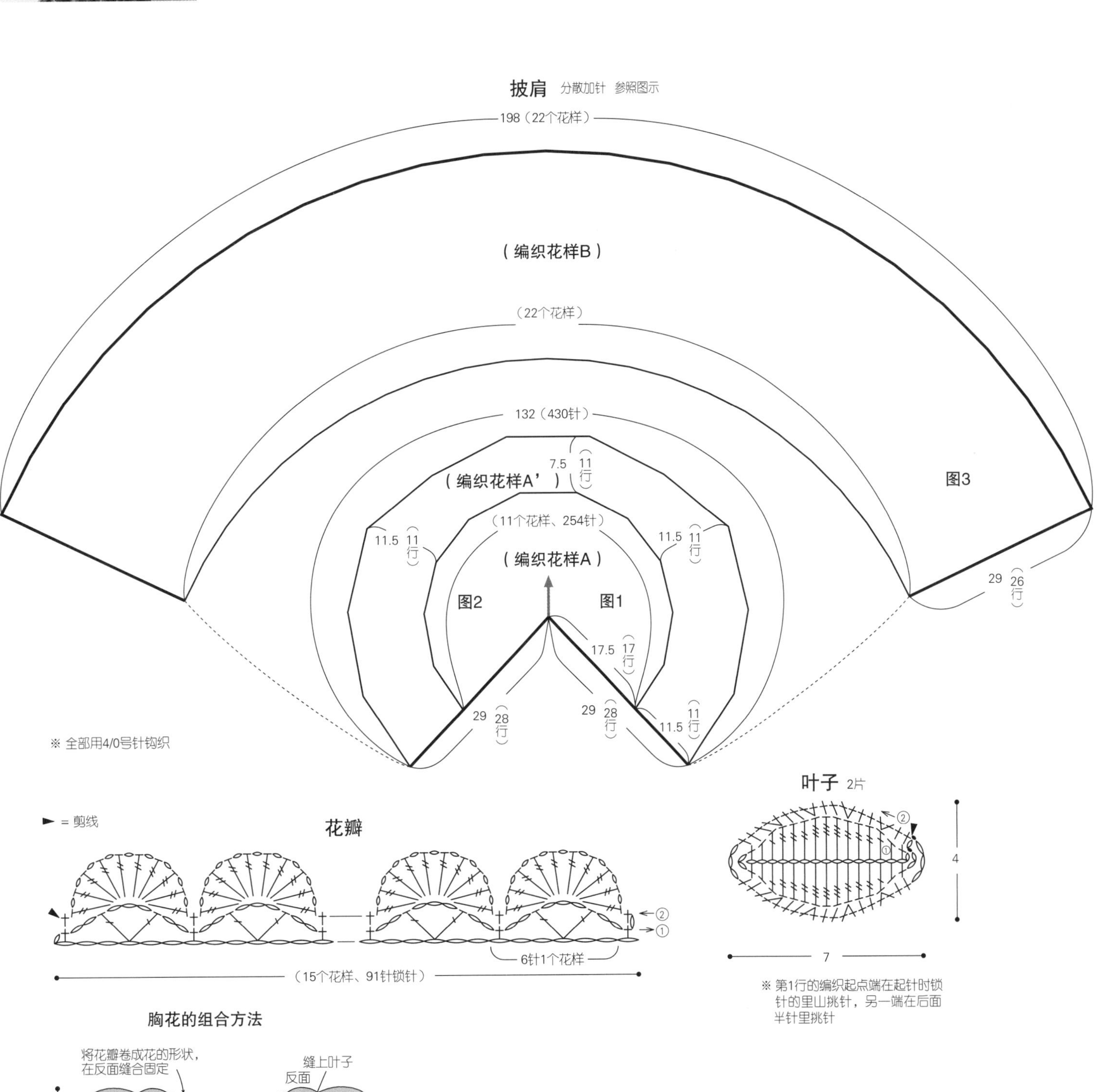

变化的3针中长针的枣形针
（从1针里挑针）

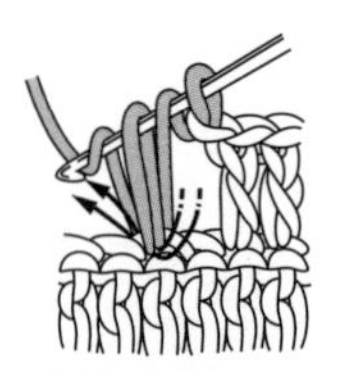

1 钩针上挂线，在1针里钩织3针未完成的中长针。

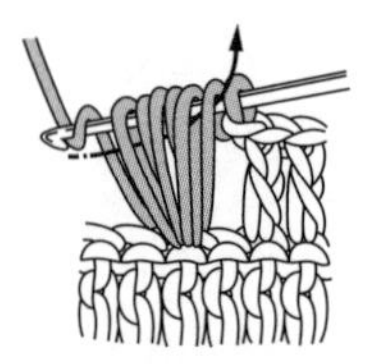

2 钩针上挂线，一次引拔穿过钩针上的6个线圈。

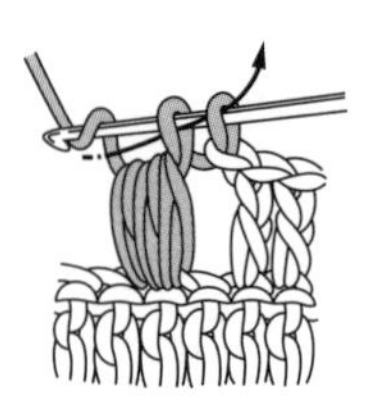

3 钩针上挂线，引拔穿过剩下的2个线圈。

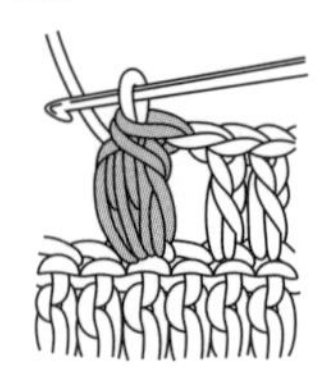

4 调整针目头部，完成。

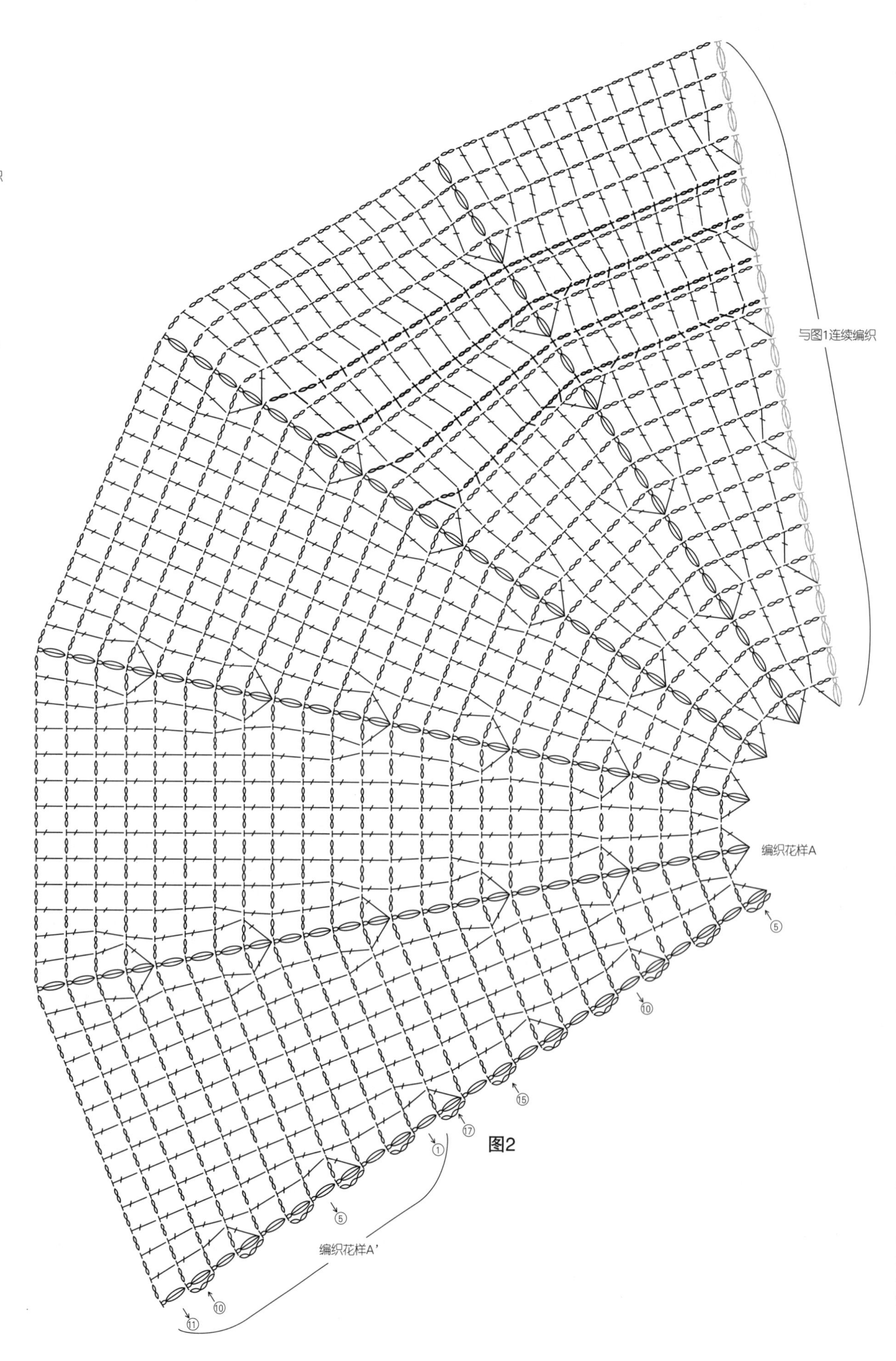

图2

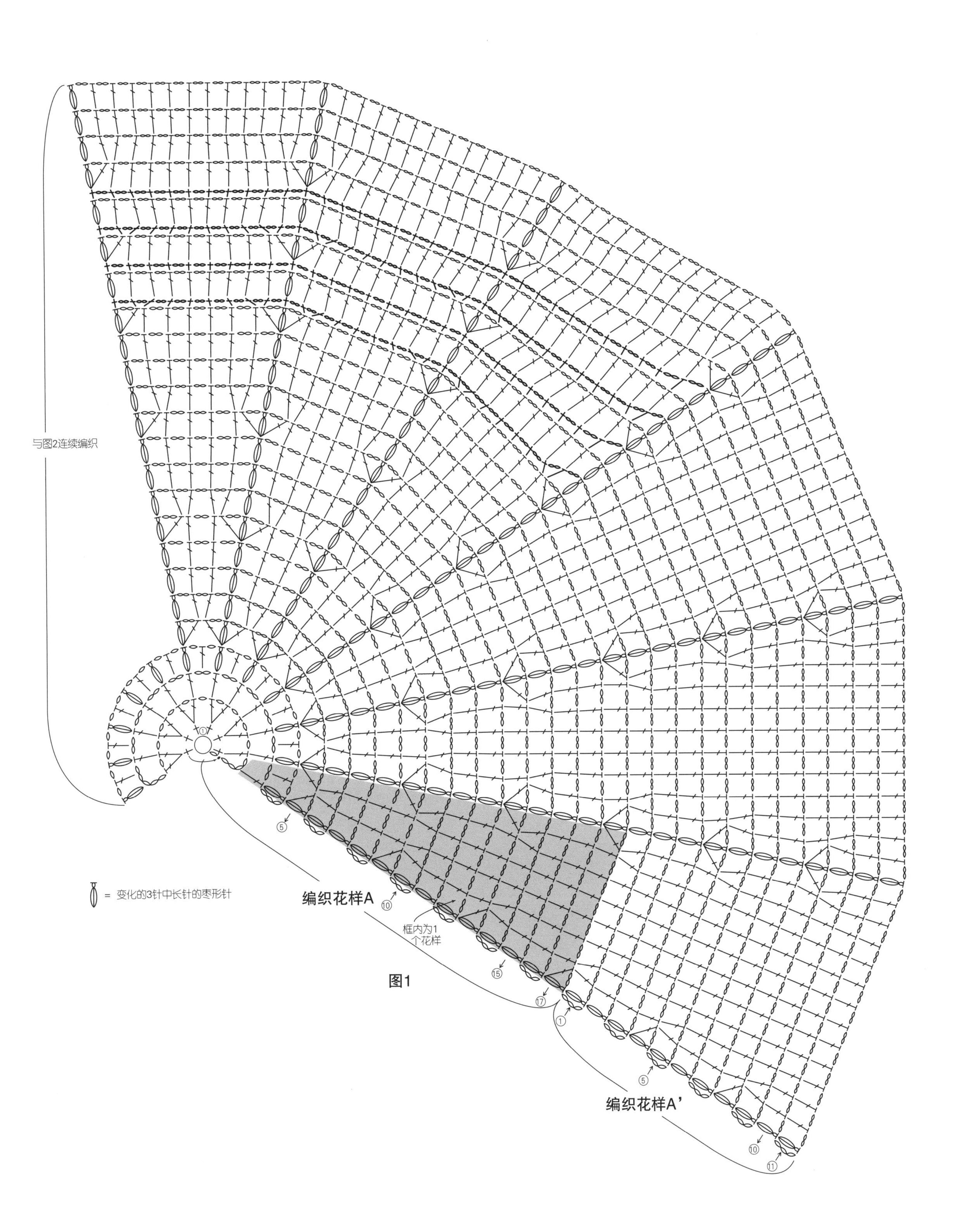
与图2连续编织
= 变化的3针中长针的枣形针
编织花样A
框内为1
个花样
图1
编织花样A'
①
⑤
⑩
⑮
⑰
⑪

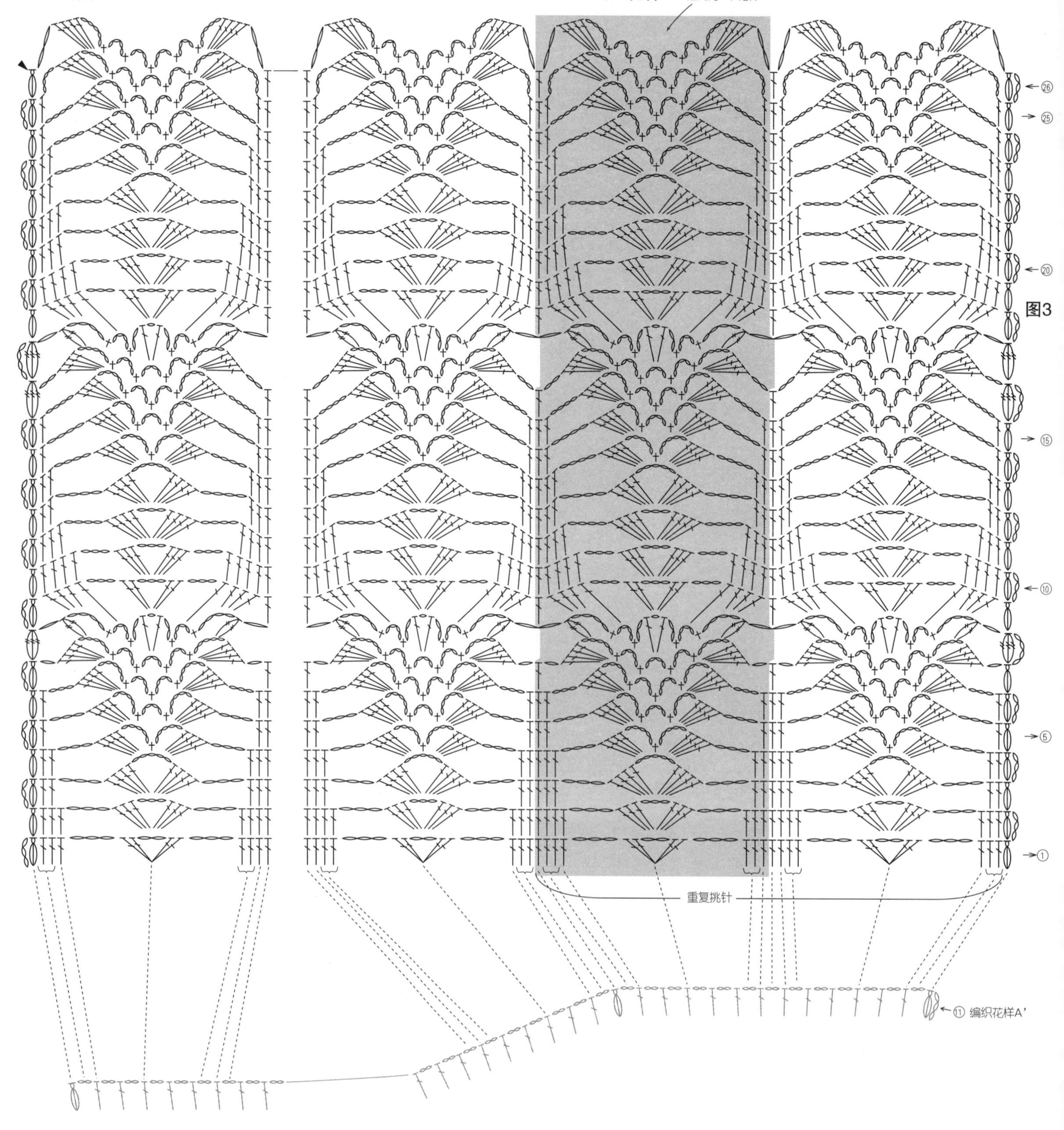

卷针缝

（对齐花片缝合半针）

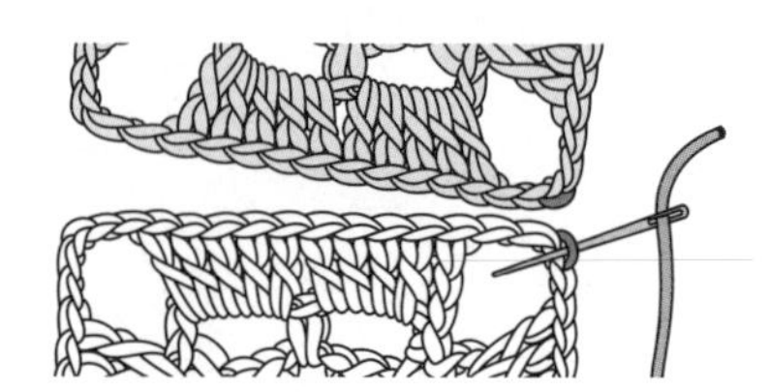

1 将花片正面朝上对齐，在前面织片转角处的锁针里从下方将缝针插入外侧半针，将线拉出。

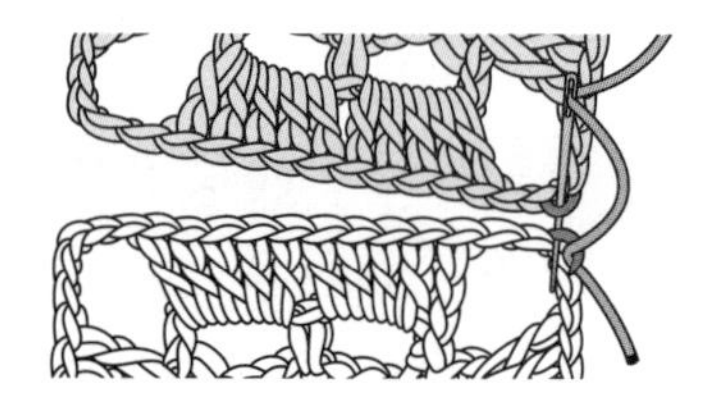

2 在花片转角处后面和前面的锁针里分别挑起外侧1根线插入缝针。最初的针目里插入2次缝针。

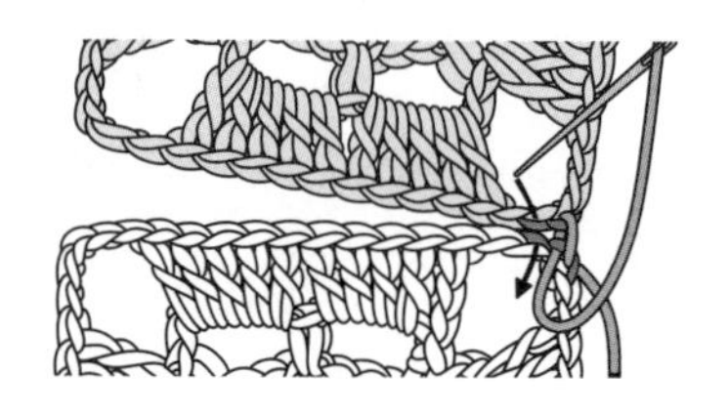

3 接下来，如箭头所示分别挑起外侧的1根线插入缝针。

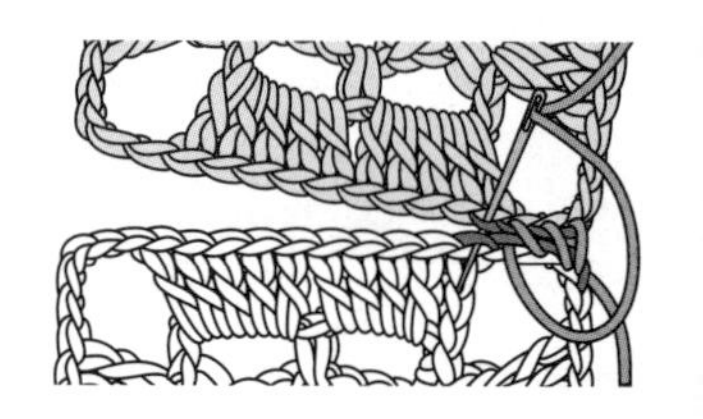

4 按相同的要领一针一针做卷针缝。

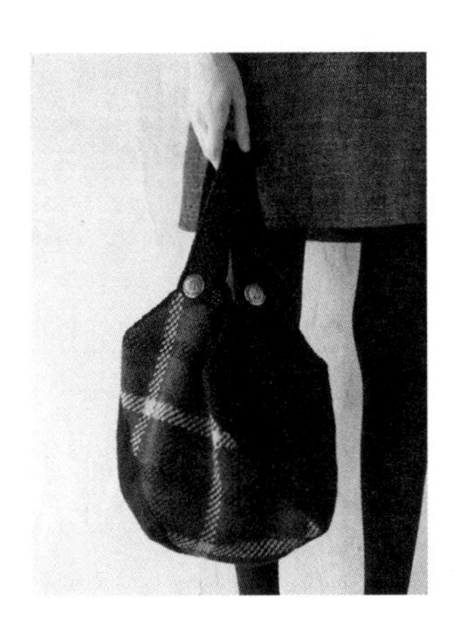

材料

和麻纳卡 KORPOKKUR 藏青色（17）145g/6 团；KORPOKKUR <混色段染> 红色、紫色、浅蓝色、深绿色、黑色系段染（114）90g/4 团；直径 30mm 的纽扣 4 颗

工具

钩针 5/0 号、7/0 号

成品尺寸

宽 23cm，深 19cm

编织密度

10cm×10cm 面积内：编织花样 30 针，33 行

编织要点

●底部和主体 A、B 钩织锁针起针，按编织花样钩织。主体 B 参照第 84 页进行钩织。换新线钩织时注意保持段染线颜色的重复规律。接着钩织 2 圈引拔针调整形状。提手用 2 股藏青色线按与底部和主体 A 相同的要领钩织。参照组合方法，对齐相同标记做卷针缝缝合。最后缝上提手和纽扣。

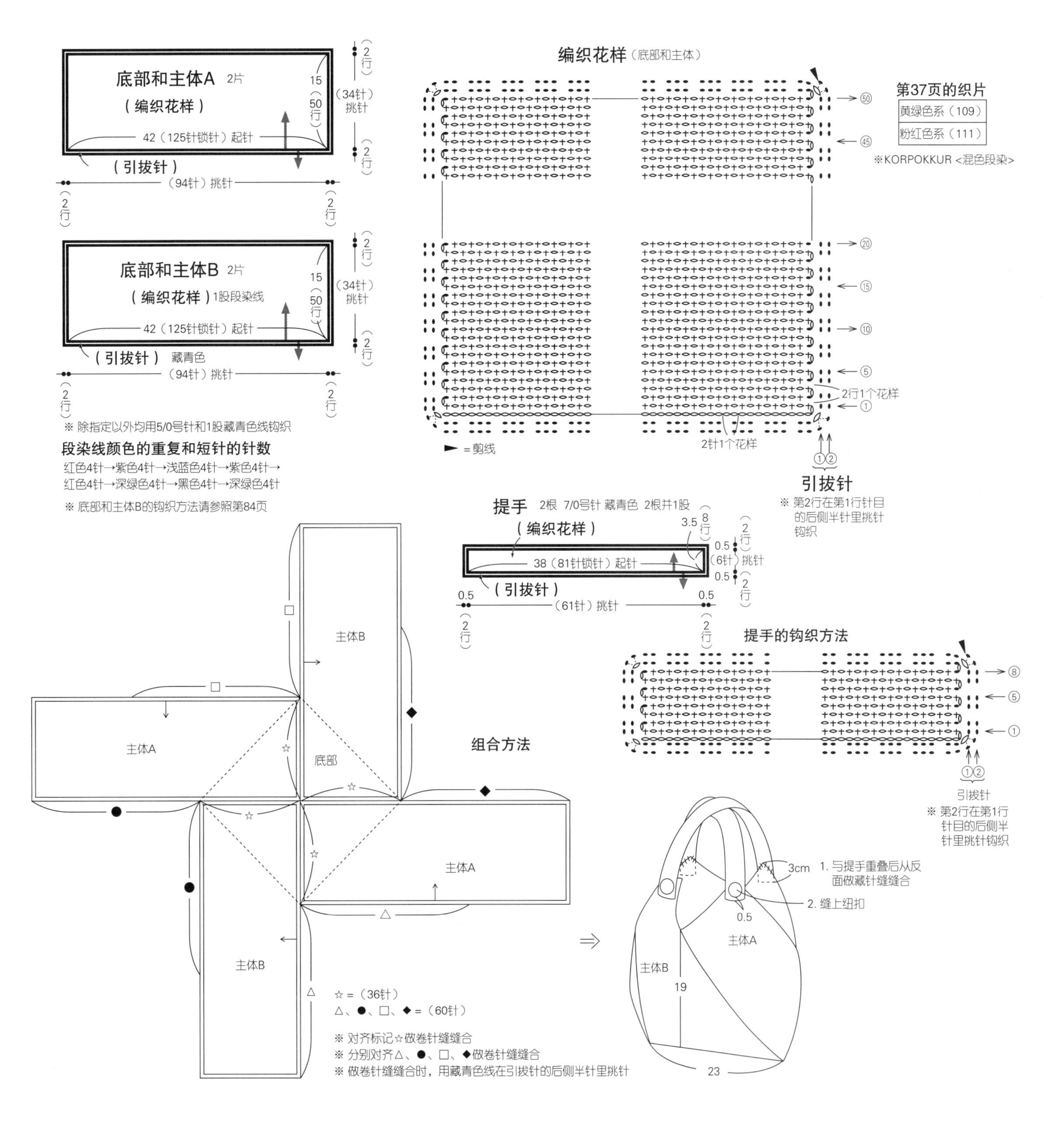

材料

Hobbyra Hobbyre Roving Ruru 深红色、绿色、黄色、橘色系段染(13) 240g/6团，浅粉色、浅灰蓝色、红茶色、黄绿色系段染(10) 200g/5团

工具

钩针5/0号

成品尺寸

宽106.5cm，长72cm

编织密度

花片的一条边为11.5cm

编织要点

●钩织并连接花片。从第2个花片开始，在最后一圈一边钩织一边与相邻花片连接。按边缘编织条纹花样钩织边缘，注意第2圈的编织终点略有变化。

拼花毯（连接花片）

54 B	53 A	52 B	51 A	50 B	49 A	48 B	47 A	46 B
45 A	44 B	43 A	42 B	41 A	40 B	39 A	38 B	37 A
36 B	35 A	34 B	33 A	32 B	31 A	30 B	29 A	28 B
27 A	26 B	25 A	24 B	23 A	22 B	21 A	20 B	19 A
18 B	17 A	16 B	15 A	14 B	13 A	12 B	11 A	10 B
9 A	8 B	7 A	6 B	5 A	4 B	3 A	2 B	1 A

转角（3针）挑针

103.5（9片）

69（6片）

11.5

（155针）挑针

（233针）挑针

1.5（2行）

边缘编织条纹花样

※ 全部用5/0号针钩织

※ 花片内的数字表示连接的顺序

※ 边缘编织一共挑针（788针）

配色 A色 = 浅粉色、浅灰蓝色、红茶色、黄绿色系段染

B色 = 深红色、绿色、黄色、橘色系段染

花片转角处的连接方法

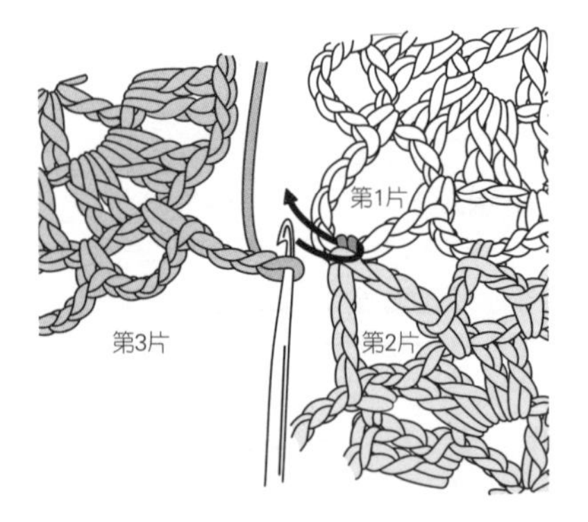

1 第3个花片钩织至待连接位置前，在第2个花片引拔针的根部2根线里插入钩针。

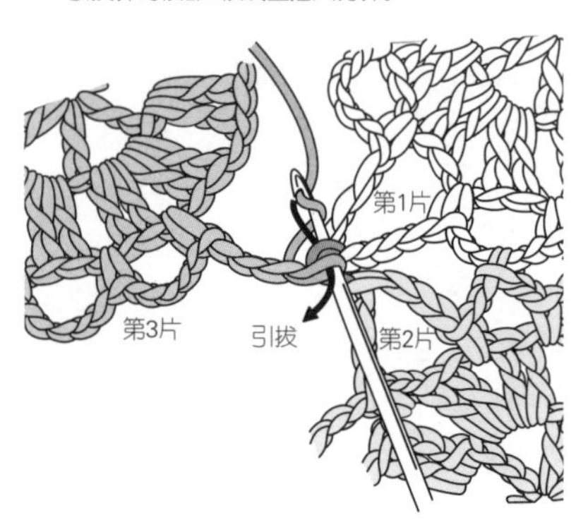

2 挂线引拔。连接第4个花片时也在相同位置插入钩针引拔。

花片 A色27片 B色27片

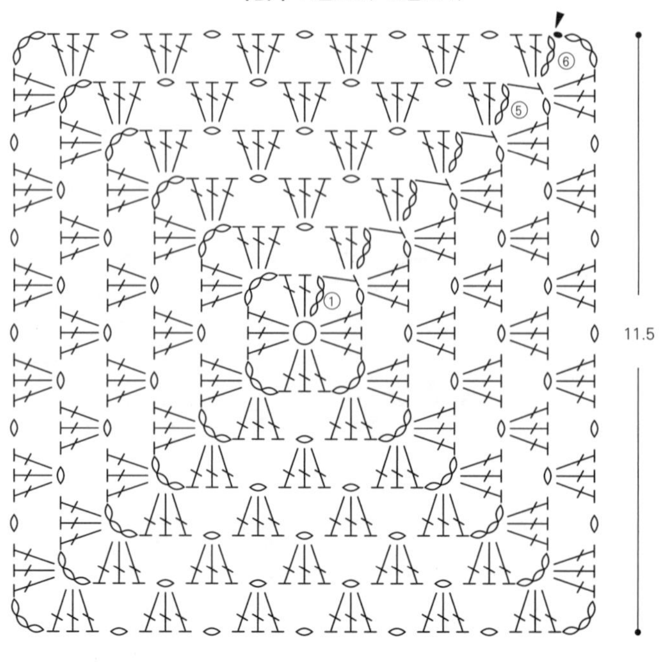

► = 剪线

花片的连接方法

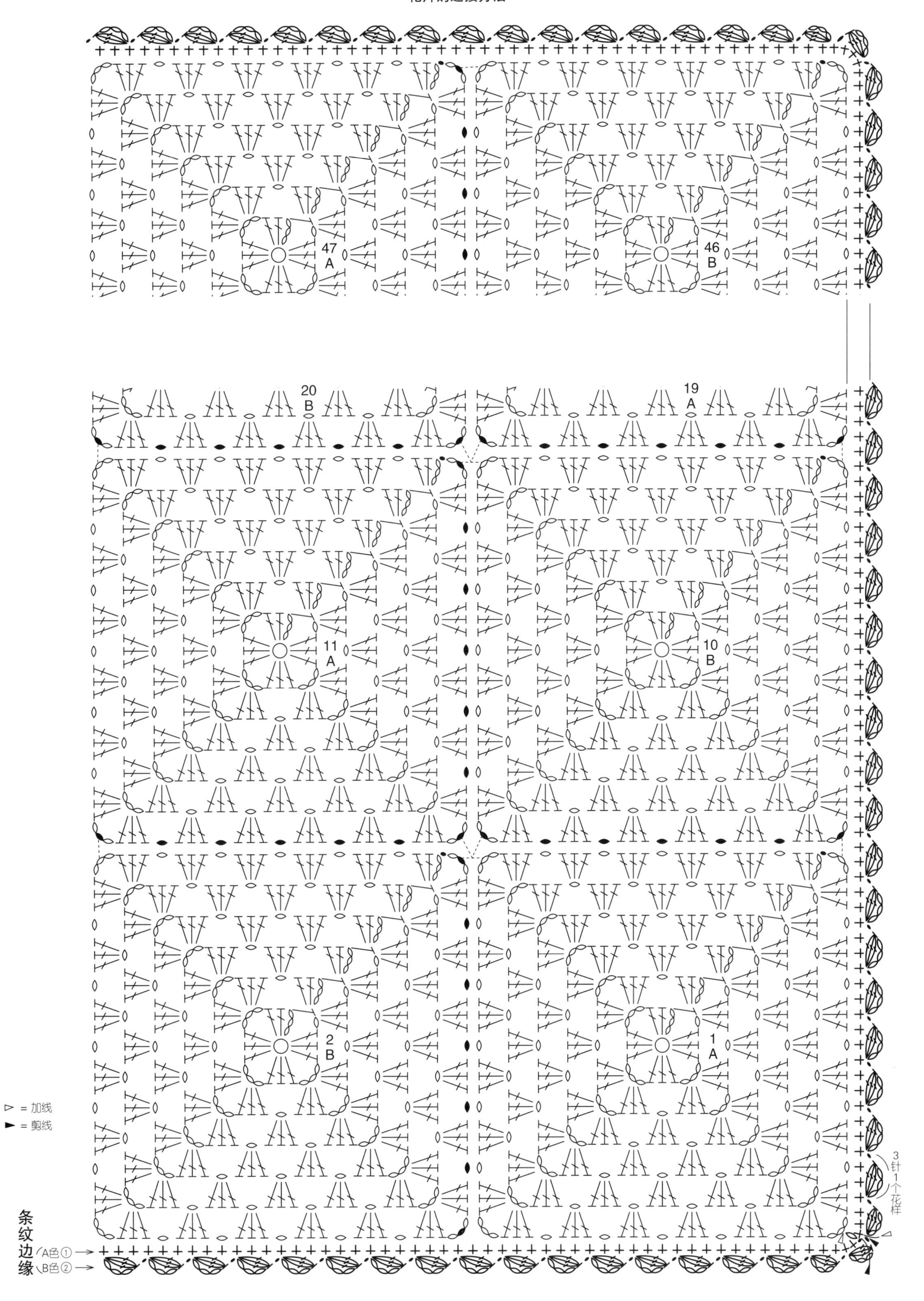

▷ = 加线
▶ = 剪线

材料

Alize Super Lana Maxi 浅棕混合色(207) 200g/2团；INAZUMA 毛线用提手(YAS-4891) 浅象牙色(103) 1组

工具

钩针8/0号

成品尺寸

宽36cm，深25cm

编织密度

10cm×10cm面积内：短针12针，11行(主体)

编织要点

●主体锁针起针，参照图示一边编织加针，一边编织短针。侧边和主体的起针方法相同，编织2行短针。主体和侧边反面相对对齐做引拔接合。参照组合方法图，将提手缝在指定位置。

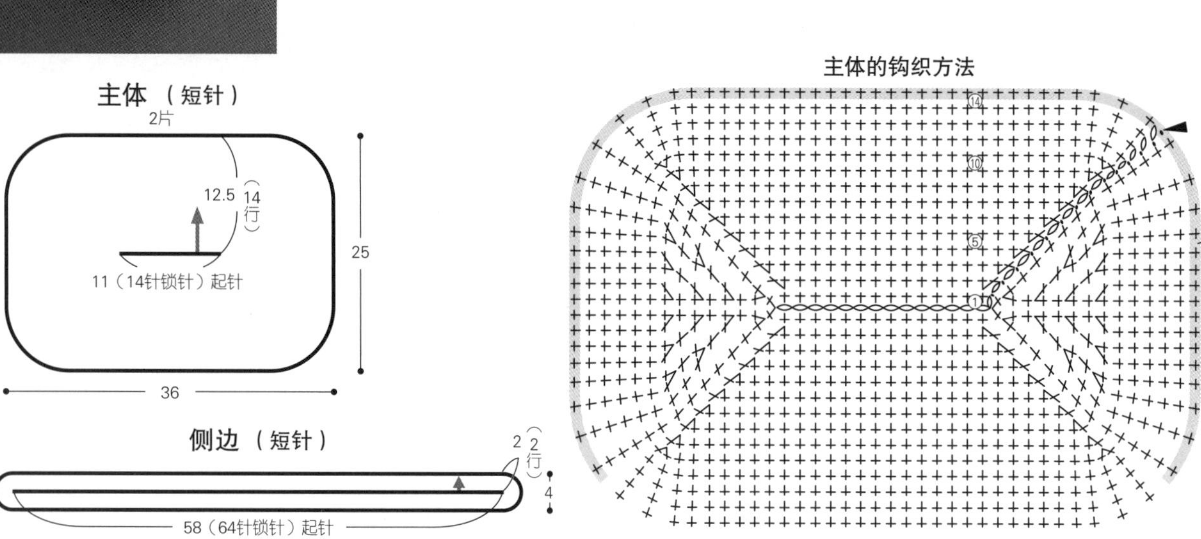

主体的加针

行数	针数	
第11~14行	96针	
第10行	96针	（+4针）
第9行	92针	（+4针）
第8行	88针	（+16针）
第7行	72针	（+4针）
第6行	68针	（+12针）
第5行	56针	（+4针）
第4行	52针	（+8针）
第3行	44针	（+4针）
第2行	40针	（+8针）
第1行	32针	

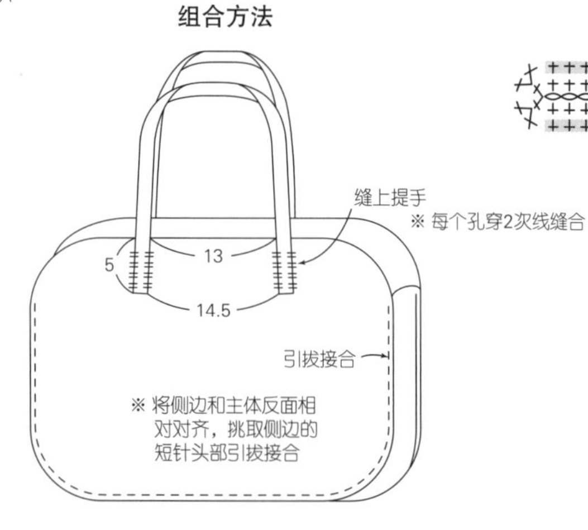

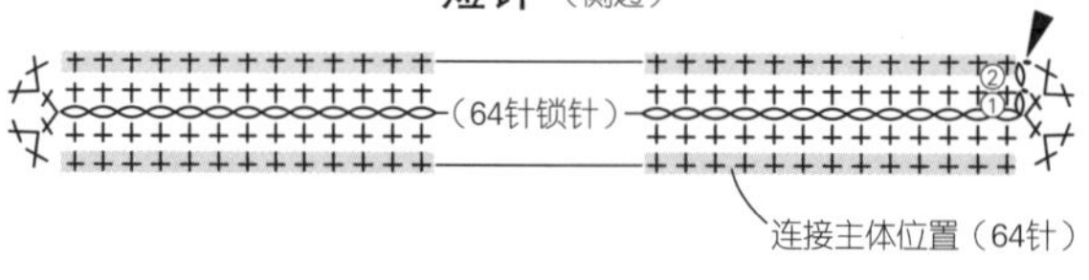

侧边的加针

行数	针数	
第2行	136针	（+4针）
第1行	132针	

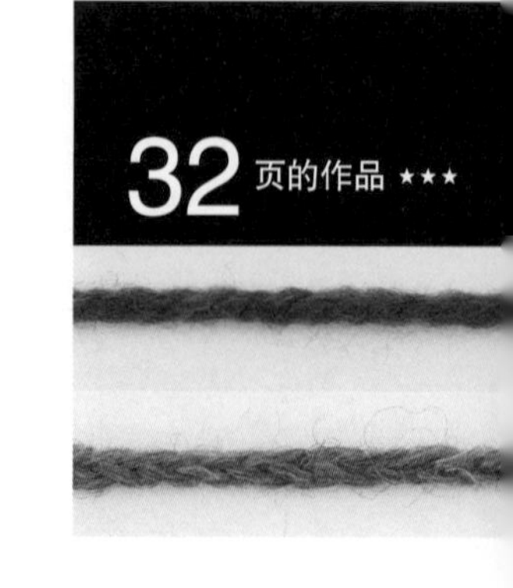

材料

内藤商事 Wool Box Melange 深藏青色(707) 320g/8团；内藤商事 Elsa 蓝色、绿色系段染(7413) 235g/5团；直径30mm的纽扣3颗；针织用衬扣3颗

工具

棒针11号

成品尺寸

胸围96cm，衣长63cm，连肩袖长67cm

编织密度

10cm×10cm面积内：起伏针条纹、起伏针均为17.5针，34.5行；编织花样17针，28行

编织要点

●身片、袖…身片下侧、袖口手指起针，参照编织方法顺序，编织起伏针条纹、起伏针。起伏针条纹在指定位置编织右上3针并1针，一边减针一边编织。身片上侧、袖的编织起点和身片下侧相同，做编织花样。减针时，2针以上时做伏针减针，1针时立起侧边1针减针。加针时，在1针内侧编织扭针加针。肩部挑取指定数量的针目，编织起伏针。

●组合…肩部使用钩针做引拔接合。身片上侧、袖和身片下侧、袖口使用钩针做引拔接合。袖下使用钩针做引拔接合。前门襟、衣领挑取指定数量的针目，编织起伏针。右前门襟开扣眼。编织终点从反面做伏针收针。缝上纽扣。

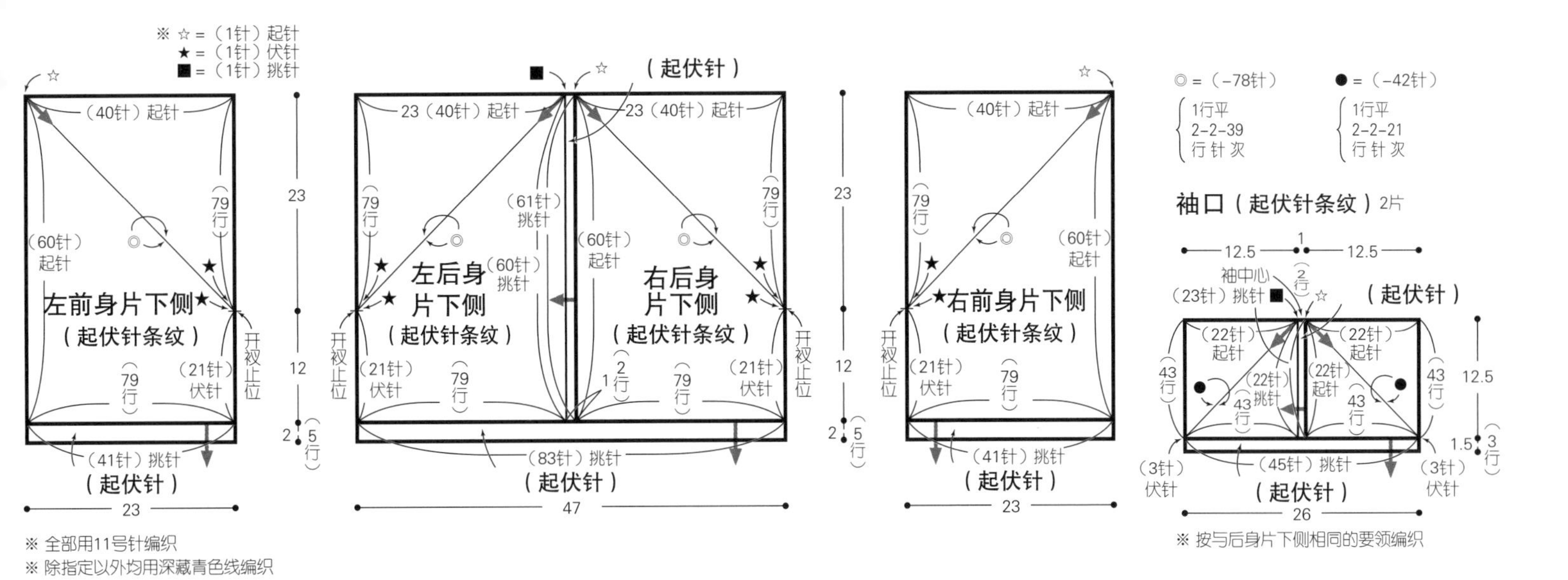

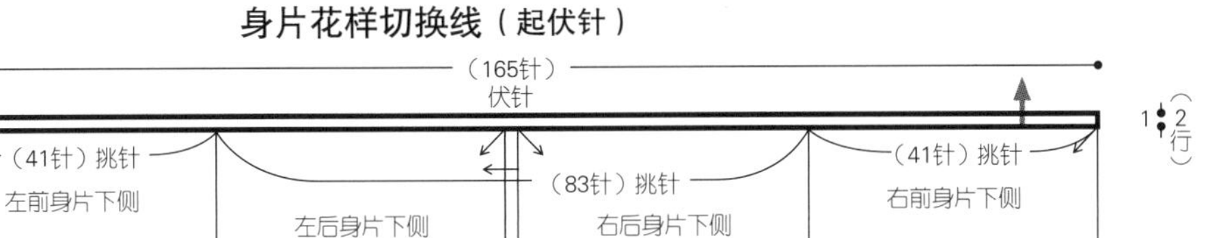

身片下侧的编织方法及顺序

1. 编织右后身片下侧。
2. 从右后身片下侧挑针，编织2行后身片中心的起伏针。
3. 编织左后身片下侧。
4. 编织右前身片下侧、左前身片下侧。
5. 编织下摆，编织终点从反面做伏针收针。
6. 胁部做引拔缝合。
7. 前、后身片连起来按起伏针编织身片切换线。

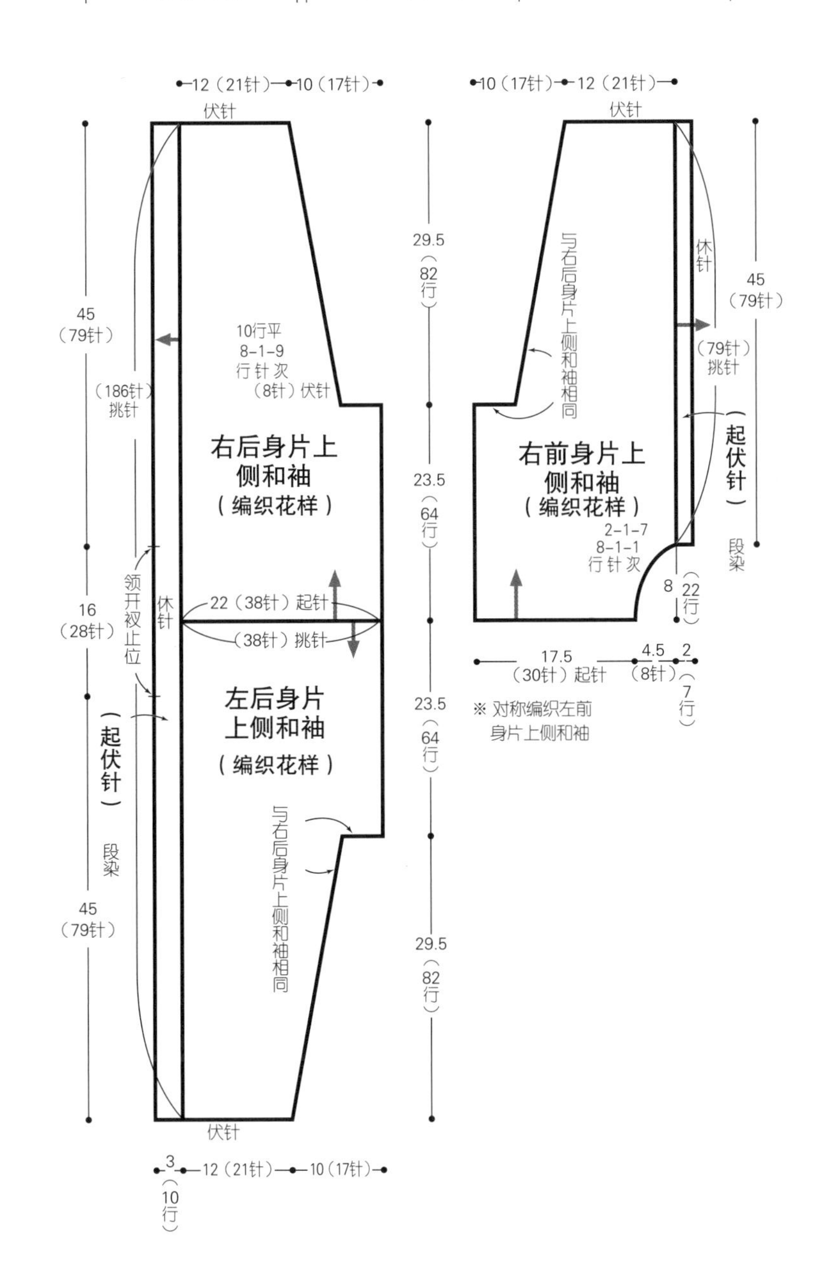

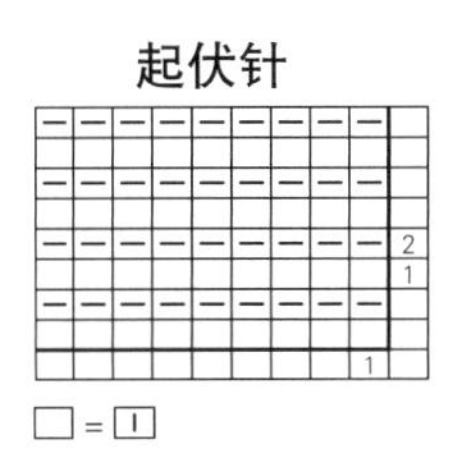

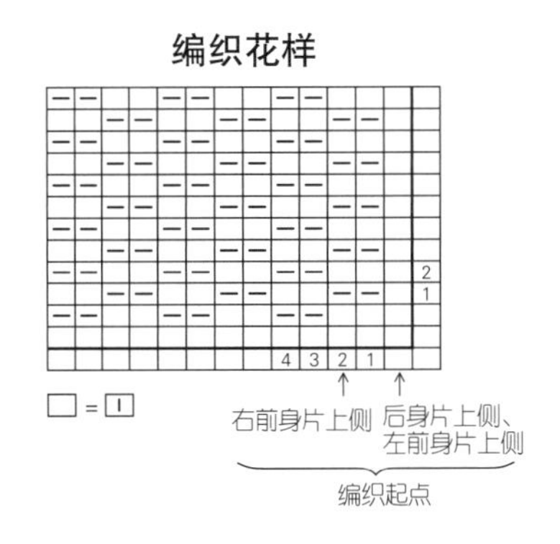

右后身片下侧、左前身片下侧的编织方法

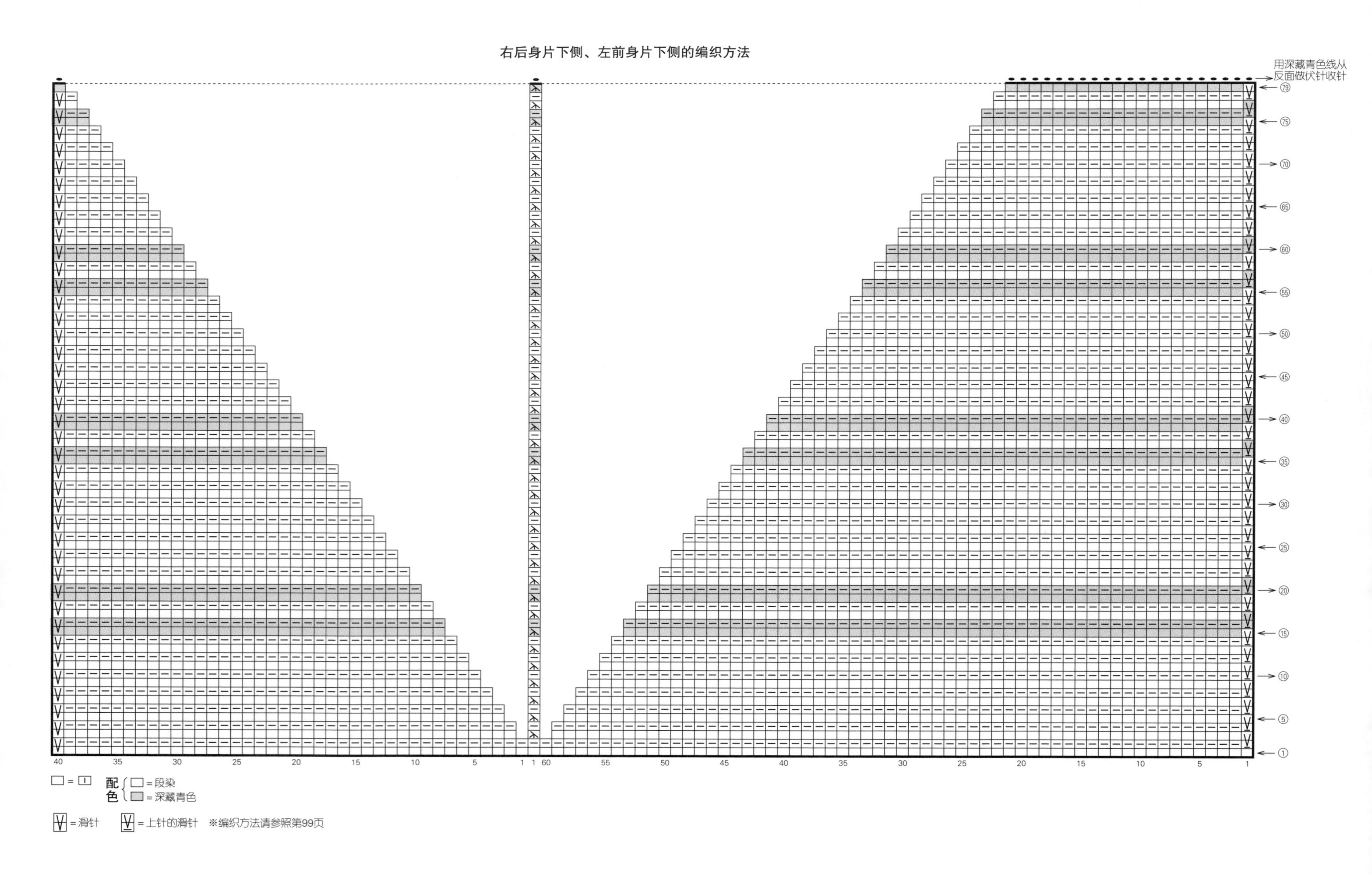

左后身片下侧、右前身片下侧的编织方法

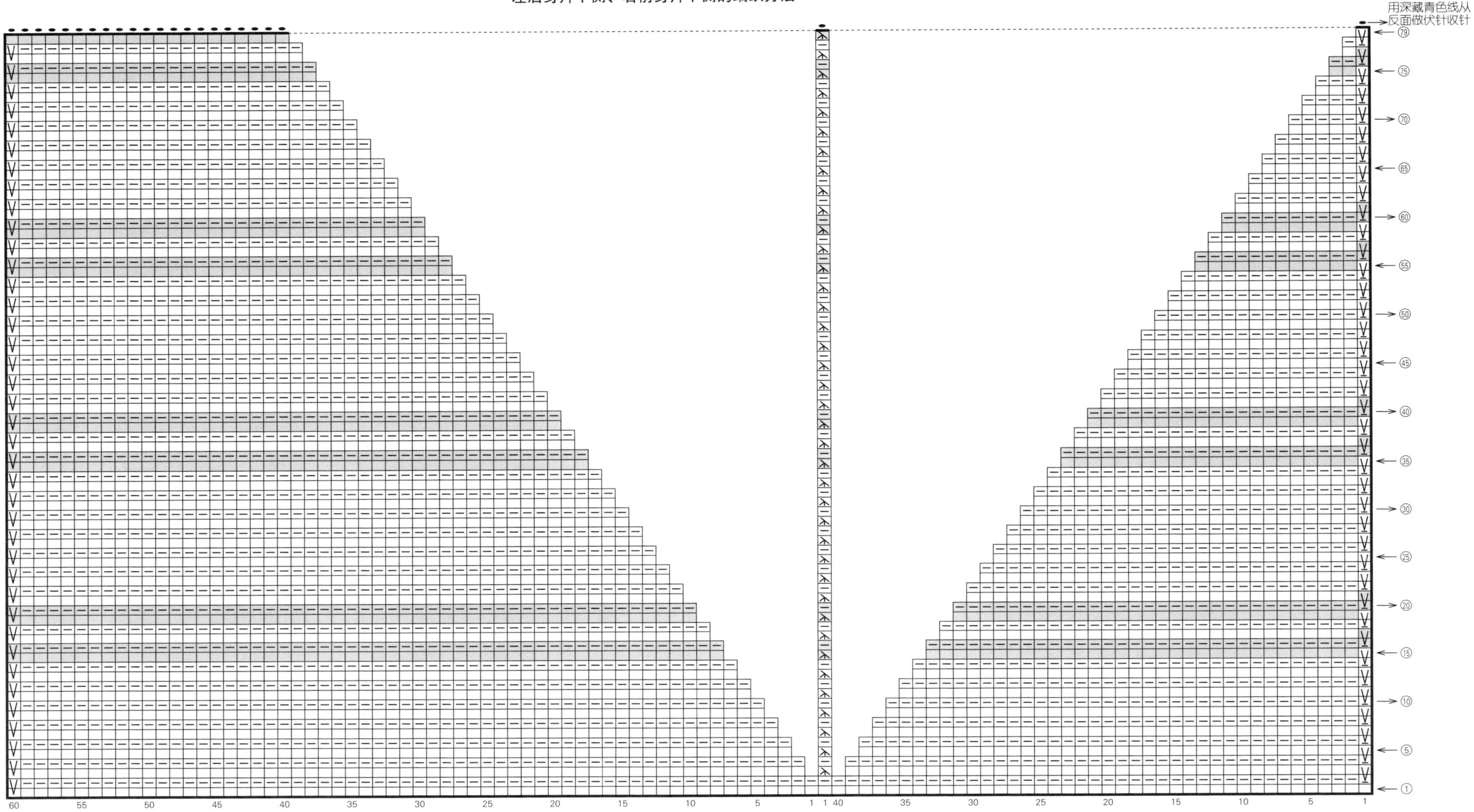

用深藏青色线从反面做伏针收针

□ = ⊟

配色 { □ = 段染 ; ■ = 深藏青色 }

V = 滑针　V̲ = 上针的滑针　※编织方法请参照第99页

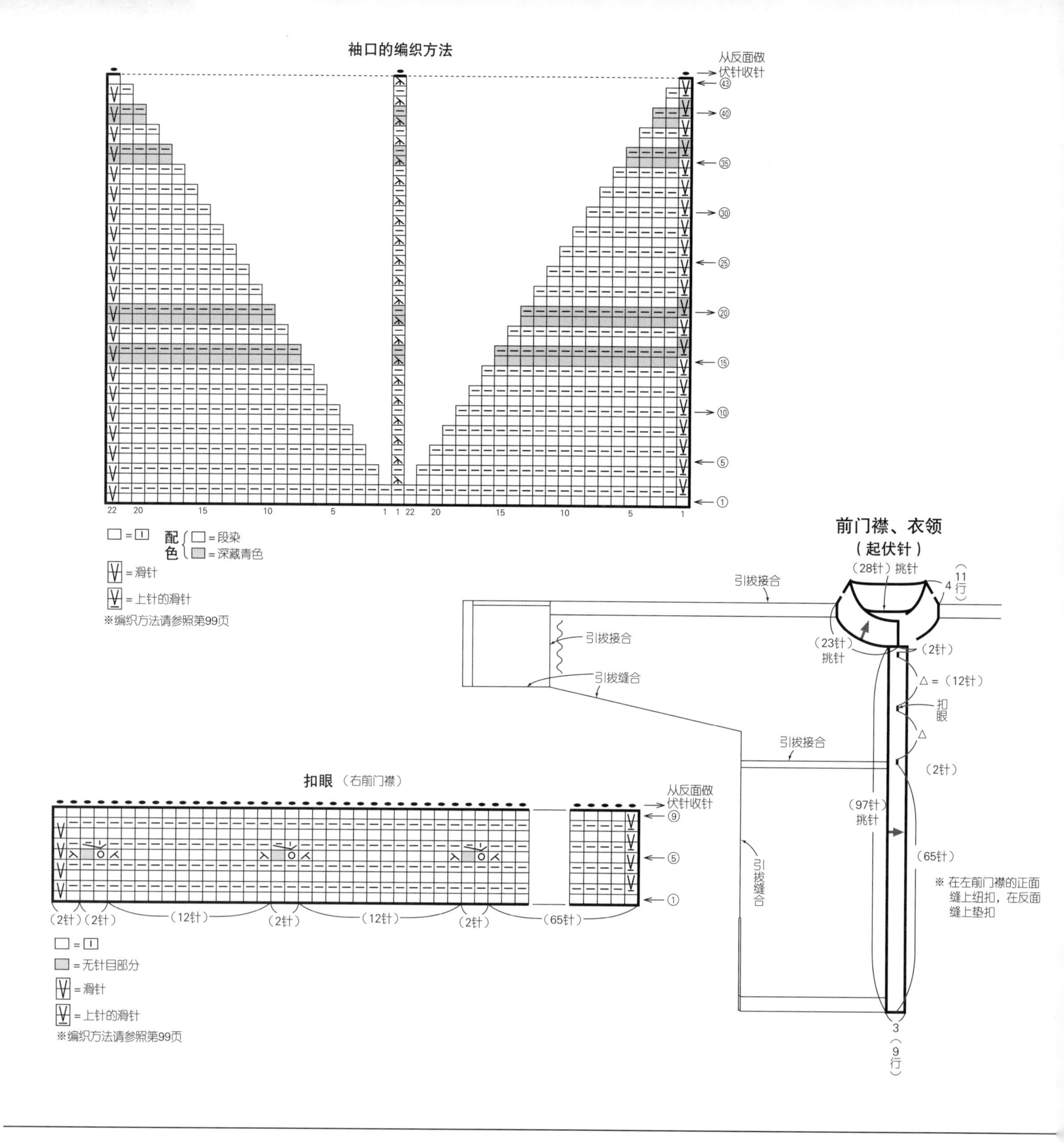

长针的正拉针的1针交叉（中间有1针锁针）

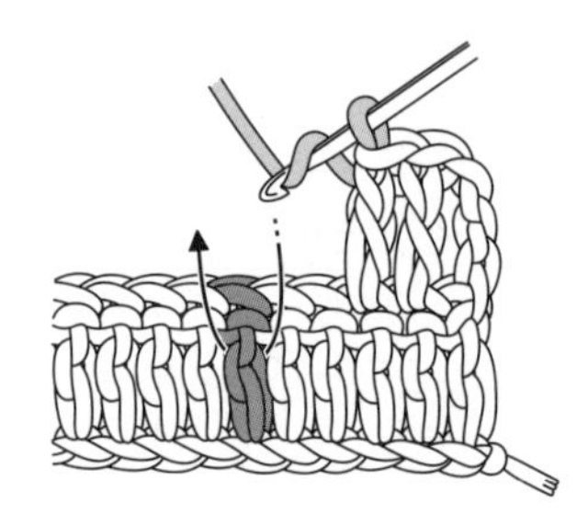

1 钩针挂线，如箭头所示，跳过2针在前一行第3针长针的整个根部挑针。

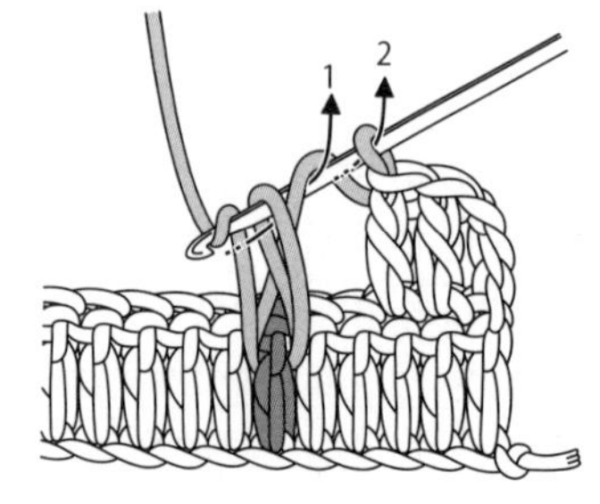

2 挂线后拉出，将线拉得长一点，继续钩织长针。

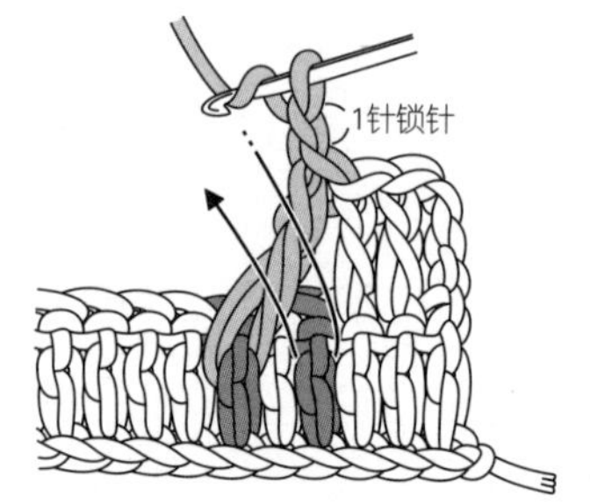

3 接着钩织1针锁针。挂线，按相同的要领在前一行跳过的第1针长针的根部挑针，将线拉出时拉得长一点，继续钩织长针。

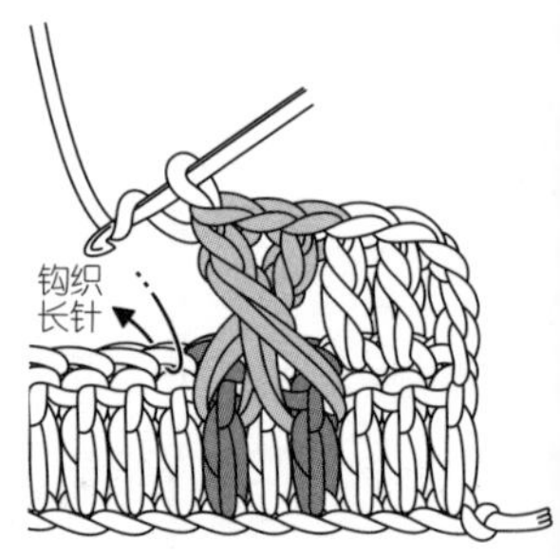

4 长针的正拉针的1针交叉（中间有1针锁针）完成。

材料

[手拿包] 芭贝艾罗依卡（32）绿色（84）45g/1团，深藏青色（102）5g/1团；INAZUMA 流苏（GT-8）藏青色（41）1根；长20cm的带环拉链1条；20cm×30cm的内袋用布；20cm×30cm的黏合衬

[手提包] 芭贝艾罗依卡（32）深藏青色（102）145g/3团，绿色（184）60g/2团；INAZUMA 11cm×29cm编织用包底（KBS-2910）海军蓝色（411）1块；

合成皮革提手（YAH）海军蓝色（411）1组；30cm×85cm的内袋用布；30cm×85cm的黏合衬

工具

钩针8/0号、5/0号

成品尺寸

[手拿包] 宽18cm，深14cm

[手提包] 宽28cm，深24cm

编织密度

10cm×10cm面积内：编织花样A 13针，15行；编织花样B 14针，14行

编织要点

●手拿包…锁针起针，钩织编织花样A和短针。缝上拉链、内袋、流苏，完成。

●手提包…从编织用包底挑取指定针数，将侧边和主体连在一起环形编织短针和编织花样B，一边包住没有钩织的颜色的线一边编织。参照图示加针。缝上内袋和提手，完成。

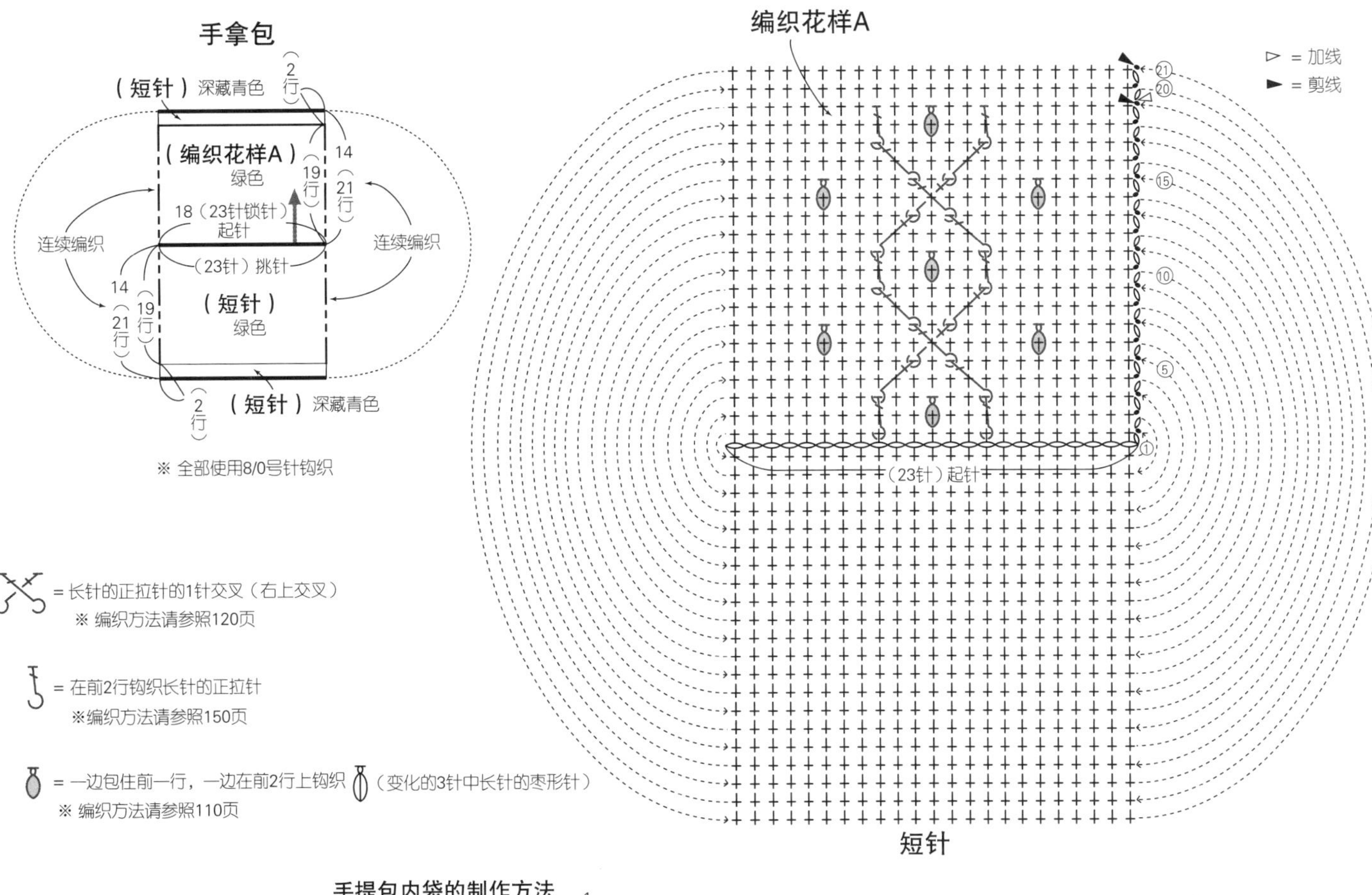

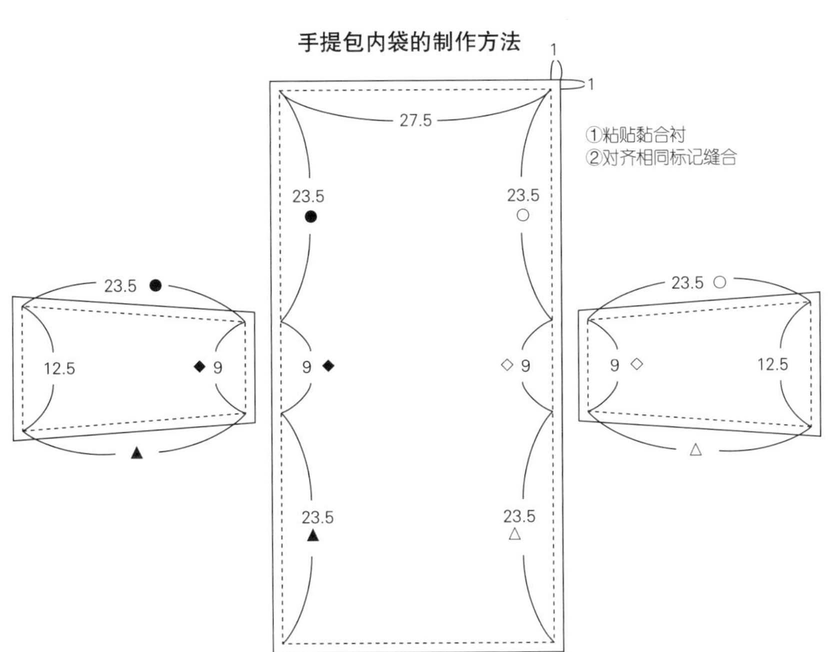

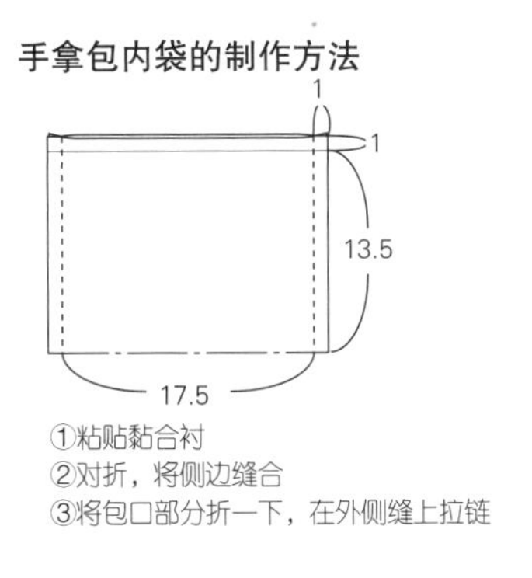

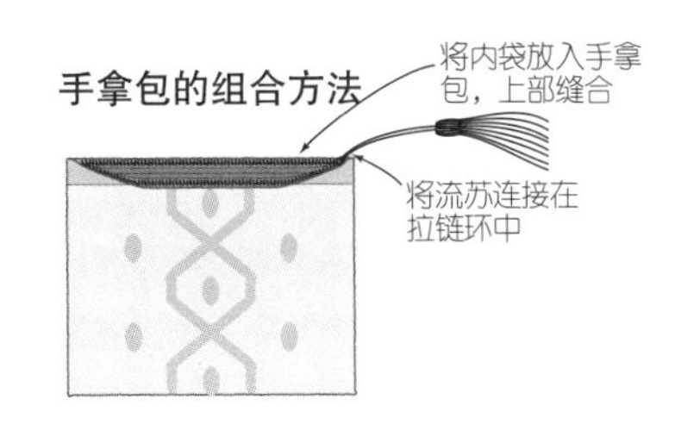

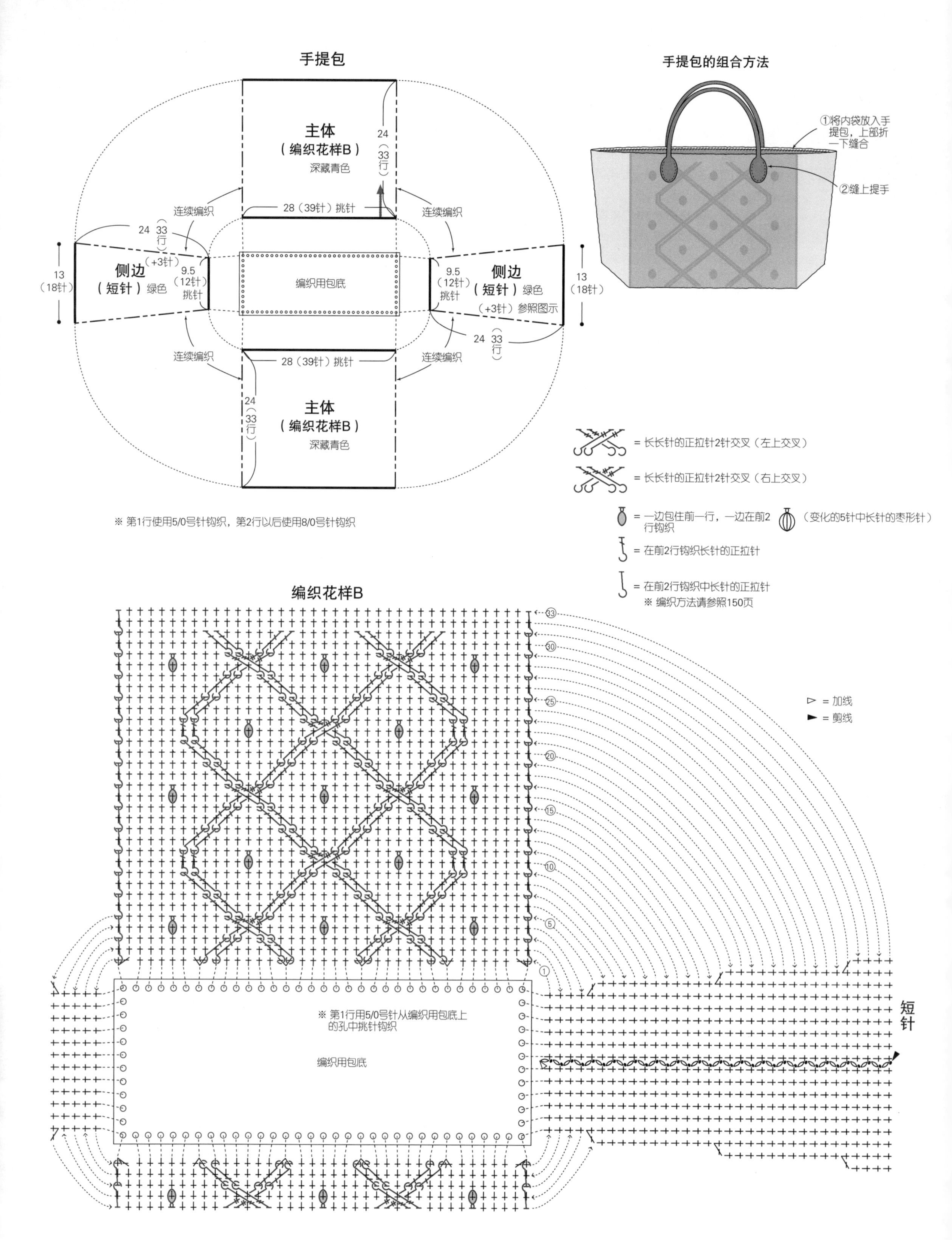
手提包
主体
（编织花样B）
深藏青色
24（33行）
28（39针）挑针
连续编织
侧边
（短针）绿色
13（18针）
24（33行）
（+3针）
9.5（12针）挑针
编织用包底
（+3针）参照图示
※ 第1行使用5/0号针钩织，第2行以后使用8/0号针钩织
手提包的组合方法
①将内袋放入手提包，上部折一下缝合
②缝上提手
= 长长针的正拉针2针交叉（左上交叉）
= 长长针的正拉针2针交叉（右上交叉）
= 一边包住前一行，一边在前2行钩织
（变化的5针中长针的枣形针）
= 在前2行钩织长针的正拉针
= 在前2行钩织中长针的正拉针
※ 编织方法请参照150页
编织花样B
= 加线
= 剪线
短针
※ 第1行用5/0号针从编织用包底上的孔中挑针钩织
编织用包底

材料
Alize Super Lana Maxi 深紫色(111) 60g/1团；INAZUMA 直径7cm的极粗线用包底(KBS-7L) 浅象牙色(103) 1片；宽8mm的天鹅绒缎带1m

工具
钩针8/0号

成品尺寸
深12.5cm

编织密度
编织花样1个花样2针2cm，6.5行10cm

编织要点
●从包底挑针，环形钩织短针。然后做编织花样和边缘编织。参照组合方法，穿入缎带，完成。

39 页的作品 ★★

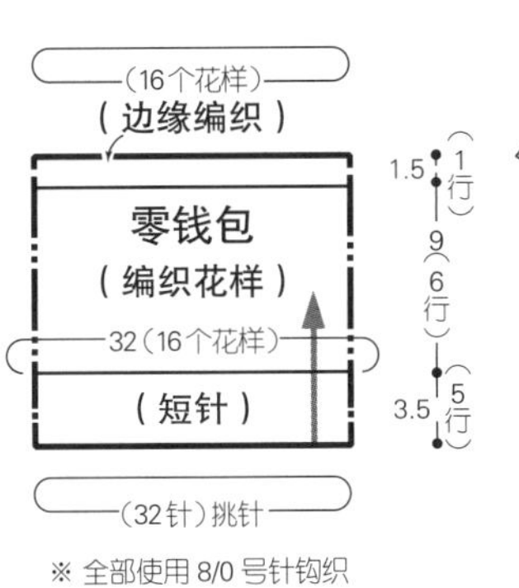

※ 全部使用8/0号针钩织

组合方法

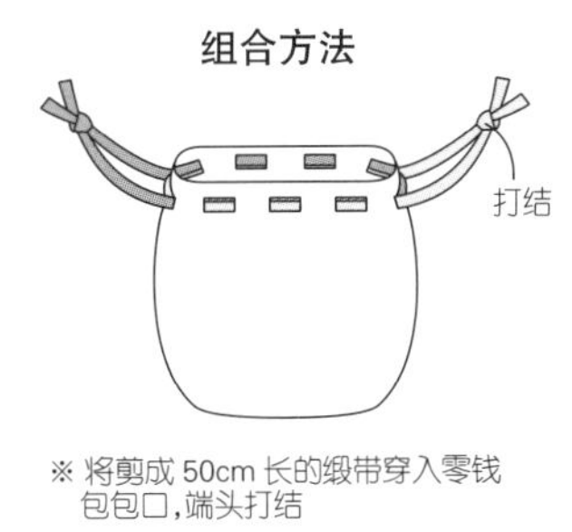

※ 将剪成50cm长的缎带穿入零钱包包口，端头打结

零钱包的钩织方法

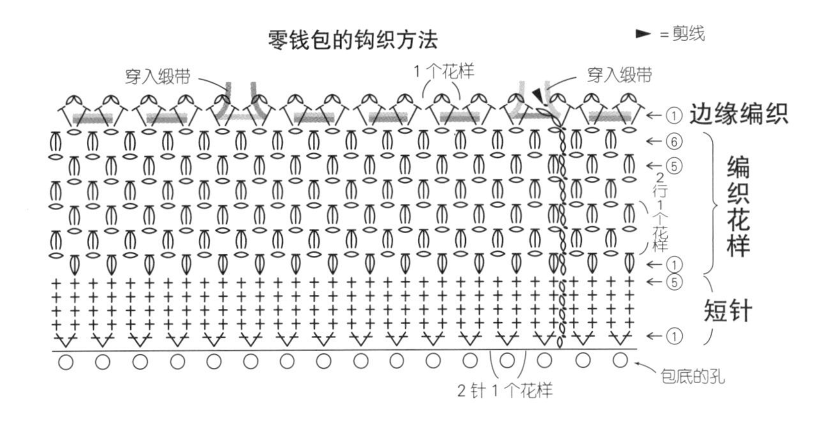

单罗纹针收针
(环形编织的情况)

编织起点端

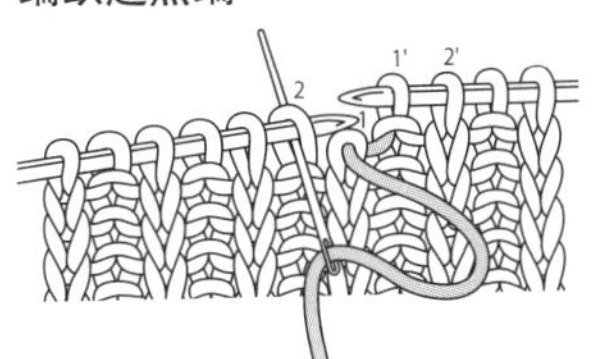

1 从针目1(第1针下针)的后侧入针，从第2针的后侧出针。

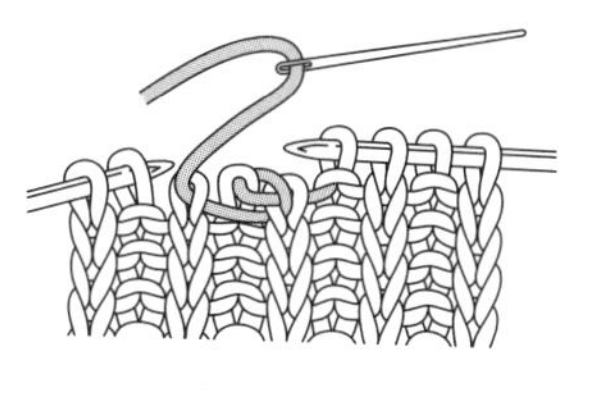

2 从针目1的前侧入针，从针目3的前侧出针。

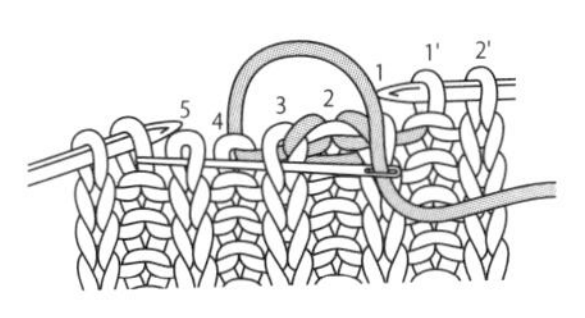

3 将线拉出后的样子。

5 从针目3的前侧入针，从针目5的前侧出针(下针与下针)。重复步骤4、5。

编织终点端

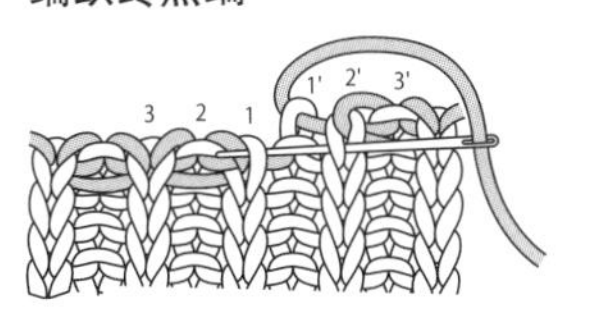

6 从针目2'的前侧入针，从针目1(第1针下针)的前侧出针(下针与下针)。

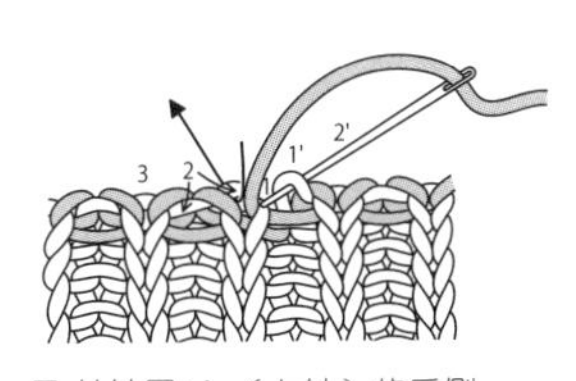

7 从针目1'(上针)的后侧入针，从针目2(第1针上针)的后侧出针。

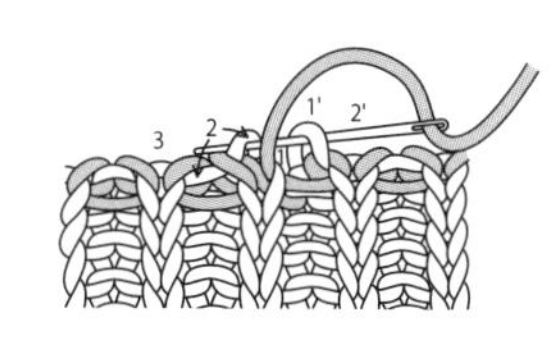

8 将毛线穿入针目1'、2'后的样子。将毛线缝针在针目1、2中穿3次。

材料
内藤商事 Gianna 红色和灰色段染(903) 305g/7团；Brando 茶色(125) 75g/2团

工具
棒针7号、6号

成品尺寸
胸围104cm，肩宽37cm，衣长58.5cm，袖长50cm

编织密度
10cm×10cm面积内：条纹花样18针，25.5行；上针编织18针，23.5行

编织要点
●身片、袖…身片手指起针，编织边缘编织、条纹花样、下针编织。减针时，2针以上时做伏针减针，1针时立起侧边1针减针。加针时，在1针内侧编织扭针加针。
●肩部做盖针接合，胁部、袖下使用毛线缝针做挑针缝合。衣领挑取指定数量的针目，环形编织条纹边缘。编织终点做上针的伏针收针。衣袖和身片做引拔接合。

33 页的作品 ★★

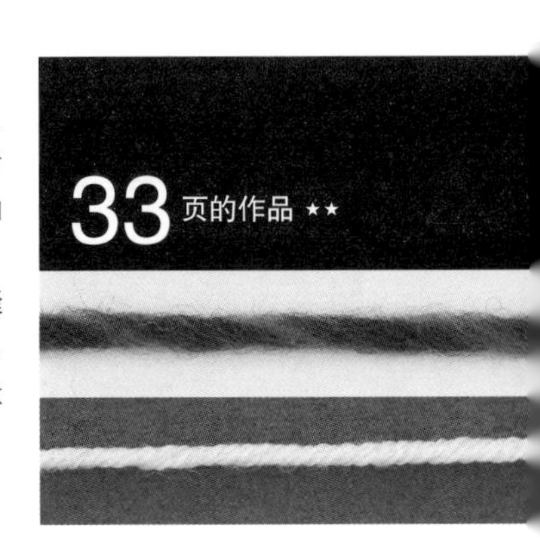

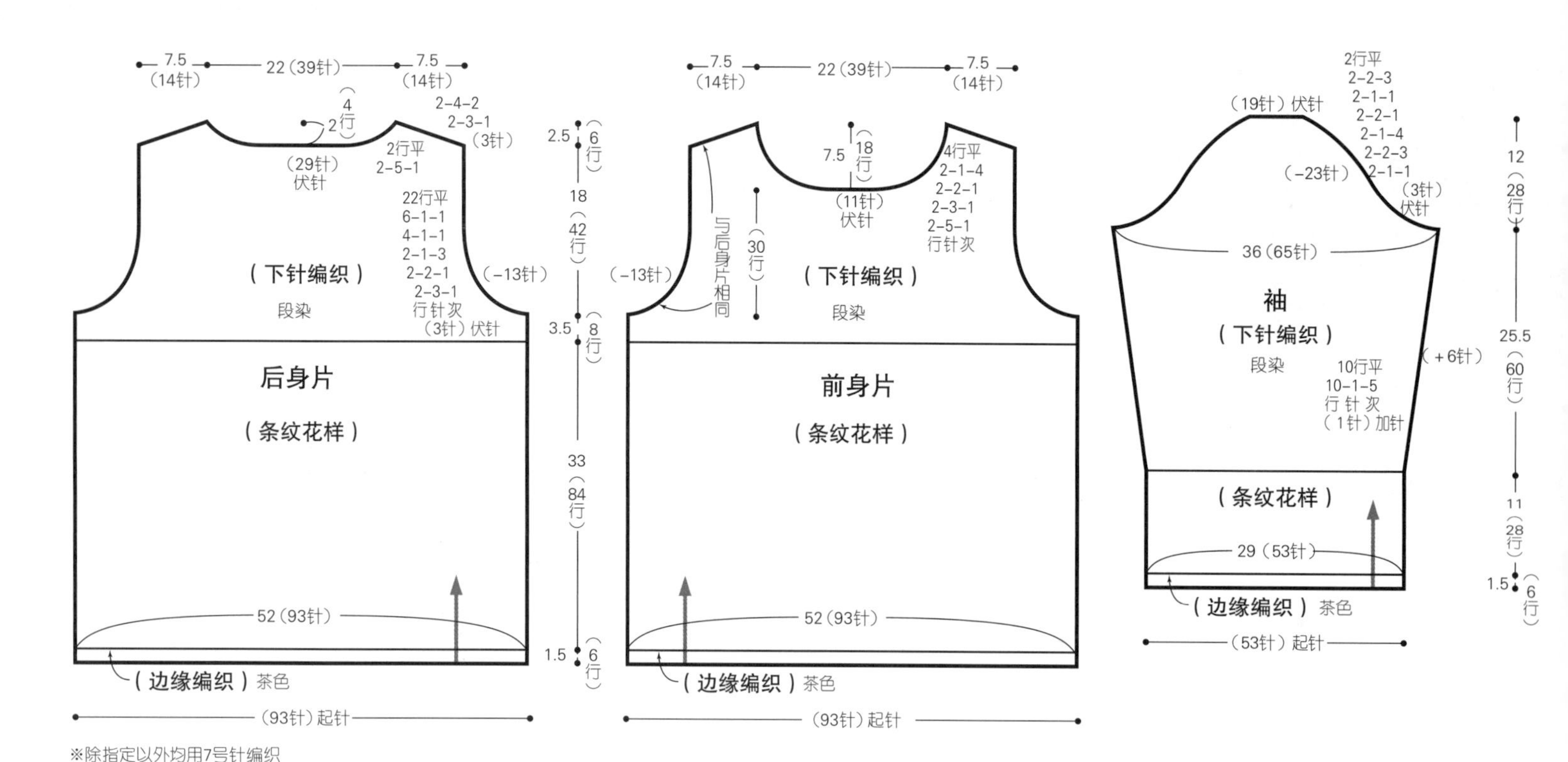
7.5（14针）
22（39针）
7.5（14针）
2-4-2
2-3-1
（3针）
4行
2
（29针）伏针
2行平
2-5-1
22行平
6-1-1
4-1-1
2-1-3
2-2-1
2-3-1
行针次
（3针）伏针
（-13针）
（下针编织）
段染
后身片
（条纹花样）
52（93针）
（边缘编织）茶色
（93针）起针
2.5（6行）
18（42行）
3.5（8行）
33（84行）
1.5（6行）
7.5（18行）
（11针）伏针
4行平
2-1-4
2-2-1
2-3-1
2-5-1
行针次
（-13针）
与后身片相同
30（行）
前身片
（19针）伏针
2行平
2-2-3
2-1-1
2-2-1
2-1-4
2-2-3
2-1-1
（-23针）
（3针）伏针
36（65针）
袖
（+6针）
10行平
10-1-5
行针次
（1针）加针
29（53针）
（53针）起针
12（28行）
25.5（60行）
11（28行）
1.5（6行）
※除指定以外均用7号针编织

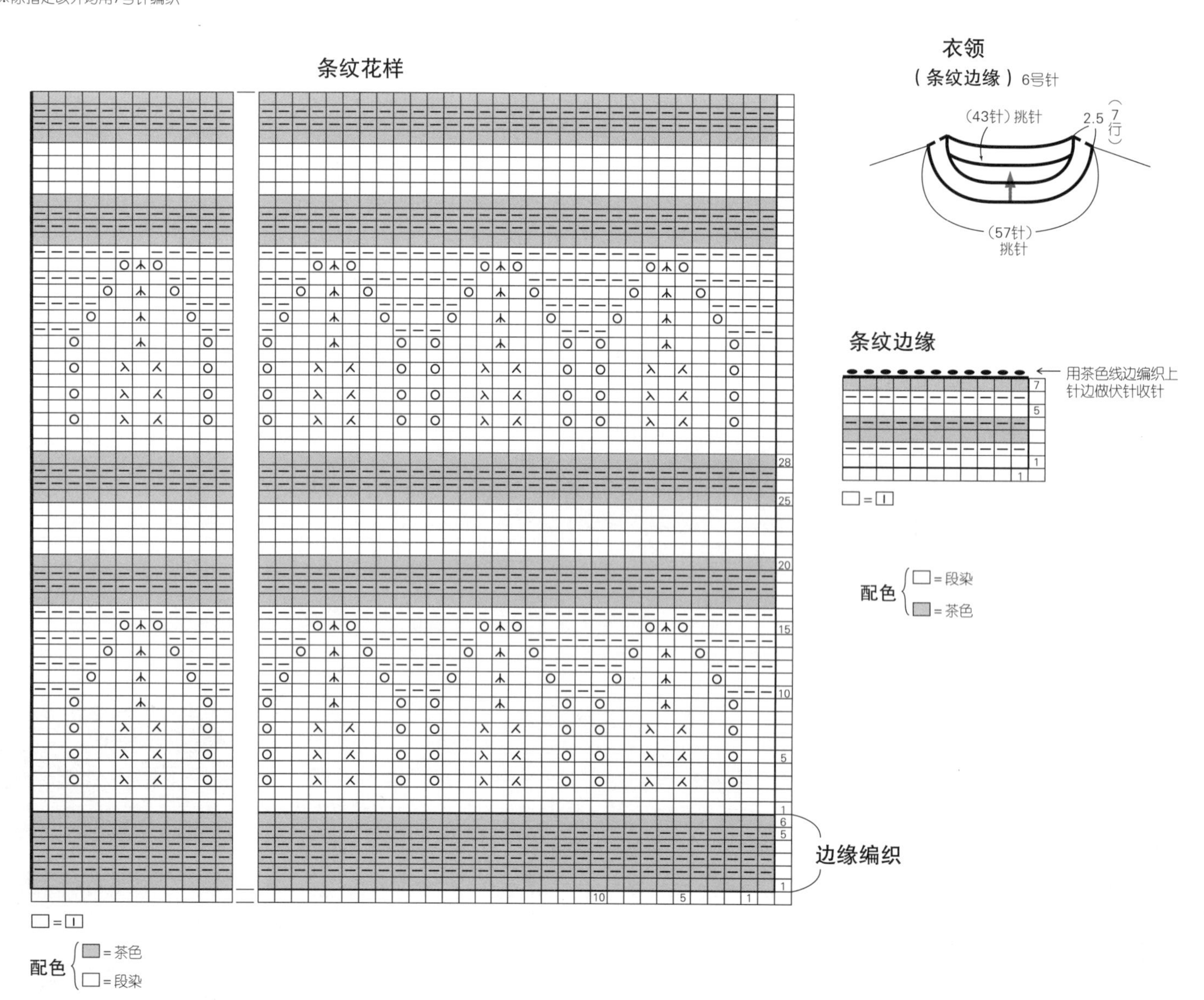
条纹花样
边缘编织
□=□
配色
▨=茶色
□=段染
衣领
（条纹边缘）6号针
（43针）挑针
2.5（7行）
（57针）挑针
条纹边缘
用茶色线边编织上针边做伏针收针
□=□
配色
□=段染
▨=茶色

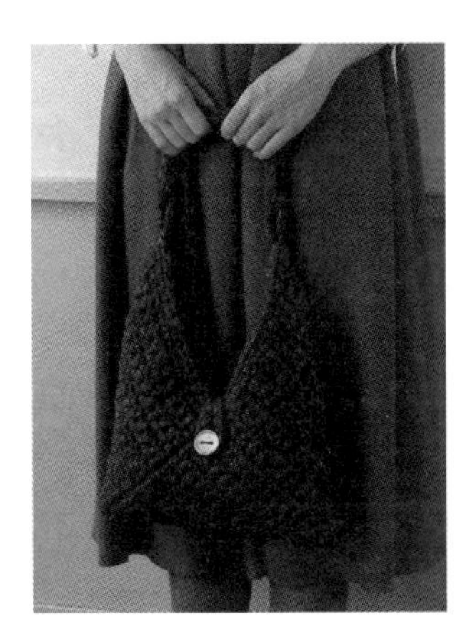

材料

DMC Cocoon Chic 蓝色(07) 200g/2团；直径30mm的纽扣1颗

工具

钩针12mm

成品尺寸

宽30.5cm，深17cm

编织密度

10cm×10cm面积内：短针6.5针，7.5行

编织要点

●主体锁针起针，钩织短针。对齐☆、★标记，做卷针缝缝合。包口挑取指定数量的针目，钩织短针。钩织提手、提手襻、纽襻，参照组合方法缝合。缝上纽扣。

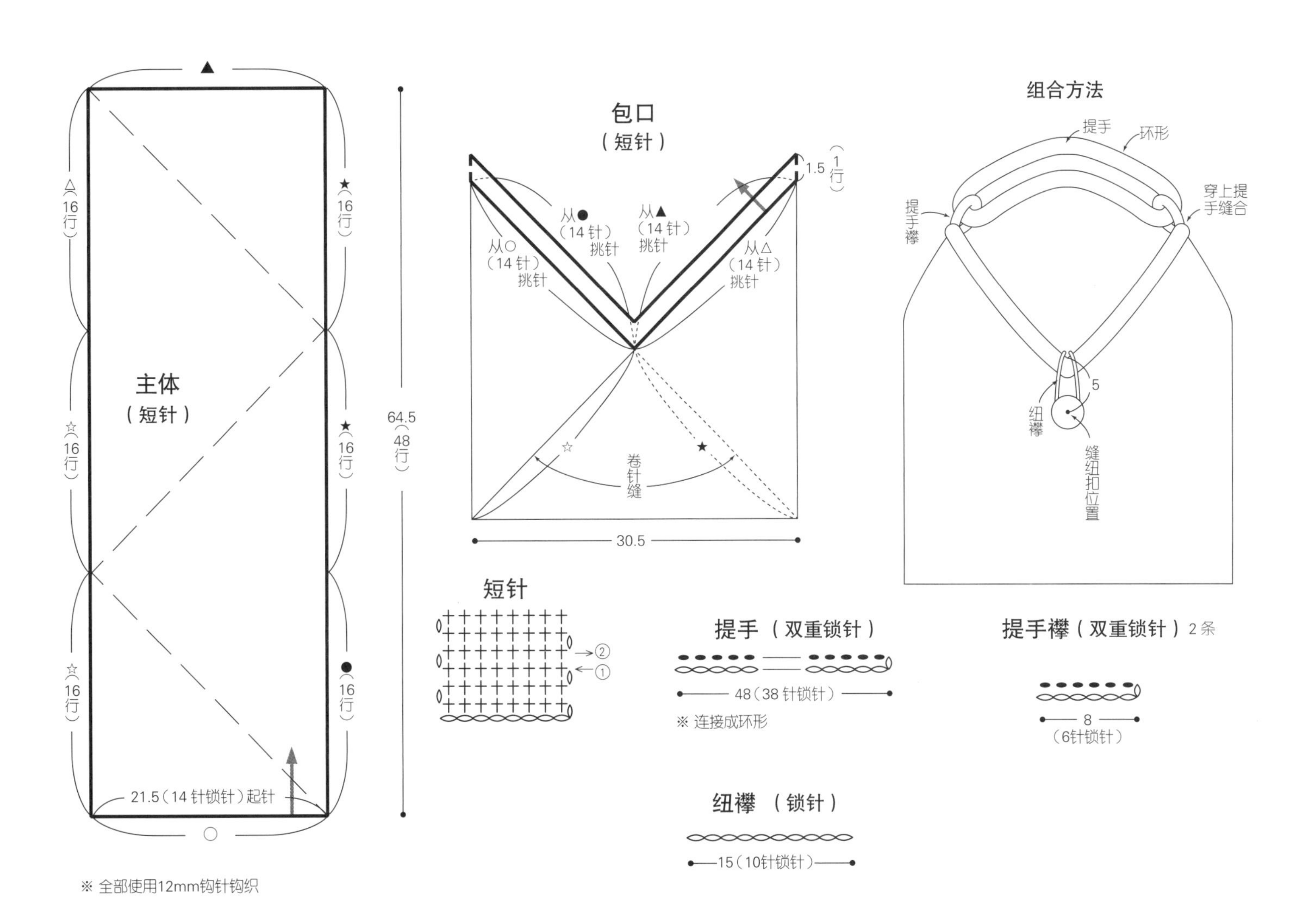

材料

DMC Cocoon Chic 米色(03) 100g/1团；直径30mm的纽扣1颗

工具

棒针15mm，钩针12mm

成品尺寸

宽15cm，长82cm

编织密度

10cm×10cm面积内：起伏针6.5针，10行

编织要点

●手指起针，环形编织起伏针。编织8行后，左右分开编织4行，制作穿入口。下一行开始左右连在一起继续编织。编织终点做伏针收针。编织起点和编织终点编织边缘编织。缝上纽扣。

接第126页 ▶

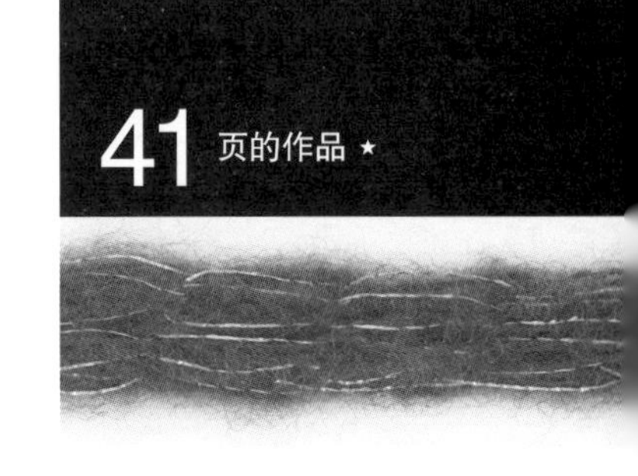

材料

DMC Cocoon Chic 白色(01) 300g/3团；直径30mm的纽扣3颗

工具

棒针15mm、12mm，钩针12mm

成品尺寸

胸围104cm，衣长42cm，连肩袖长27.5cm

编织密度

10cm×10cm面积内：下针编织6针，9行

编织要点

●身片…手指起针，编织单罗纹针、下针编织、起伏针。减针时，2针以上时做伏针减针，1针时立起侧边1针减针。

●组合…肩部做盖针接合，胁部使用毛线缝针挑半针缝合。衣领、袖口挑取指定数量的针目，环形钩织短针。缝上纽扣。

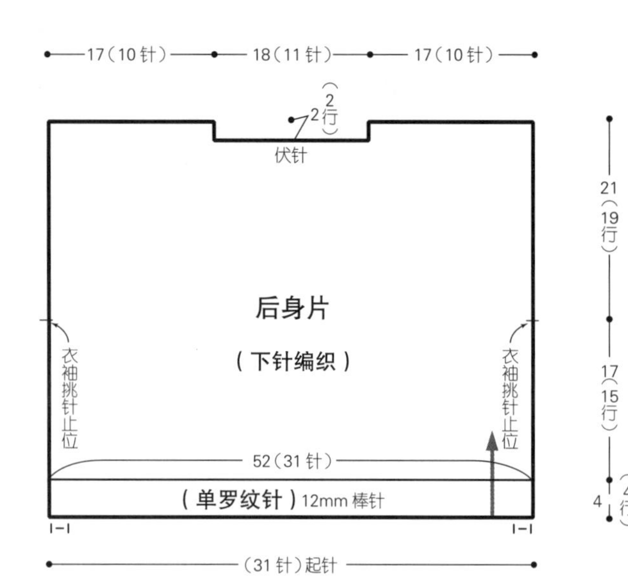

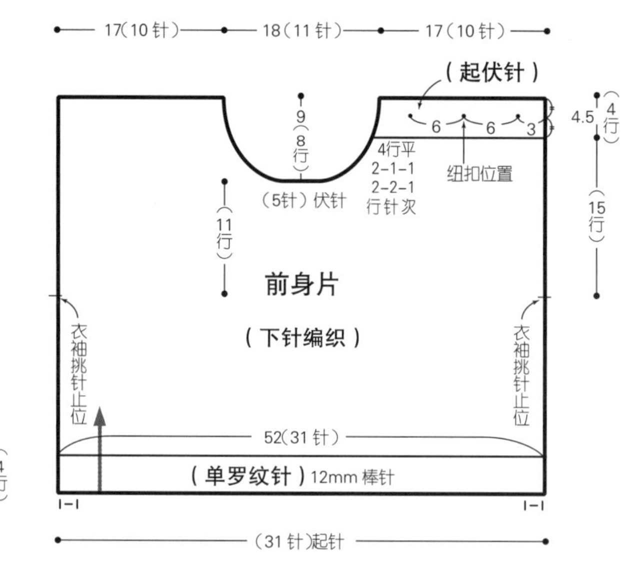

※ 除指定以外均用15mm棒针编织

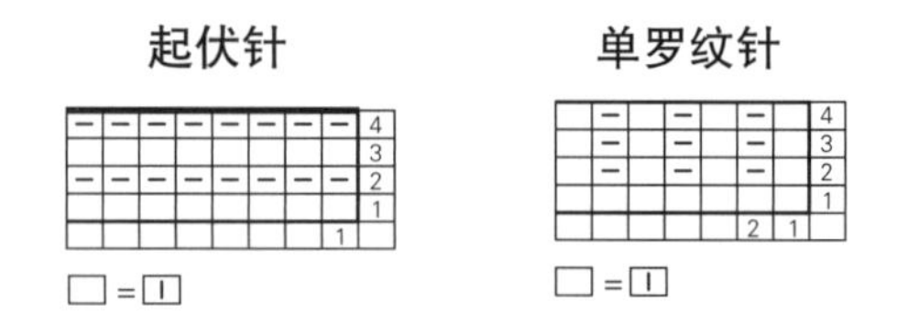

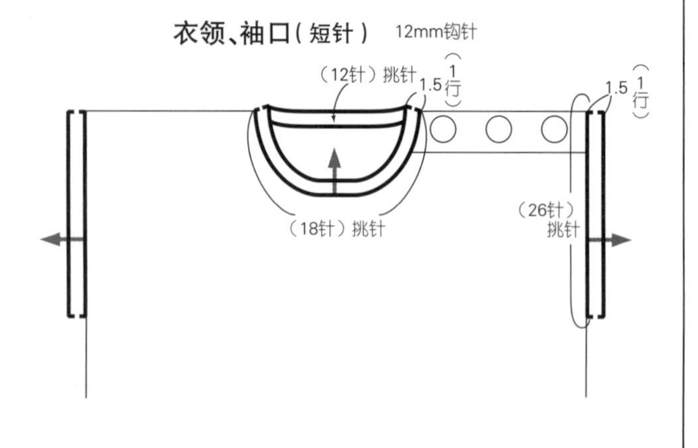

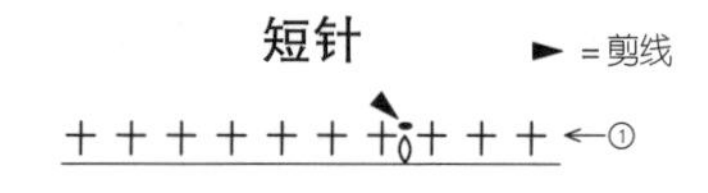

◀ 接第125页

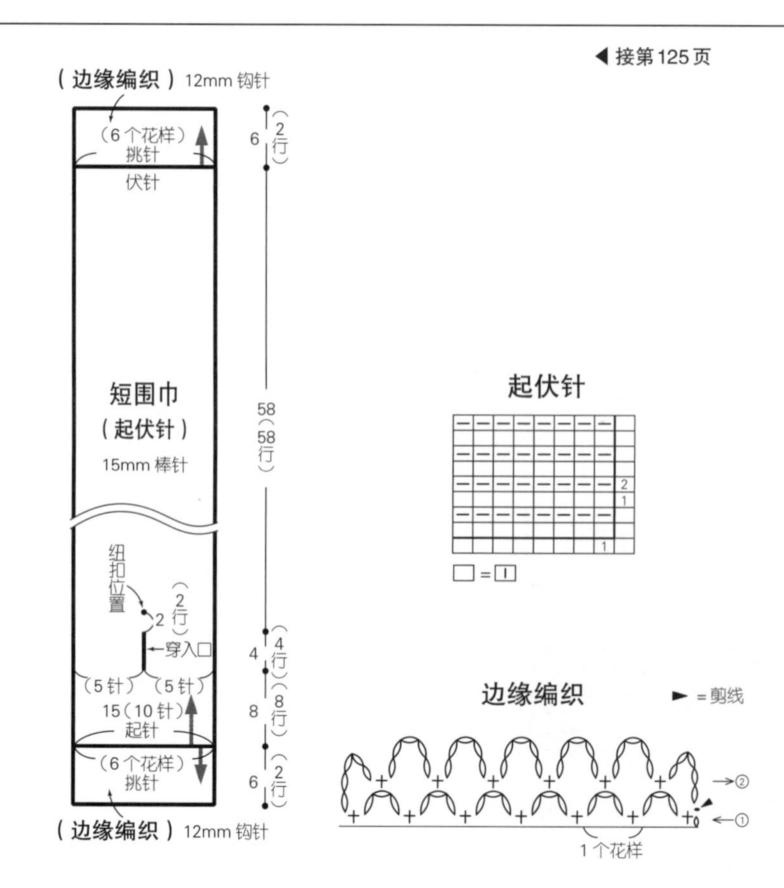

材料

毛线的色名、色号、用量、辅料等请参照使用量一览表

工具

钩针4/0号、2/0号

成品尺寸

参照图示

编织要点

●参照图示编织各部件。参照组合方法组合在一起。

使用量一览表

	用线	色名（色号）	用量	辅料
重盒	Cottoncrochetlarge	黑色（15）	50g / 1团	木工用乳胶
大虾（2只）	iroiro	红色（37）	15g / 1团	直径4mm的珍珠（黑色）4颗、填充棉
南天竹的叶子	iroiro	苔绿色（24）	少量 / 1团	
伊达卷（2个）	iroiro	乳黄色（33）	10g / 1团	填充棉
		砖红色（8）	5g / 1团	
红白鱼糕（4个）	iroiro	乳白色（1）	15g / 1团	填充棉、不织布（白色）6cm×4cm 8片
		粉色（42）	少量 / 1团	
昆布卷（3个）	iroiro	橄榄色（25）	15g / 1团	
		亮橙色（34）	5g / 1团	
		暗橙色（36）	5g / 1团	
干青鱼子（3个）	iroiro	柠檬色（31）	10g / 1团	填充棉
黑豆容器	鸭川18号	本白色（101）	5g / 1团	木工用乳胶
黑豆（6颗）	iroiro	黑色（47）	5g / 1团	填充棉

※全部使用达摩手编线

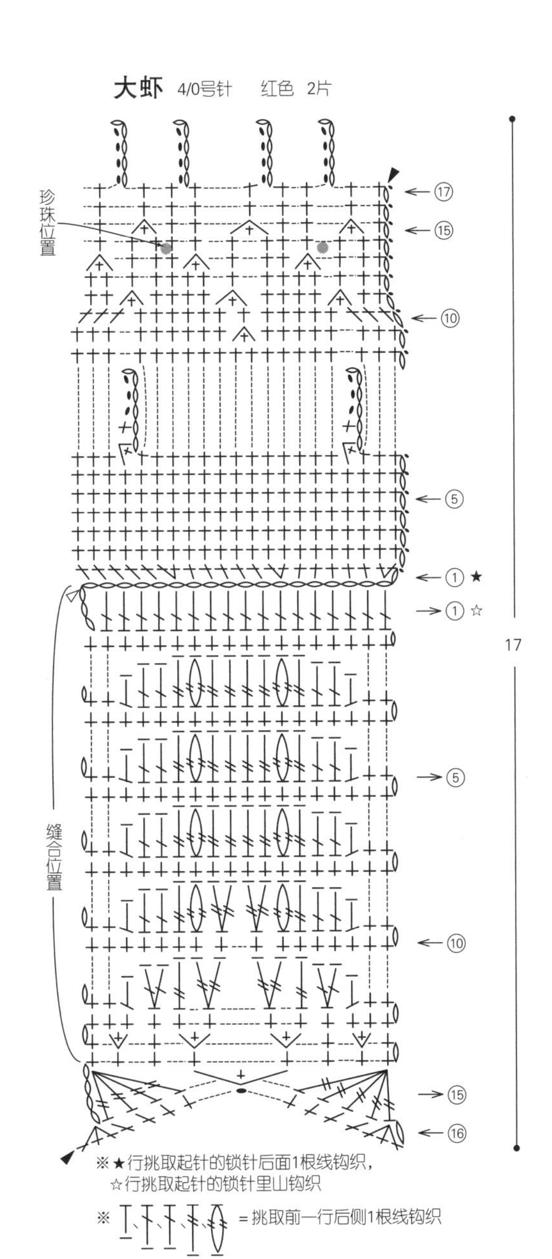

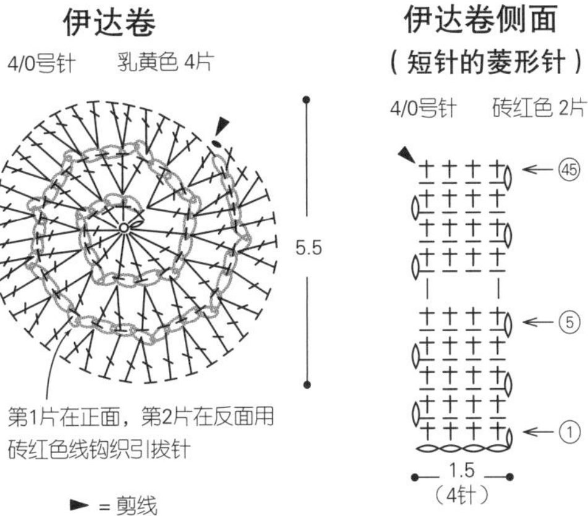

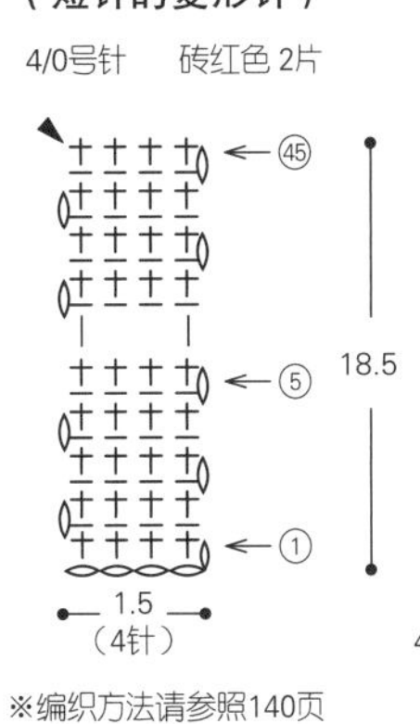

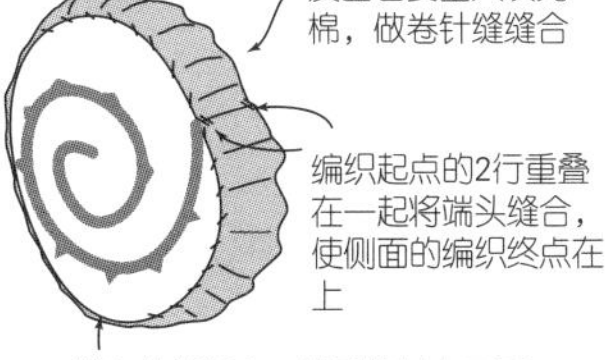

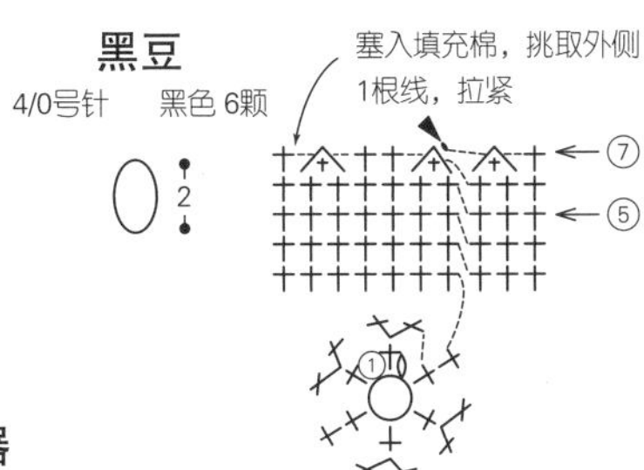

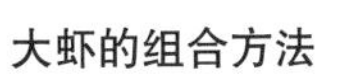

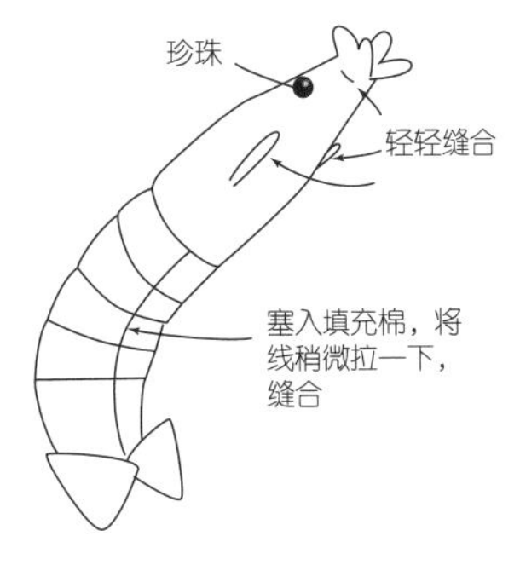

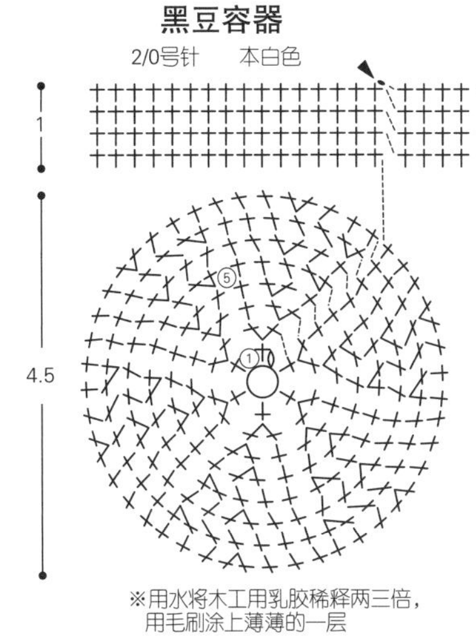

容器的加针

圈数	针数	
第9~12圈	48针	
第8圈	48针	（+6针）
第7圈	42针	（+6针）
第6圈	36针	（+6针）
第5圈	30针	（+6针）
第4圈	24针	（+6针）
第3圈	18针	（+6针）
第2圈	12针	（+6针）
第1圈	6针	

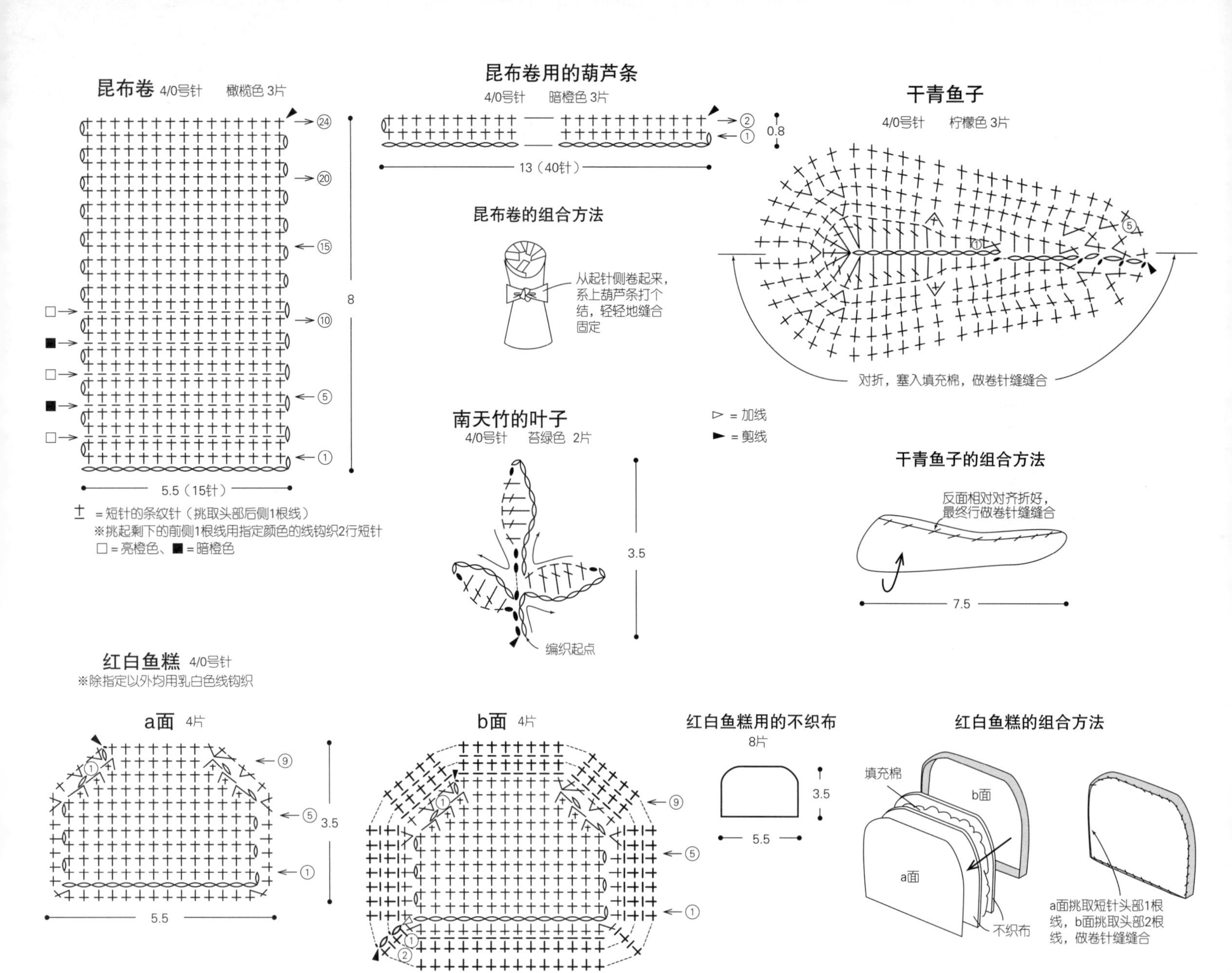

短针中编入串珠的方法

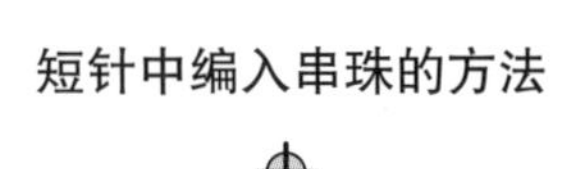

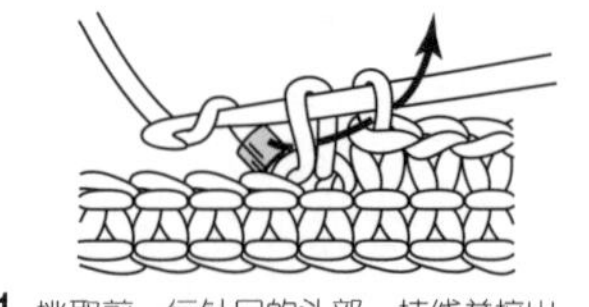

1 挑取前一行针目的头部，挂线并拉出。拨入一颗串珠，挂线并引拔出。

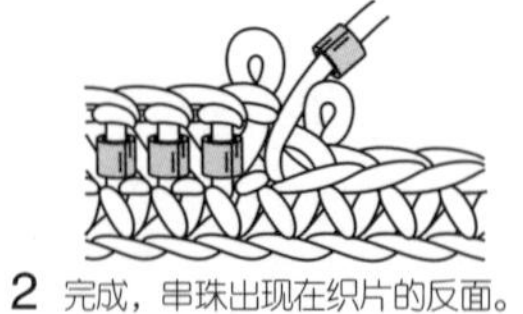

2 完成，串珠出现在织片的反面。

长针中编入串珠的方法

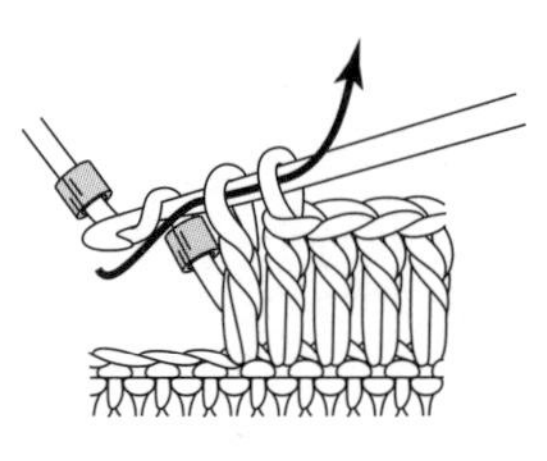

1 钩织未完成的长针，拨入1颗串珠。挂线，从钩针上剩余的2个线圈中引拔出。

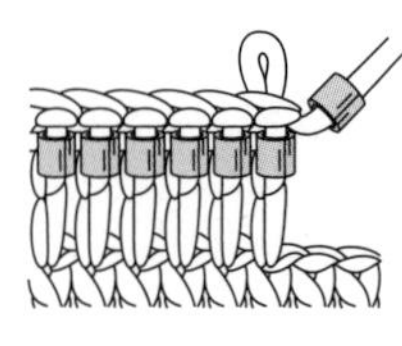

2 串珠出现在织片的反面。

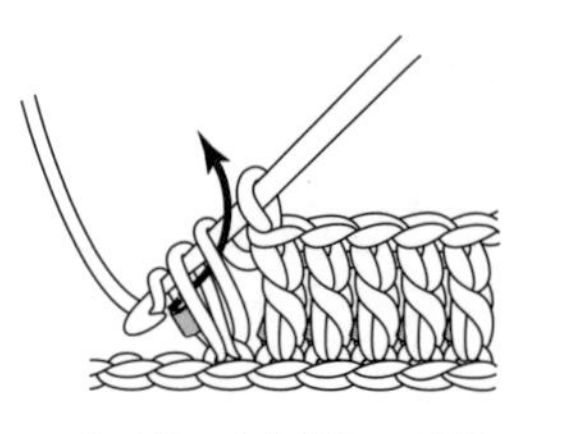

1 在第一次挂线拉出时拨入1颗串珠，挂线，从2个线圈中拉出。

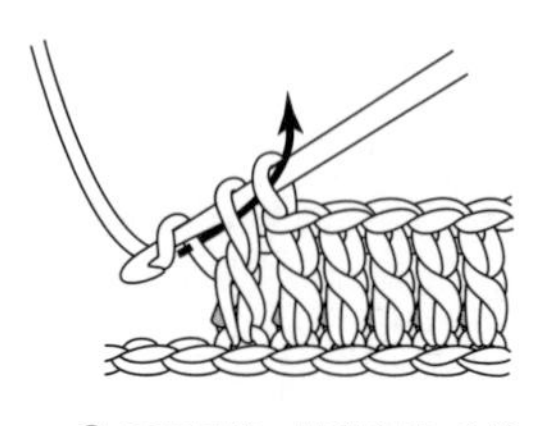

2 再次挂线，从剩余的2个线圈中引拔出，完成长针。

重盒的钩织方法

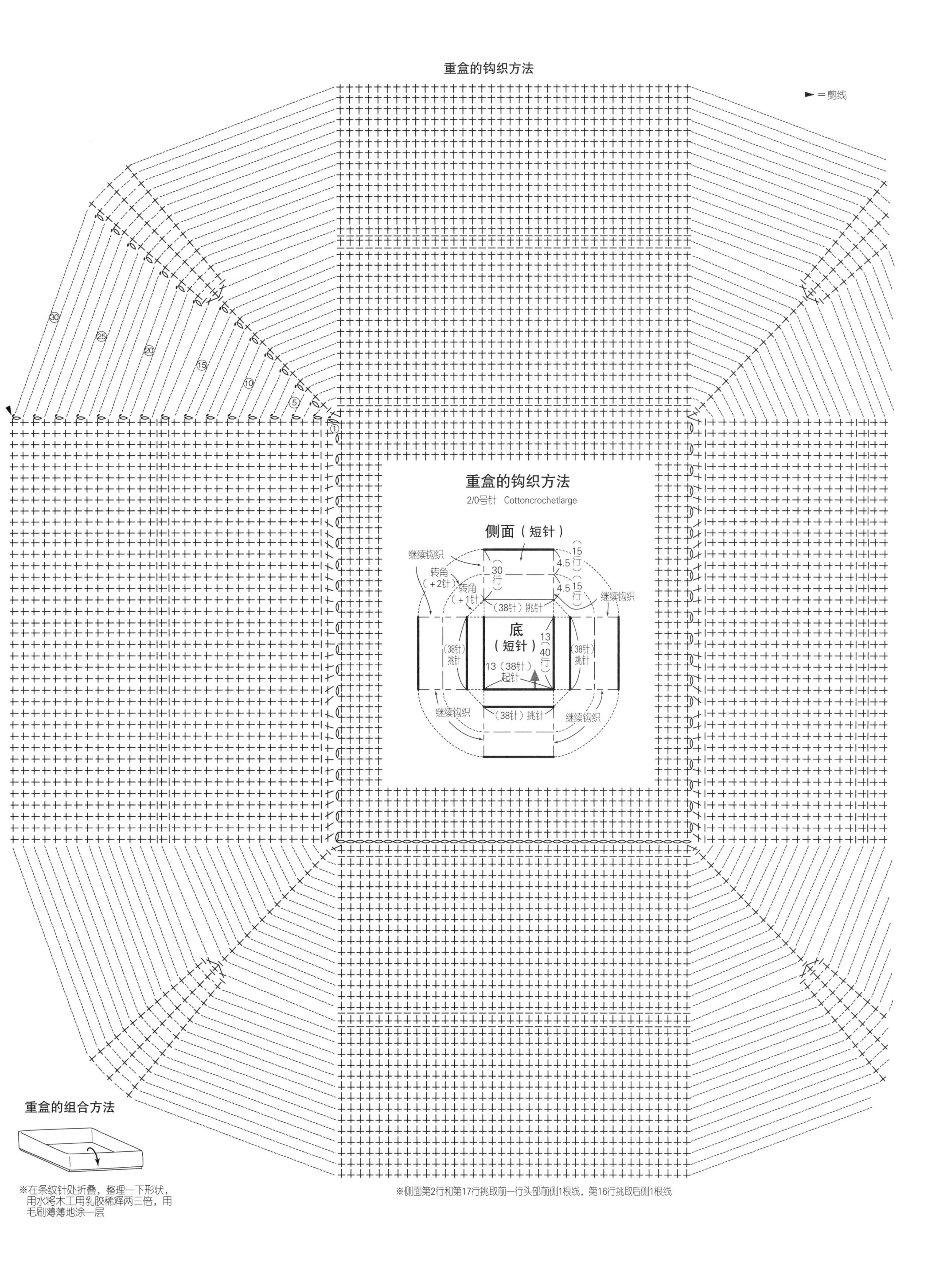

※侧面第2行和第17行挑取前一行头部前侧1根线，第16行挑取后侧1根线

重盒的组合方法

※在条纹针处折叠，整理一下形状，用水将木工用乳胶稀释两三倍，用毛刷薄薄地涂一层

年糕底部
（短针）
4/0号针
乳白色 2片

年糕（大）
（短针）
4/0号针
乳白色

年糕（小）
（短针）
4/0号针
乳白色

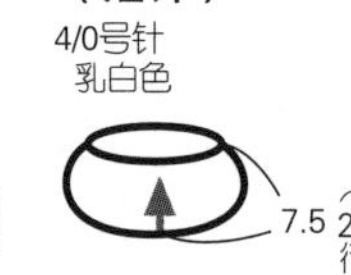

使用量一览表

	使用线	色名（色号）	用量	辅材
年糕	iroiro	乳白色（1）	30g / 2团	填充棉、小圆球（大的为20g、小的为10g）
橙子	iroiro	暗橙色（36）	5g / 1团	填充棉、小圆球5g
		苔绿色（24）	少量 / 1团	

※毛线全部使用达摩手编线

年糕（大）

► = 剪线

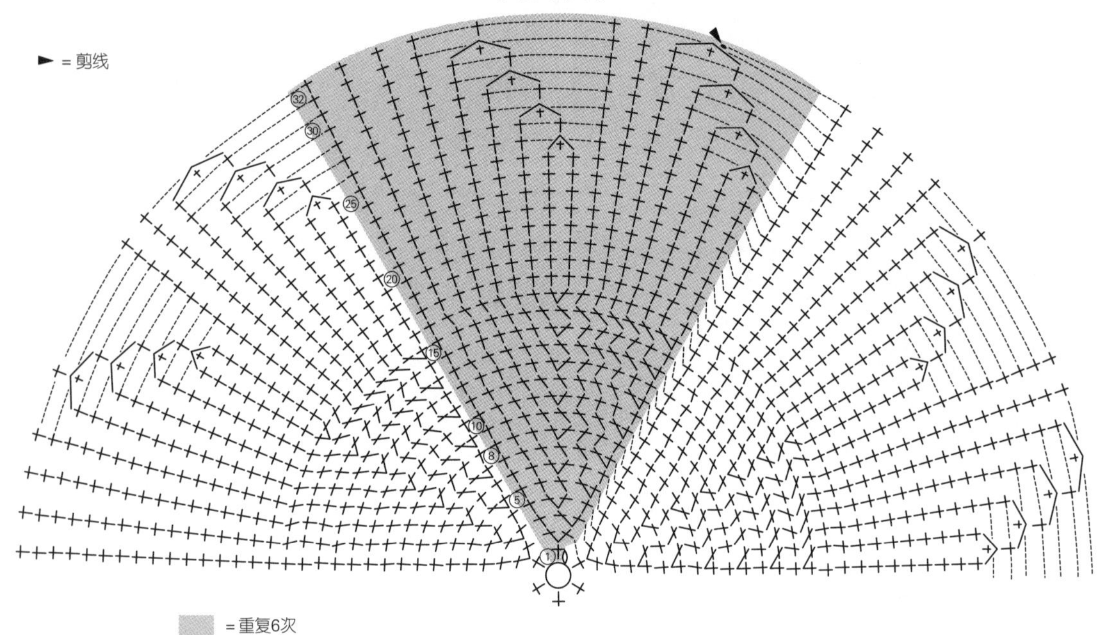

▒ = 重复6次

※底部第1~8圈钩织2片

年糕（大）和底部的加减针

圈数	针数	
第32圈	48针	（-6针）
第31圈	54针	（-6针）
第30圈	60针	（-6针）
第29圈	66针	（-6针）
第28圈	72针	（-6针）
第27圈	78针	（-6针）
第26圈	84针	（-6针）
第25圈	90针	（-6针）
第17~24圈	96针	
第16圈	96针	（+6针）
第15圈	90针	（+6针）
第14圈	84针	（+6针）
第13圈	78针	（+6针）
第12圈	72针	（+6针）
第11圈	66针	（+6针）
第10圈	60针	（+6针）
第9圈	54针	（+6针）
底 第8圈	48针	（+6针）
底 第7圈	42针	（+6针）
底 第6圈	36针	（+6针）
底 第5圈	30针	（+6针）
底 第4圈	24针	（+6针）
底 第3圈	18针	（+6针）
底 第2圈	12针	（+6针）
底 第1圈	6针	

年糕的组合方法

放入小圆球和填充棉，
底部做卷针缝缝合

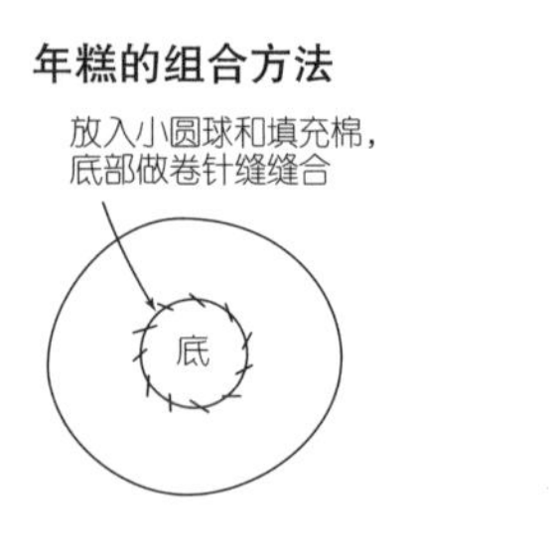

年糕（小）

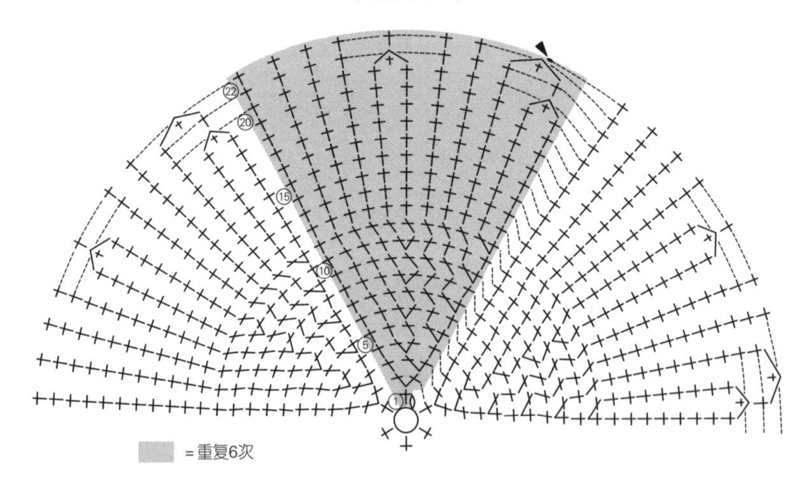

▒ = 重复6次

年糕（小）的加减针

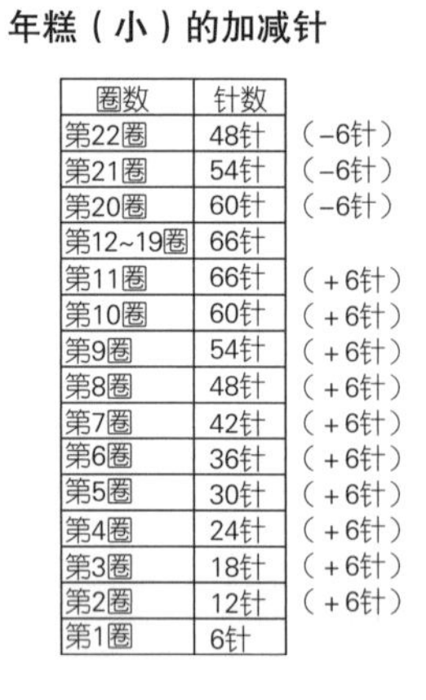

圈数	针数	
第22圈	48针	（-6针）
第21圈	54针	（-6针）
第20圈	60针	（-6针）
第12~19圈	66针	
第11圈	66针	（+6针）
第10圈	60针	（+6针）
第9圈	54针	（+6针）
第8圈	48针	（+6针）
第7圈	42针	（+6针）
第6圈	36针	（+6针）
第5圈	30针	（+6针）
第4圈	24针	（+6针）
第3圈	18针	（+6针）
第2圈	12针	（+6针）
第1圈	6针	

橙子的叶子 4/0号针
苔绿色

橙子的加减针

圈数	针数	
第14圈	18针	（-6针）
第13圈	24针	（-6针）
第12圈	30针	（-6针）
第7~11圈	36针	
第6圈	36针	（+6针）
第5圈	30针	（+6针）
第4圈	24针	（+6针）
底 第3圈	18针	（+6针）
底 第2圈	12针	（+6针）
底 第1圈	6针	

配色 { ✚ = 苔绿色 / + = 暗橙色

橙子底部
4/0号针 暗橙色

橙子
4/0号针 暗橙色

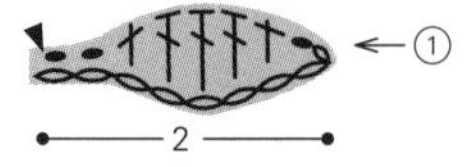

橙子的组合方法

放入小圆球和填充棉，
底部做卷针缝缝合

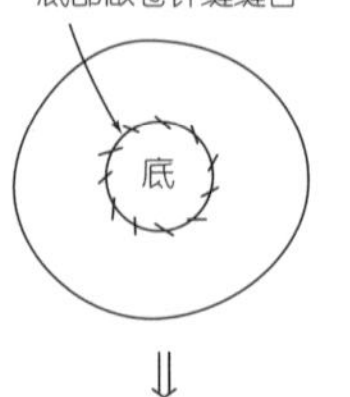

⇓

缝上橙子
的叶子

材料

[盖毯] 和麻纳卡 Amerry 原白色（20）685g/18团，黄色（25）75g/2团，藏蓝色（17）70g/2团，灰色（22）55g/2团，鲑鱼粉色（27）25g/1团，红紫色（26）15g/1团

[猫咪围巾] 和麻纳卡 Amerry 绿色(13) 15g/1团，青色(16)、黄色(25) 各10g/各1团，藏蓝色(17) 5g/1团

工具

钩针7/0号

成品尺寸

[盖毯] 宽139cm，长139cm

[猫咪围巾] 宽10cm，长74cm

编织密度

花片边长8cm

编织要点

●盖毯…用连接花片的方法钩织。花片配色参照图示。钩织指定片数的花片后，挑起边缘半针做卷针缝缝合。在四周钩织1行边缘编织。

●猫咪围巾…按照盖毯的方法钩织。对齐花片缝合，周围钩织边缘编织B。在指定位置刺绣，完成。

盖毯（连接花片）

转角（5针）挑针

1.5（1行）

136（17片）

（217针）挑针

（边缘编织A）黄色

8

※ 全部使用7/0号针钩织

※ 花片用原白色线挑起半针做卷针缝缝合（参照112页）

□ = 花片 A　■ = 花片 B　▨ = 花片 C

花片的配色和片数（盖毯）

花片	第1行	第2行	第3行	片数
A	原白色			224
B	灰色	黄色	藏蓝色	45
C	红紫色	鲑鱼粉色	灰色	20

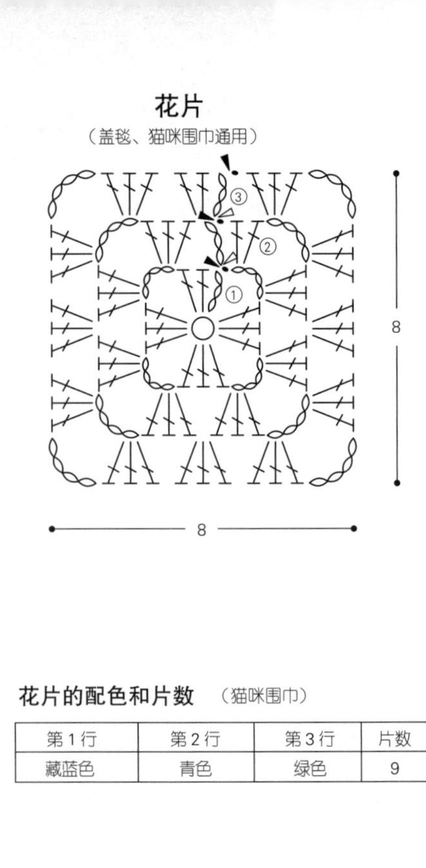

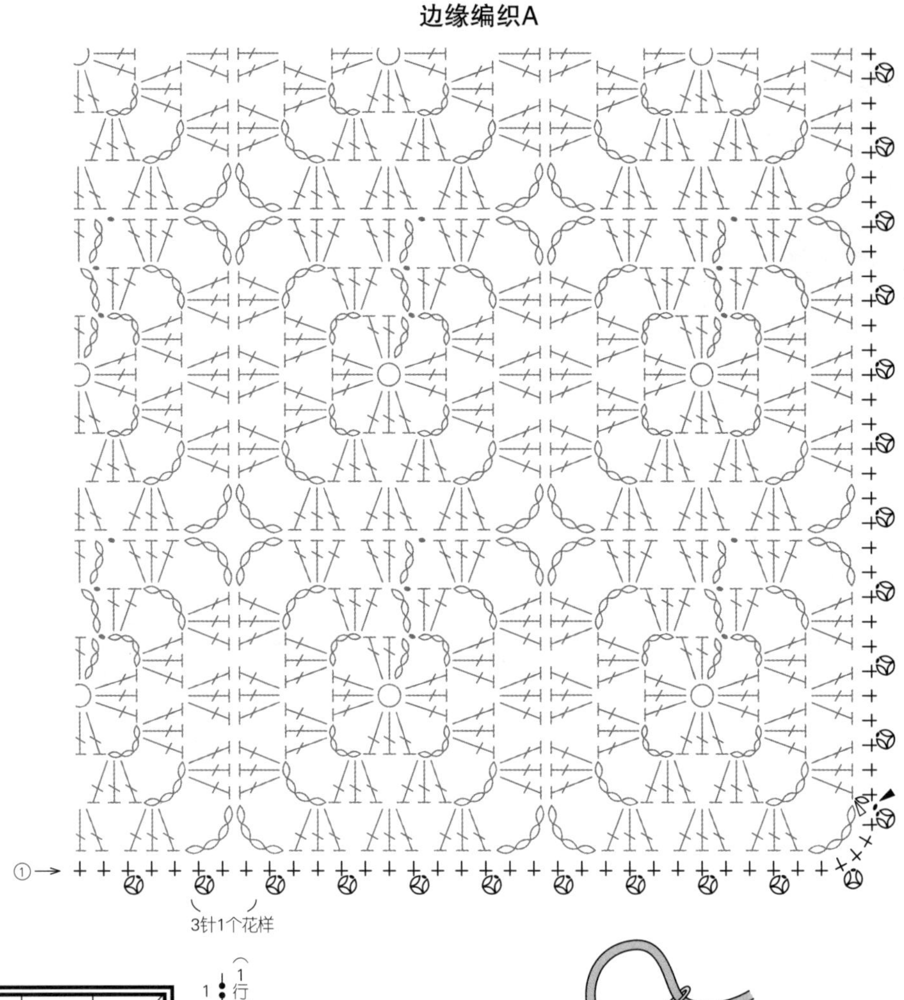

花片的配色和片数 （猫咪围巾）

第 1 行	第 2 行	第 3 行	片数
藏蓝色	青色	绿色	9

▷ = 加线
► = 剪线

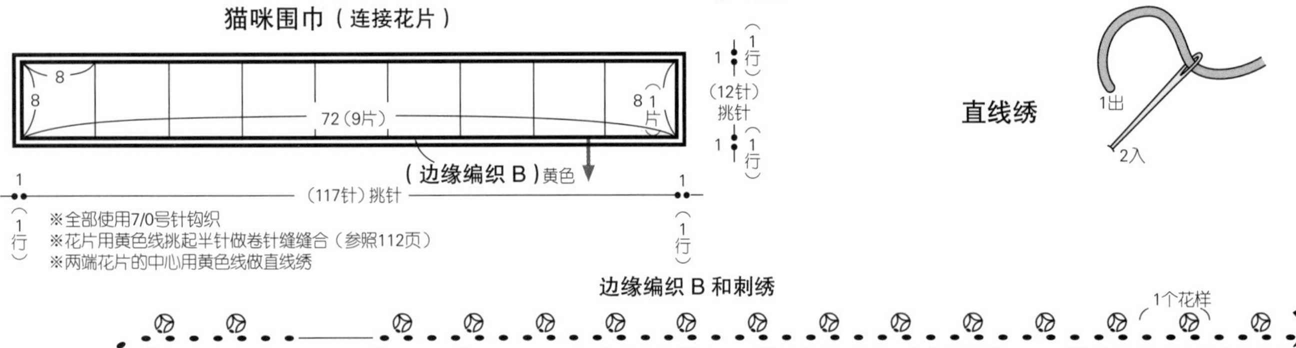

※全部使用7/0号针钩织
※花片用黄色线挑起半针做卷针缝缝合（参照112页）
※两端花片的中心用黄色线做直线绣

直线绣

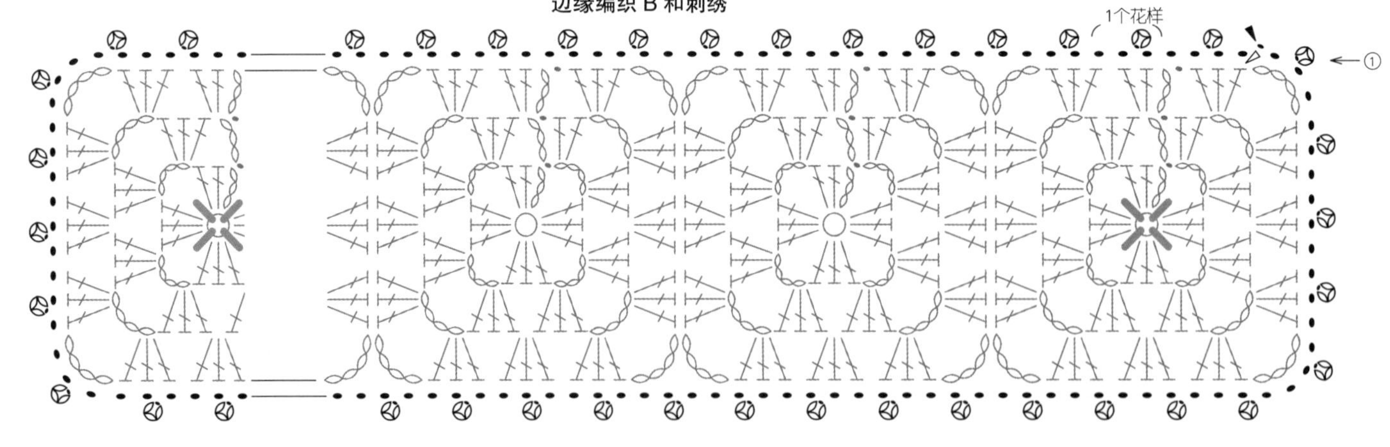
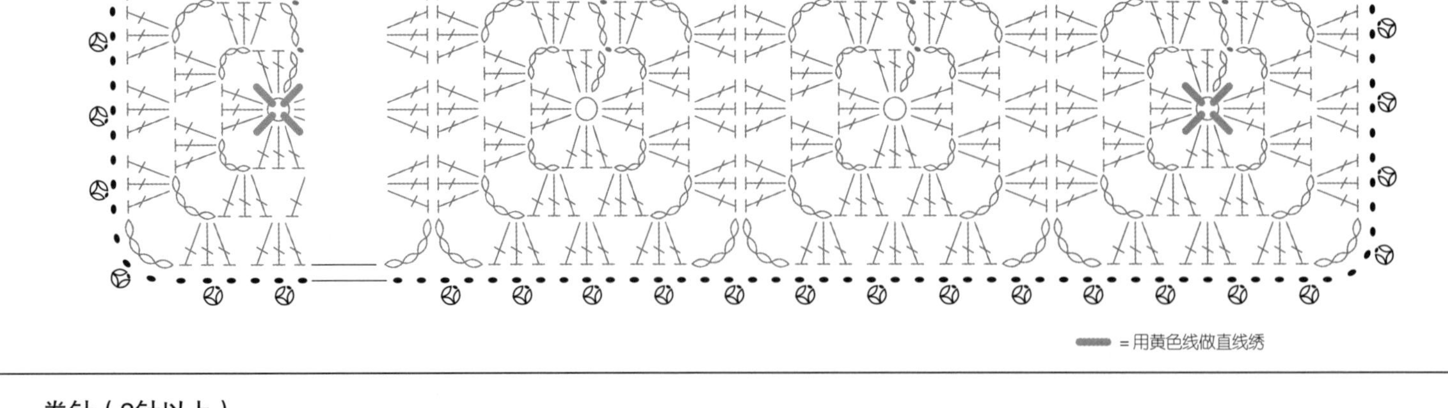

= 用黄色线做直线绣

卷针（2针以上）

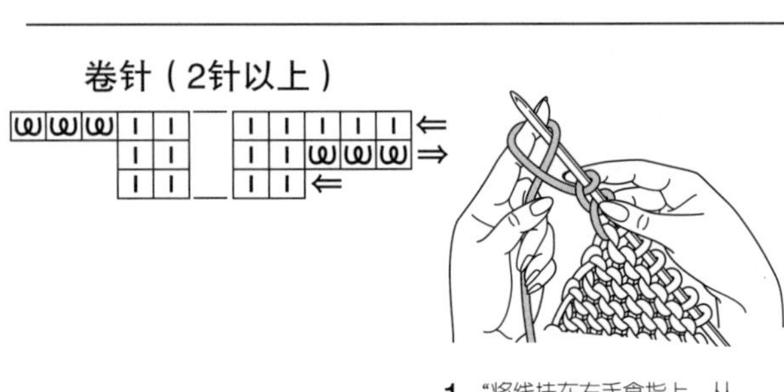
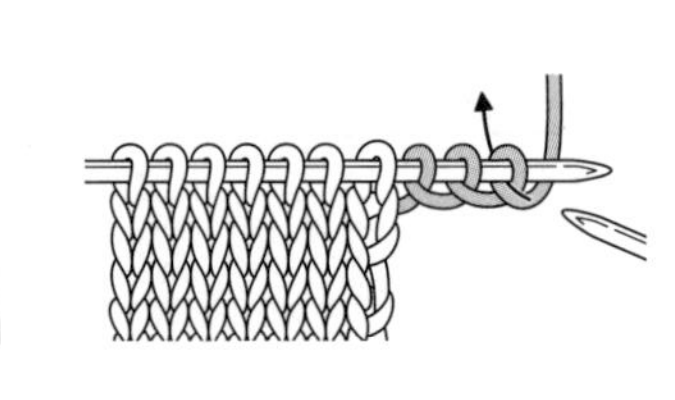
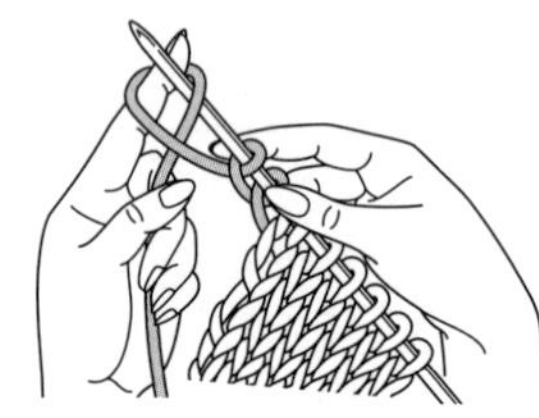
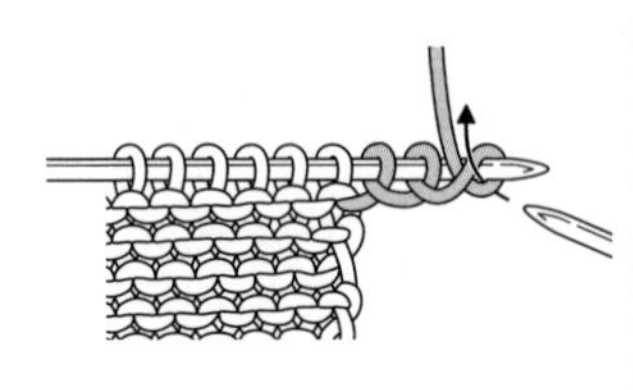

1 "将线挂在左手食指上，从后面将棒针插入线圈，抽出手指"，重复至所需加针的数量。

2 翻到正面，如箭头所示插入右棒针编织下针。剩余的2针卷针也按照相同方法编织，编织至端头。

3 和步骤1相同，将棒针插入食指上的线圈中。

4 翻到反面，如箭头所示插入右棒针编织上针。剩余的2针卷针也按照相同方法编织。

材料

Keito Brooklyn Tweed LOFT 色名、色号、使用量请参照图表

工具

棒针5号、3号

成品尺寸

[S号] 胸围96cm，衣长66.5cm，连肩袖长35.5cm

[M号] 胸围103cm，衣长67cm，连肩袖长37cm

[L号] 胸围112cm，衣长69.5cm，连肩袖长39cm

[XL号] 胸围121cm，衣长71cm，连肩袖长40.5cm

编织密度

10cm×10cm面积内：配色花样24针，28行；下针编织22.5针，32行

编织要点

●衣领手指起针，环形编织单罗纹针。育克参照图示，一边分散加针，一边编织配色花样。采用横向渡线的方法编织配色花样。前、后身片的腋下部分卷针起针，其余从育克挑取指定数量的针目，环形编织下针编织和单罗纹针。注意，从开衩止位起前、后身片分开编织。编织终点做下针织下针、上针织上针的伏针收针。袖口从育克的休针和腋下挑针，环形编织单罗纹针。编织终点和下摆的处理方法相同。

使用量一览表

	S号	M号	L号	XL号
原白色（0001）	155g/4桄	170g/4桄	185g/4桄	205g/5桄
黑色（0031）	45g/1桄	45g/1桄	50g/1桄	50g/1桄
黄绿色（0013）	10g/1桄	10g/1桄	15g/1桄	15g/1桄

S、M号

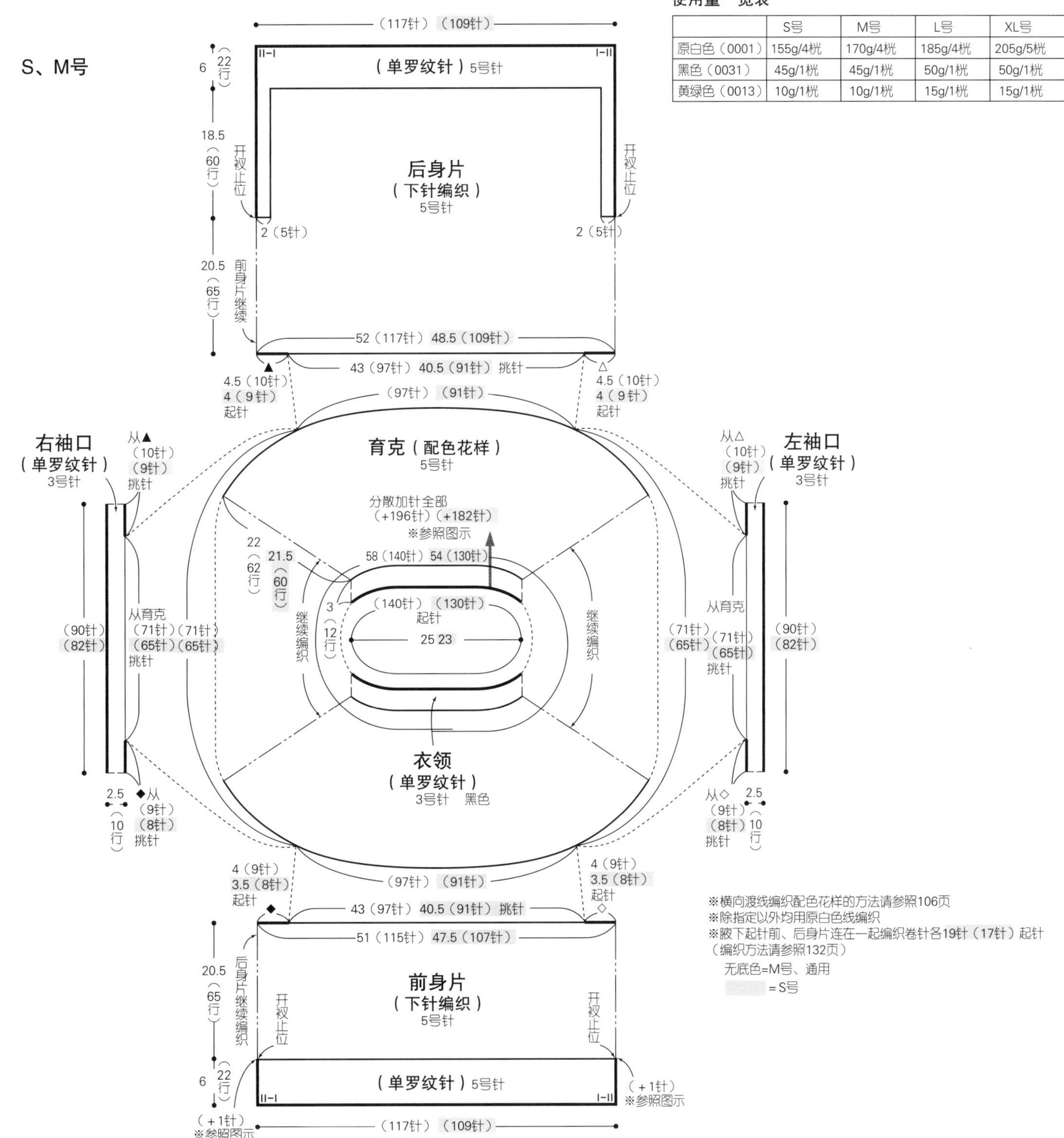

※横向渡线编织配色花样的方法请参照106页

※除指定以外均用原白色线编织

※腋下起针前、后身片连在一起编织卷针各19针（17针）起针（编织方法请参照132页）

无底色=M号、通用

=S号

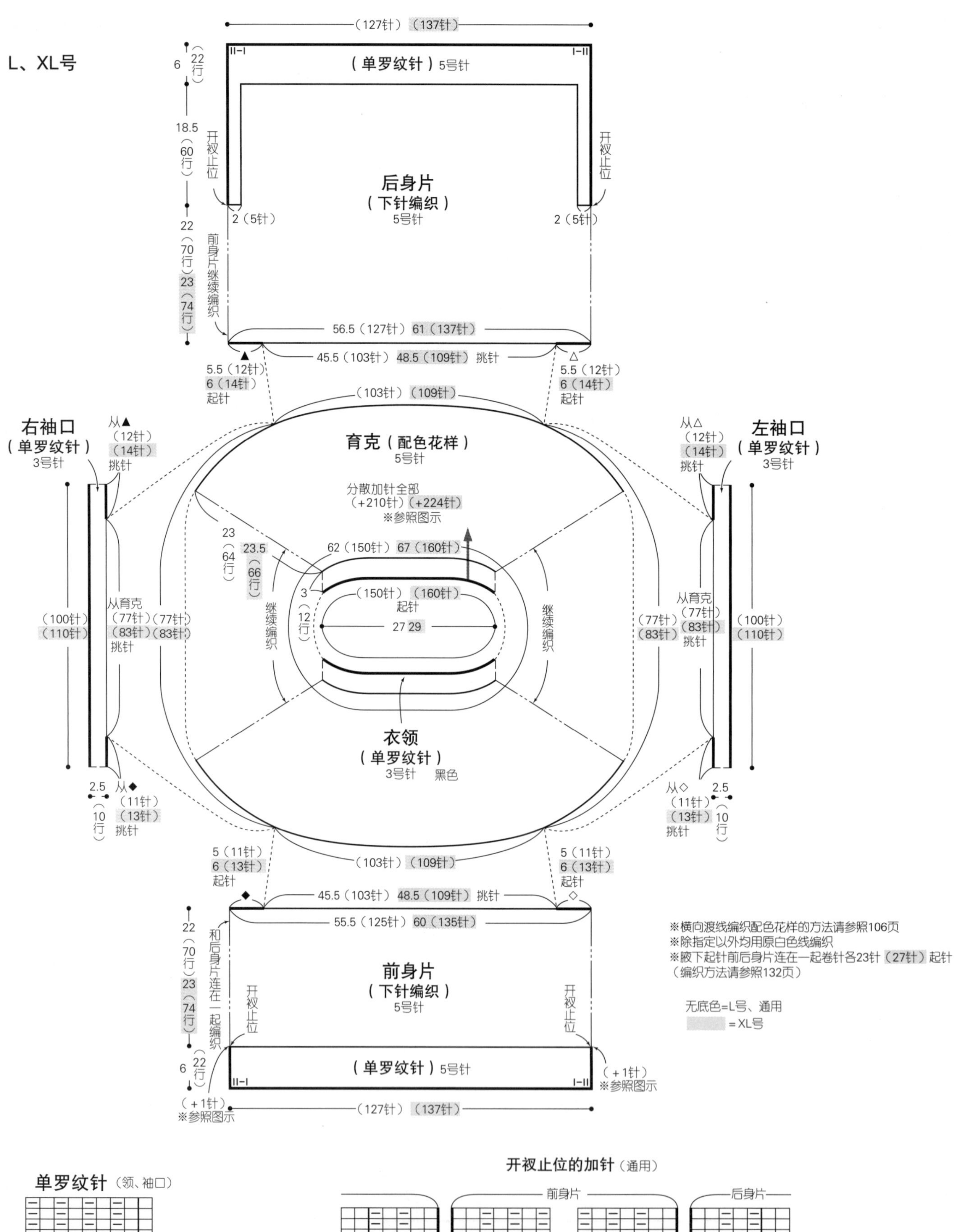

L、XL号
（127针）（137针）
（单罗纹针）5号针
后身片
（下针编织）
5号针
开衩止位
2（5针）
56.5（127针）61（137针）
45.5（103针）48.5（109针）挑针
5.5（12针）
6（14针）
起针
前身片继续编织
（103针）（109针）
育克（配色花样）
5号针
分散加针全部
（+210针）（+224针）
※参照图示
62（150针）67（160针）
（150针）（160针）
起针
27 29
继续编织
衣领
（单罗纹针）
3号针 黑色
右袖口
（单罗纹针）
3号针
左袖口
（单罗纹针）
3号针
从▲
（12针）
（14针）
挑针
从△
从育克
（77针）（77针）
（83针）（83针）
挑针
（100针）
（110针）
从◆
（11针）
（13针）
从◇
5（11针）
6（13针）
起针
55.5（125针）60（135针）
和后身片连在一起编织
前身片
（下针编织）
5号针
（+1针）
※参照图示
※横向渡线编织配色花样的方法请参照106页
※除指定以外均用原白色线编织
※腋下起针前后身片连在一起卷针各23针（27针）起针
（编织方法请参照132页）
无底色=L号、通用
=XL号

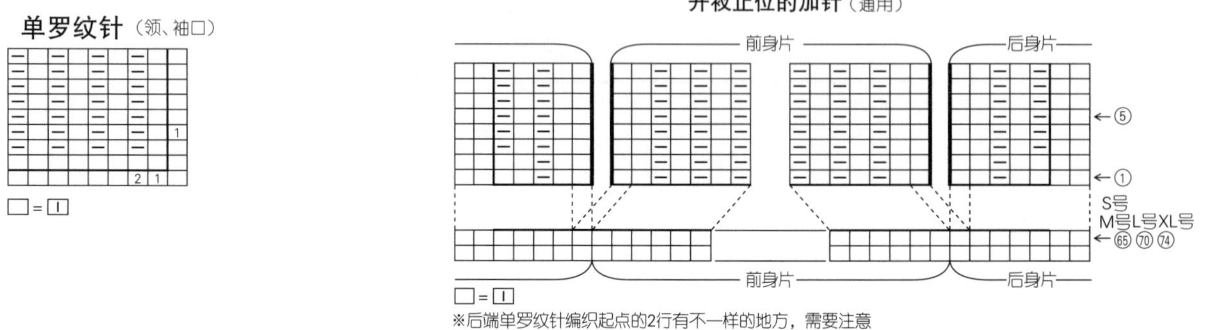

单罗纹针（领、袖口）
□=□
开衩止位的加针（通用）
前身片
后身片
S号
M号L号XL号
⑥⑤ ⑦⓪ ⑦④
※后端单罗纹针编织起点的2行有不一样的地方，需要注意

配色花样和育克的分散加针

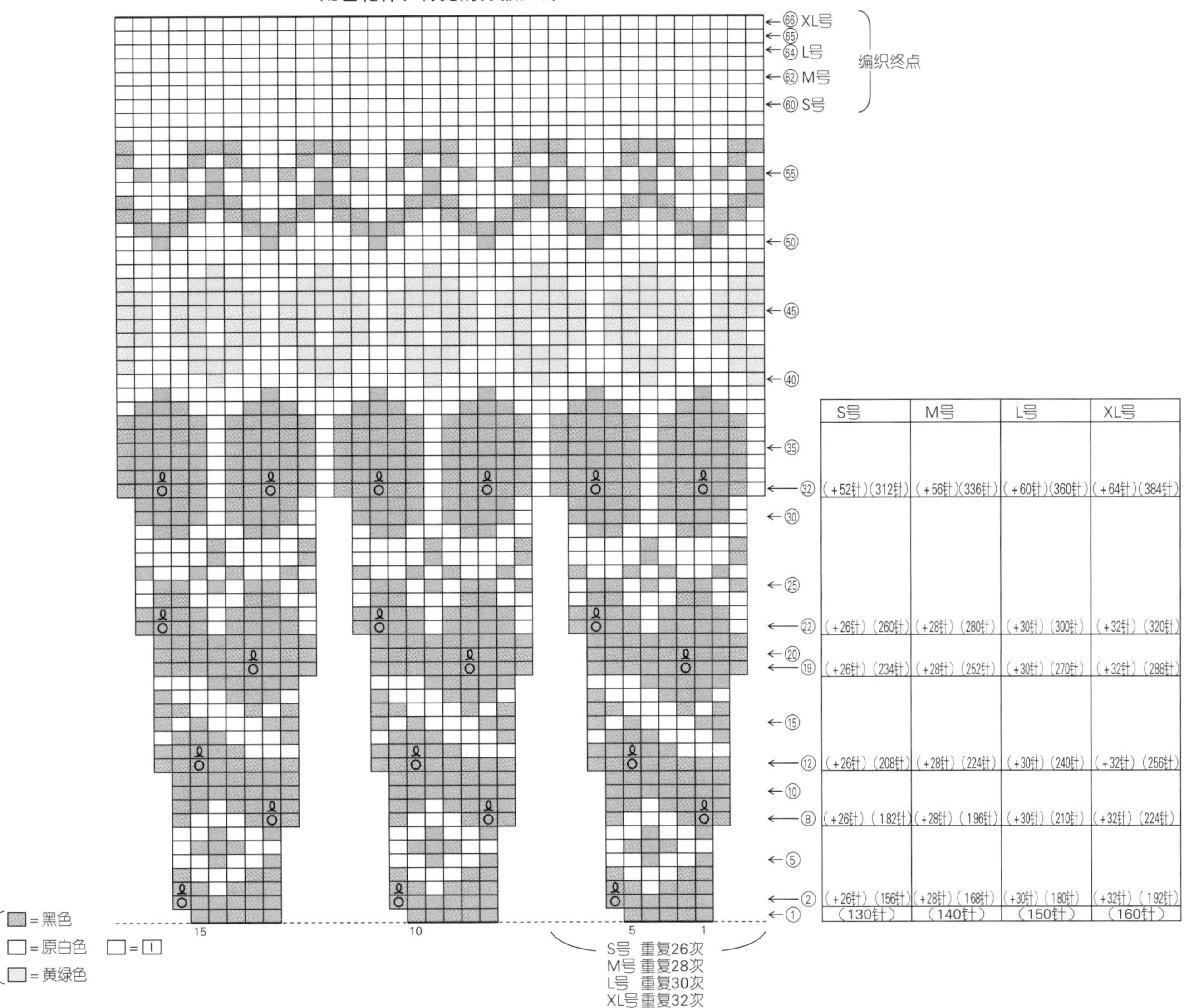

行	S号	M号	L号	XL号
32	(+52针)(312针)	(+56针)(336针)	(+60针)(360针)	(+64针)(384针)
22	(+26针)(260针)	(+28针)(280针)	(+30针)(300针)	(+32针)(320针)
19	(+26针)(234针)	(+28针)(252针)	(+30针)(270针)	(+32针)(288针)
12	(+26针)(208针)	(+28针)(224针)	(+30针)(240针)	(+32针)(256针)
8	(+26针)(182针)	(+28针)(196针)	(+30针)(210针)	(+32针)(224针)
2	(+26针)(156针)	(+28针)(168针)	(+30针)(180针)	(+32针)(192针)
1	(130针)	(140针)	(150针)	(160针)

材料

[开衫] 钻石线 Dia Moderno 黄色、橙色、绿色系段染(8804) 215g/8团；Dia Tasmanian Merino 藏青色(762) 220g/6团；直径18mm的纽扣5颗

[半身裙] 钻石线 Dia Moderno 黄色、橙色、绿色系段染(8804) 375g/13团；Dia Tasmanian Merino 藏青色(762) 15g/1团；宽30mm的松紧带70cm

工具

钩针5/0号，棒针5号

成品尺寸

[开衫] 胸围100cm，肩宽36cm，衣长53cm，袖长42cm

[半身裙] 腰围82cm，裙长75cm

编织密度

[开衫] 10cm×10cm面积内：条纹花样28针，12行

[半身裙] 10cm×10cm面积内：编织花样16针，33行

编织要点

●开衫…锁针起针，各部件钩织指定的片数。从各部件挑针，按照后身片、左前身片、右前身片、袖的顺序钩织条纹花样。参照图示钩织加减针。后领窝钩织领座。左前身片钩织至左前领第1行。右前身片从衣领第1行继续做锁针起针，向左前身片引拔。在起针上加线，钩织1行后衣领，从第2行开始前、后连在一起钩织。肩部钩织短针和锁针接合，胁和袖下钩织短针和锁针接合。领座和衣领的起针做卷针缝缝合。下摆、前门襟、领围、袖口做边缘编织，右前门襟开扣眼。衣袖和身片钩织短针和锁针接合。缝上纽扣。

●半身裙…另线锁针起针，一边做加针往返编织，一边做编织花样和起伏针。编织终点休针，和编织起点做1行下针的无缝缝合。下摆环形钩织2行边缘编织。腰头挑取指定数量的针目，环形编织下针编织。编织终点做伏针收针。腰头边缘重叠1cm缝合成环形。腰头穿入松紧带，折向反面做藏针缝缝合。

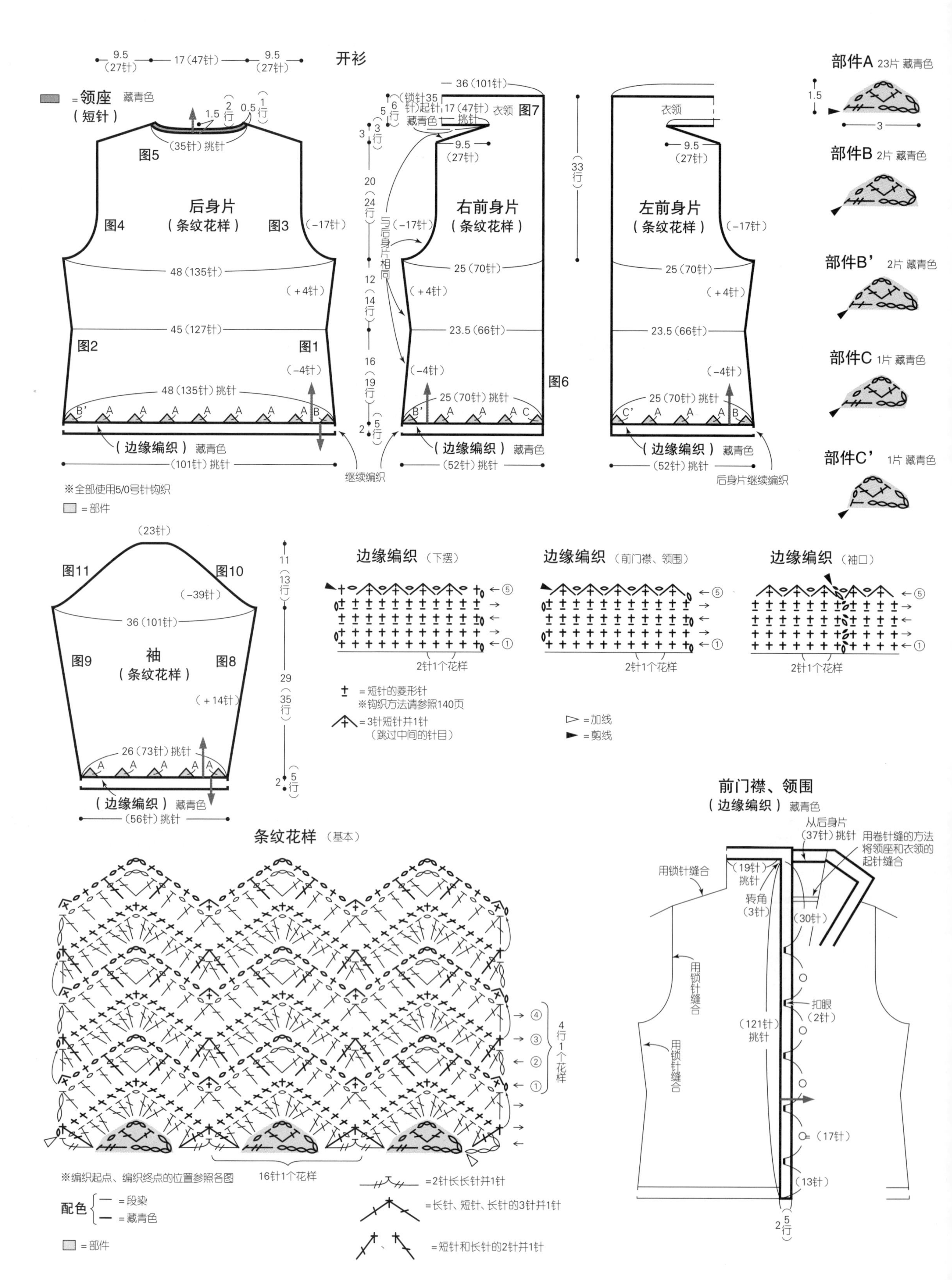
开衫
9.5 (27针)
17 (47针)
9.5 (27针)
=领座 (短针) 藏青色
后身片 (条纹花样)
右前身片 (条纹花样)
左前身片 (条纹花样)
(边缘编织) 藏青色
※全部使用5/0号针钩织
=部件
部件A 23片 藏青色
部件B 2片 藏青色
部件B' 2片 藏青色
部件C 1片 藏青色
部件C' 1片 藏青色
袖 (条纹花样)
(边缘编织) 藏青色
(56针) 挑针
边缘编织 (下摆)
边缘编织 (前门襟、领围)
边缘编织 (袖口)
2针1个花样
=短针的菱形针
※钩织方法请参照140页
=3针短针并1针 (跳过中间的针目)
=加线
=剪线
条纹花样 (基本)
16针1个花样
4行1个花样
※编织起点、编织终点的位置参照各图
配色 — =段染 — =藏青色
=部件
=2针长长针并1针
=长针、短针、长针的3针并1针
=短针和长针的2针并1针
前门襟、领围 (边缘编织) 藏青色
从后身片 (37针) 挑针
用卷针缝的方法将领座和衣领的起针缝合
用锁针缝合
(19针) 挑针
转角 (3针)
(30针)
扣眼 (2针)
(121针) 挑针
(17针)
(13针)
继续编织
后身片继续编织

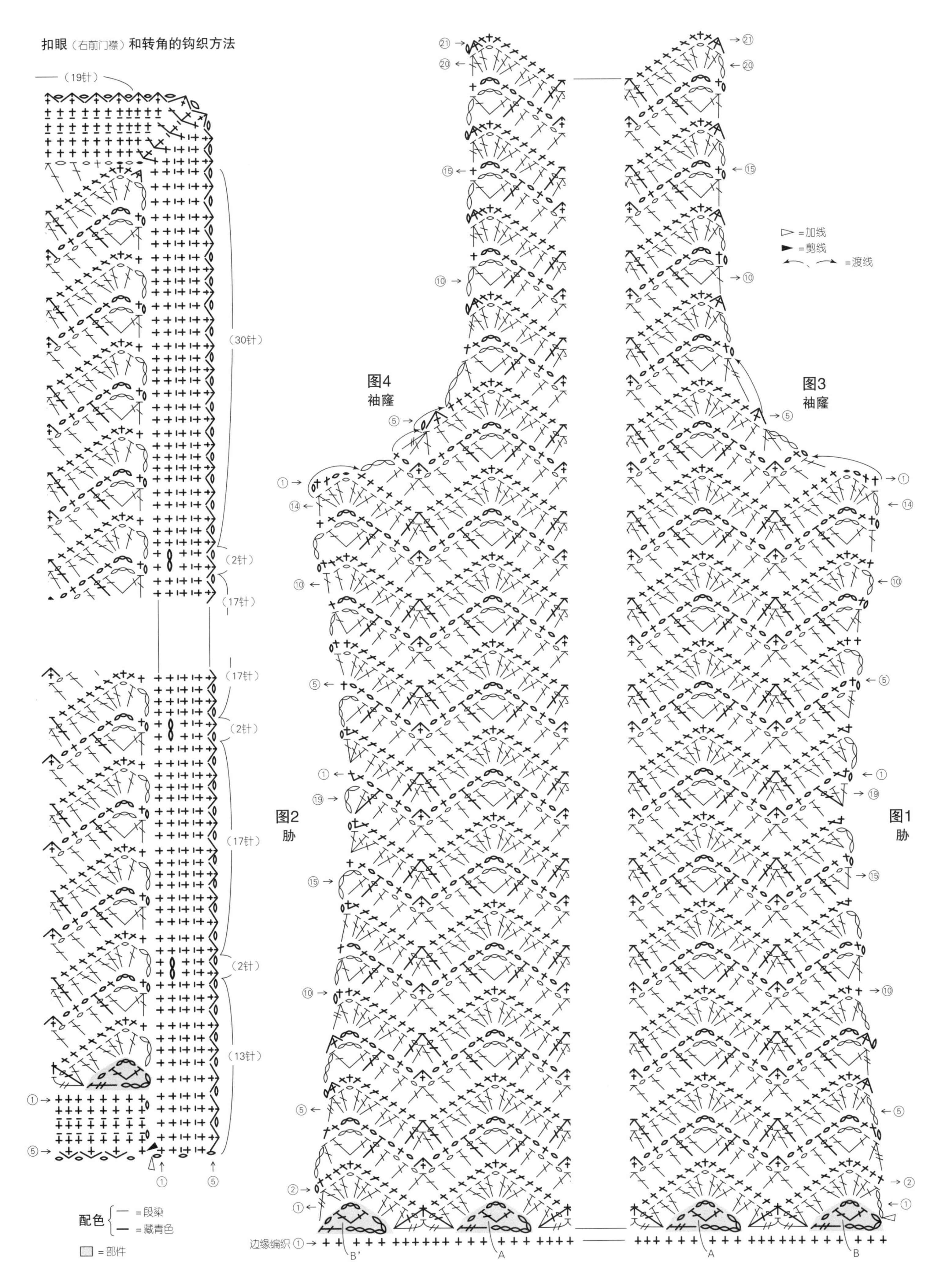

扣眼（右前门襟）和转角的钩织方法
（19针）
（30针）
（2针）
（17针）
（17针）
（2针）
（17针）
（2针）
（13针）
配色
＝段染
＝藏青色
＝部件
图4
袖窿
图3
袖窿
▷＝加线
▶＝剪线
＝渡线
图2
胁
图1
胁
边缘编织
B'
A
A
B

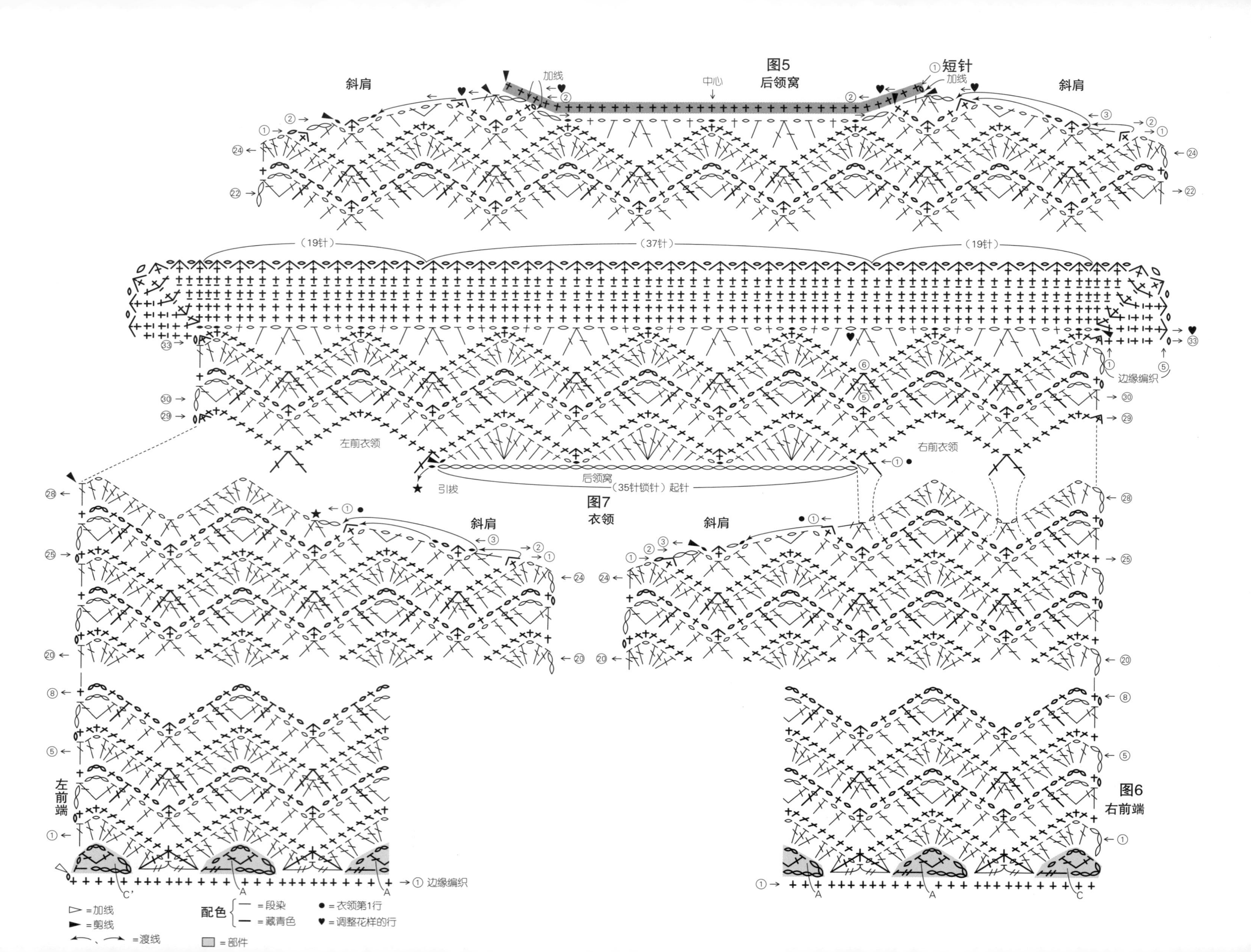
图5
后领窝
中心
短针
加线
斜肩
(19针)
(37针)
(19针)
边缘编织
左前衣领
右前衣领
后领窝
(35针锁针)起针
引拔
图7
衣领
左前端
图6
右前端
① 边缘编织
▷ =加线
► =剪线
=渡线
配色
= 段染
= 藏青色
● = 衣领第1行
♥ = 调整花样的行
= 部件

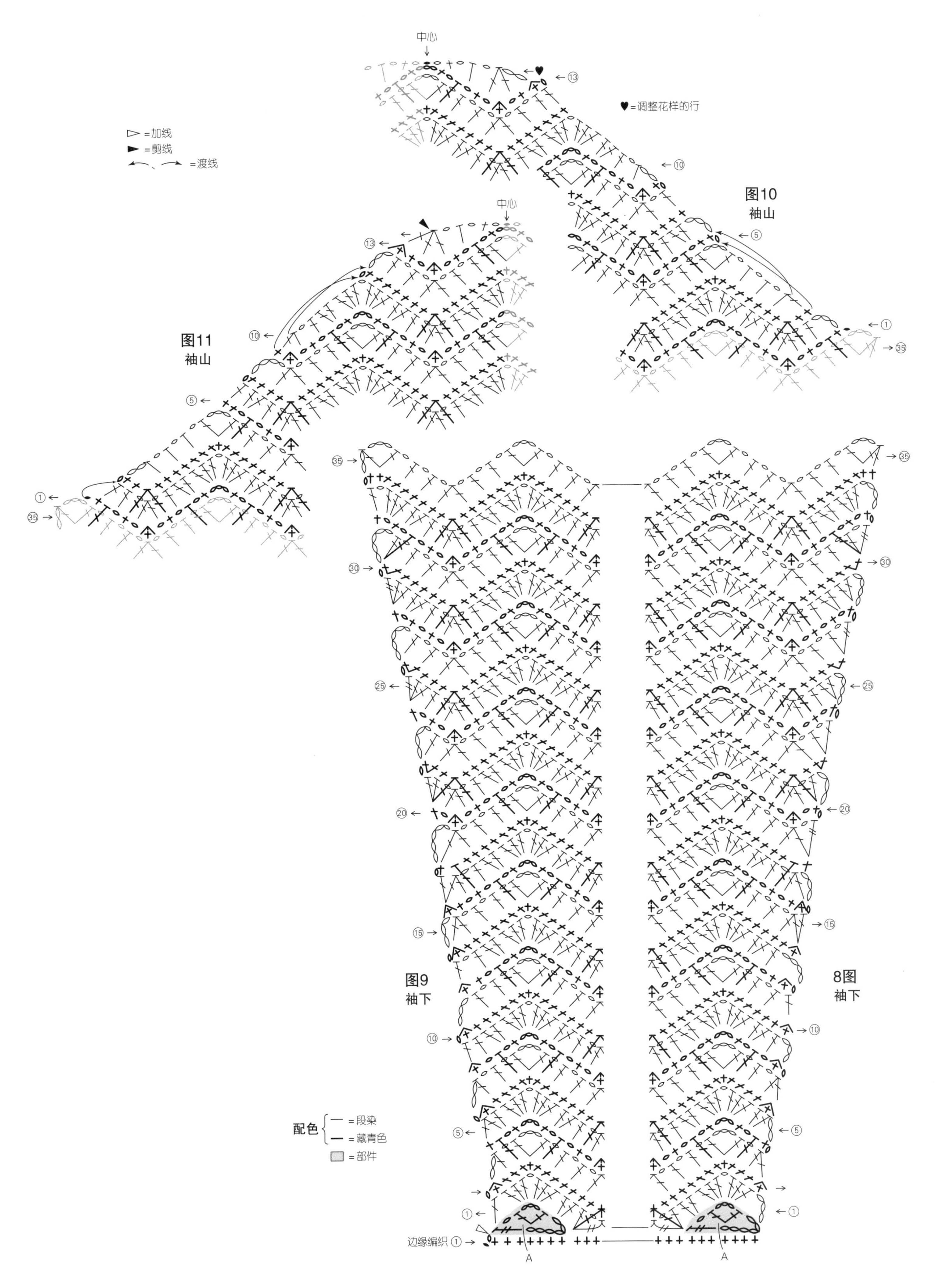

中心
♥=调整花样的行
▷=加线
▶=剪线
=渡线
中心
图10
袖山
图11
袖山
图9
袖下
8图
袖下
配色
=段染
=藏青色
=部件
边缘编织 ①
A
A

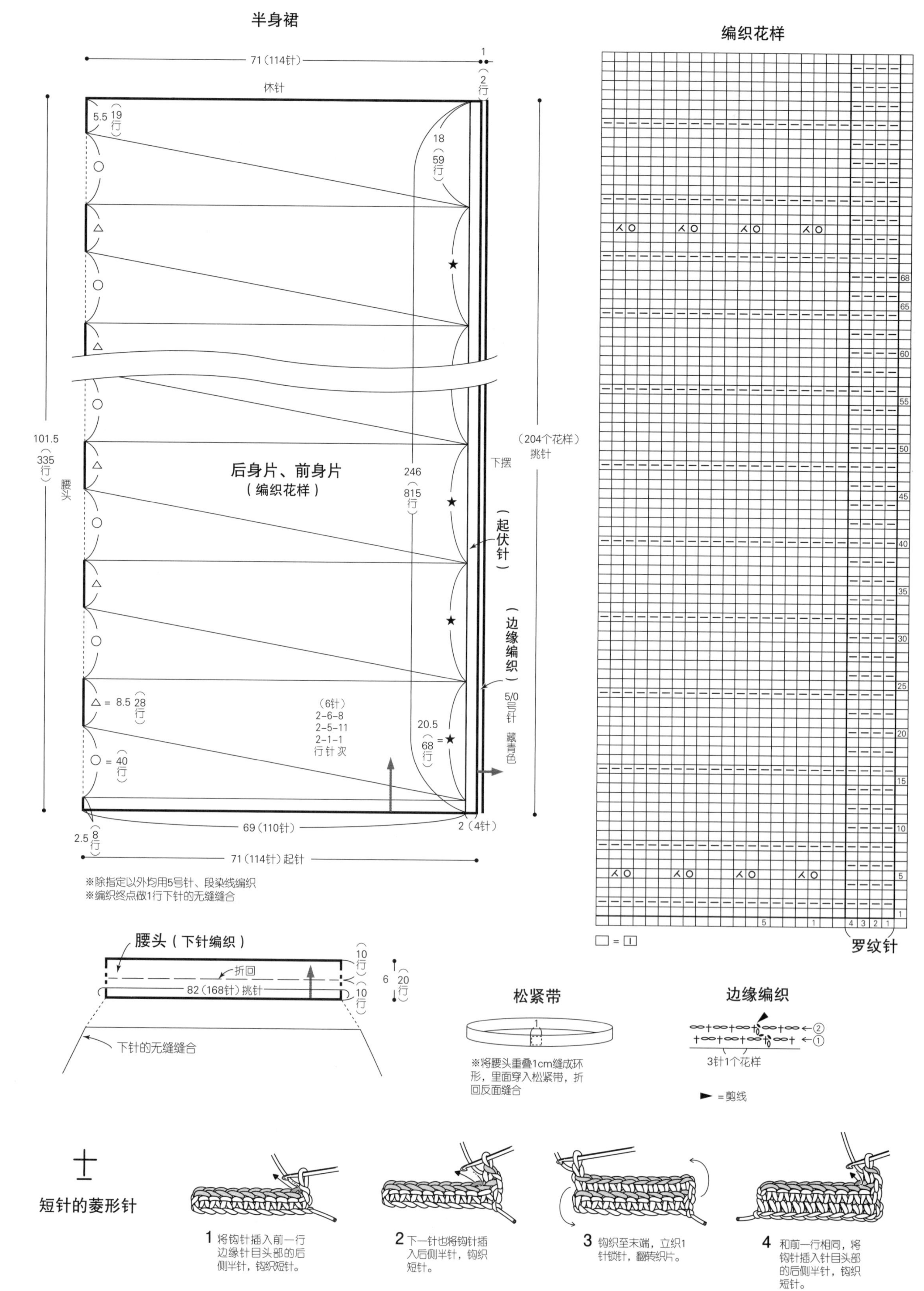

半身裙
71（114针）
1
（2行）
休针
5.5（19行）
18（59行）
101.5（335行）
腰头
后身片、前身片
（编织花样）
246（815行）
（204个花样）挑针
下摆
起伏针
边缘编织
5/0号针 藏青色
△ = 8.5（28行）
○ = 40行
（6针）
2-6-8
2-5-11
2-1-1
行针次
20.5（68行）= ★
69（110针）
2（4针）
2.5（8行）
71（114针）起针
※除指定以外均用5号针、段染线编织
※编织终点做1行下针的无缝缝合
编织花样
罗纹针
□ = ▯
腰头（下针编织）
10行
折回
82（168针）挑针
6（20行）
10行
下针的无缝缝合
松紧带
1
※将腰头重叠1cm缝成环形，里面穿入松紧带，折回反面缝合
边缘编织
3针1个花样
=剪线
短针的菱形针
1 将钩针插入前一行边缘针目头部的后侧半针，钩织短针。
2 下一针也将钩针插入后侧半针，钩织短针。
3 钩织至末端，立织1针锁针，翻转织片。
4 和前一行相同，将钩针插入针目头部的后侧半针，钩织短针。

编织花样的往返编织

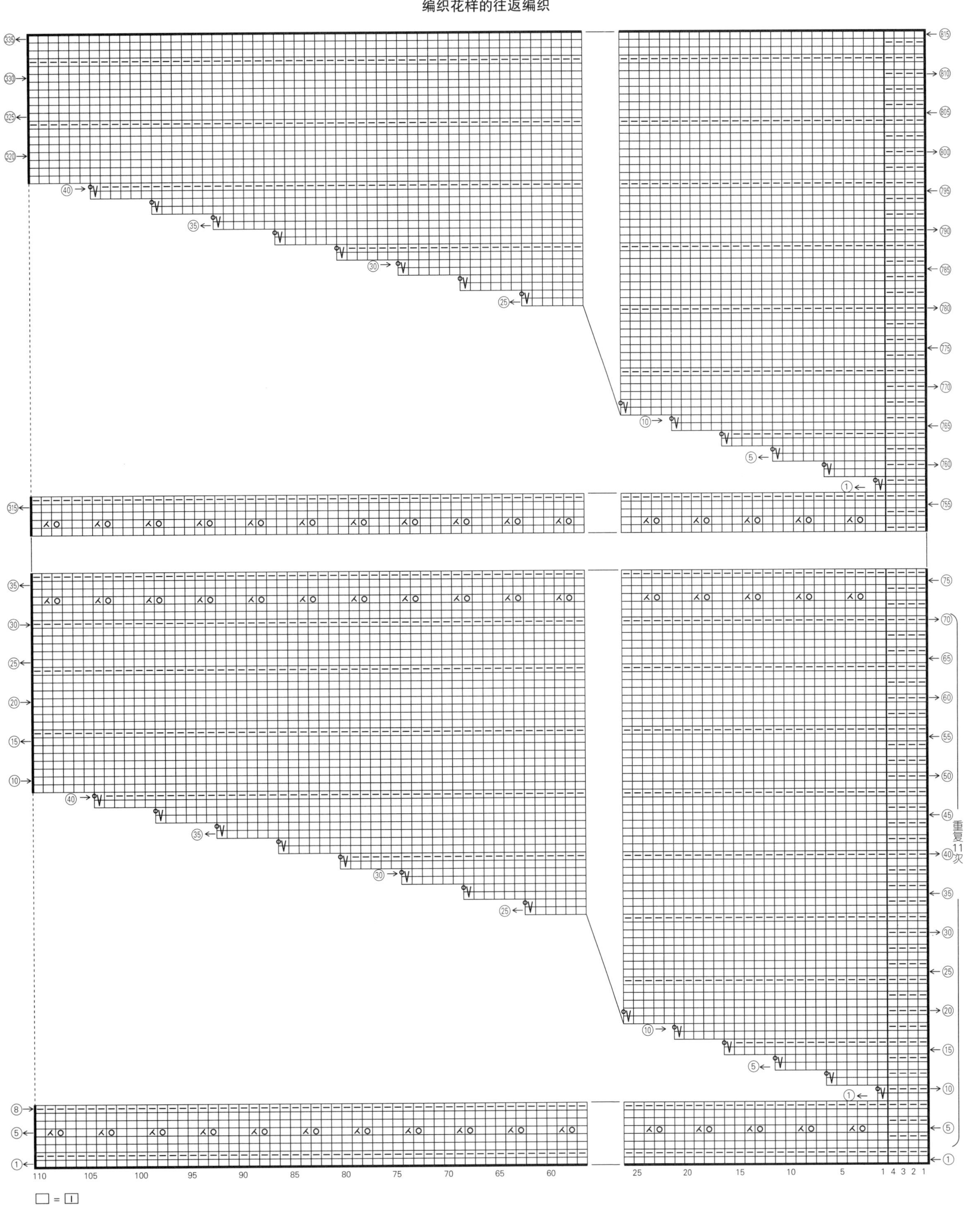

C D B

材料

[A] 芭贝　细软马海毛(9)红色(36) 10g/1团；MIYUKI　扁平造型珠(SPR4202-30-8)金色3.0mm 1008颗

[B] 芭贝　新3PLY 炭灰色(333) 20g/1团；MIYUKI　扁平造型珠(SPR464-30-8)黑银色3.0mm 1420颗

[C]芭贝　新3PLY 原白色(302) 40g/1团；MIYUKI旋转管形珠(TW1)银色2mm×6mm 940颗

[D] 芭贝　细软马海毛(9)粉米色(3) 15g/1团；MIYUKI　圆珍珠(J994)棕色直径4mm 96颗

工具

钩针2/0号

成品尺寸

[A、B] 腕围18cm，长8cm

[C、D] 腕围20cm，长13cm

编织密度

10cm×10cm面积内：编织花样A 30针，40行；编织花样B 33针，41行；编织花样C 1个花样6针2cm，20行10cm；编织花样D 1个花样8针2.5cm，15行10cm

编织要点

●先将指定的串珠穿到线上。锁针起针，参照图示一边在指定位置编入串珠，一边做环形编织。

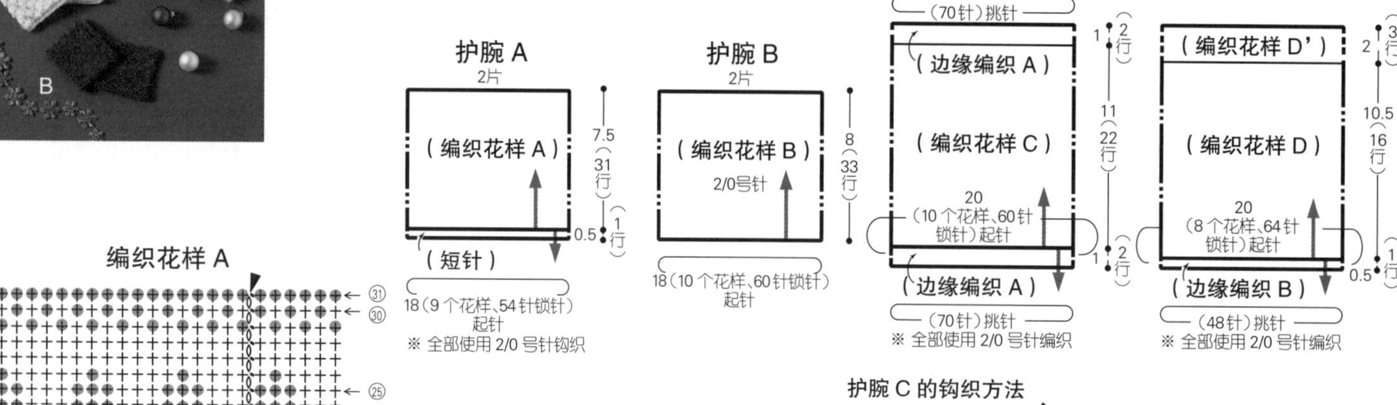

编织花样A

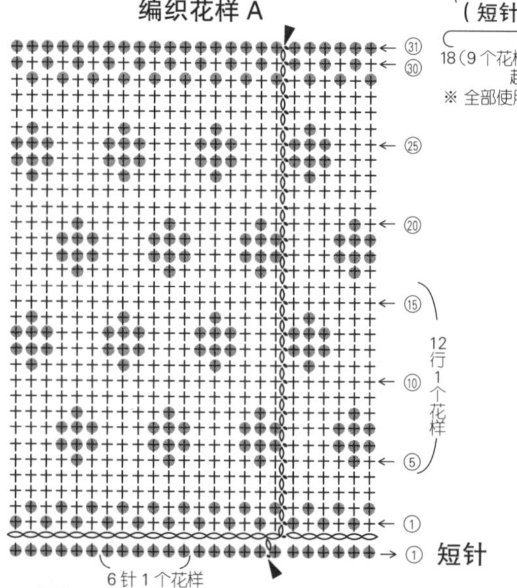

▶=剪线

=短针中编入串珠　※钩织方法请参照128页

※ 反面当作正面用

护腕C的钩织方法

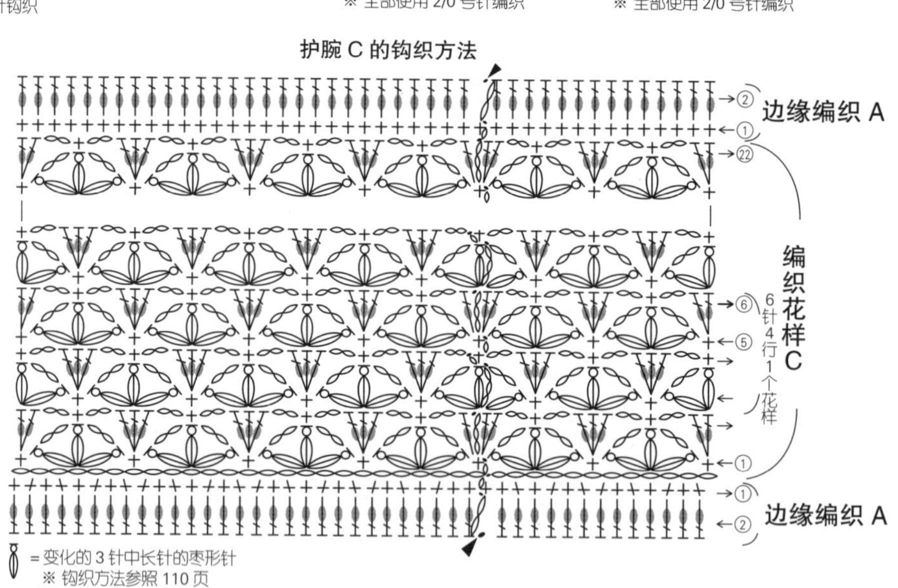

=变化的3针中长针的枣形针

※ 钩织方法参照110页

编织花样B

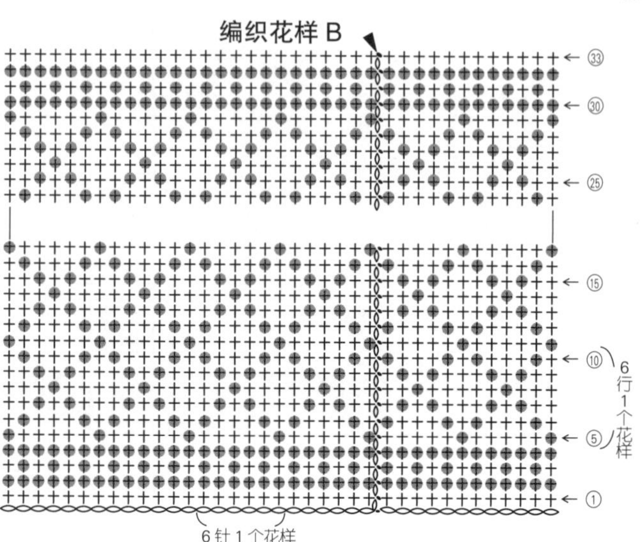

=短针中编入串珠　※钩织方法请参照128页

※ 反面当作正面用

护腕D的钩织方法

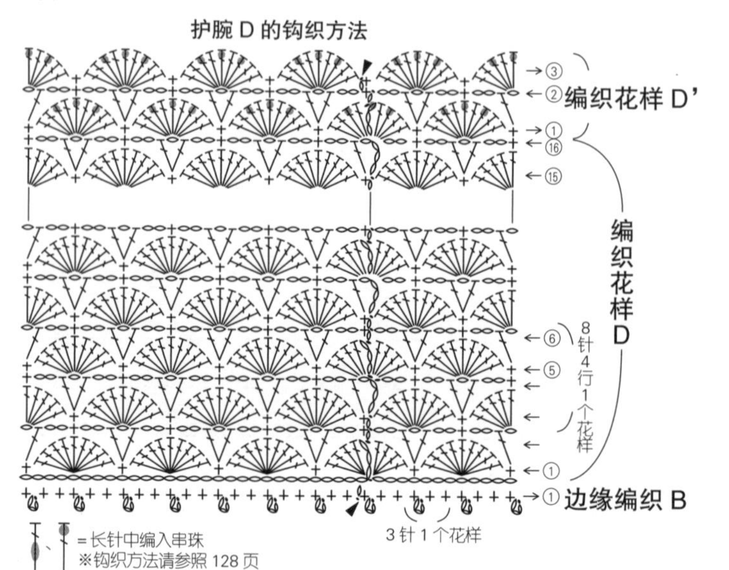

=长针中编入串珠

※钩织方法请参照128页

材料

钻石线 Dia Chole 原白色(8401) 360g/12团，藏青色(8410) 70g/3团；Dia Cinnamon 蓝色、浅紫色、橙色系段染(8705) 220g/8团；Dia Tasmanian Merino 芥末黄色(759) 10g/1团

工具

阿富汗针8号，钩针6/0号

成品尺寸

胸围94cm，肩宽35cm，衣长44.5cm，袖长51.5cm

编织密度

10cm×10cm面积内：条纹花样19针，14行

编织要点

●身片、袖…取2根原白色线锁针起针，编织条纹花样。参照图示编织加减针。口袋的编织起点和身片相同，编织条纹花样、条纹边缘。

●组合…肩部使用毛线缝针做挑针缝合，胁部、袖下也做挑针缝合。下摆、前门襟、衣领、袖口挑取指定数量的针目，环形编织条纹边缘花样。口袋在指定位置使用毛线缝针做挑针缝合。衣袖用半回针缝的方法缝合于身片。

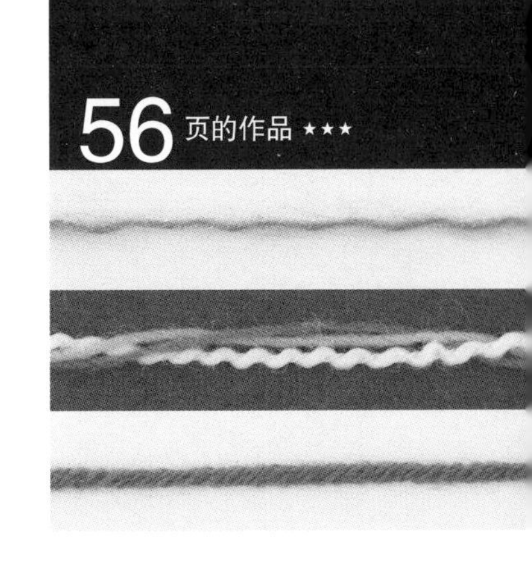

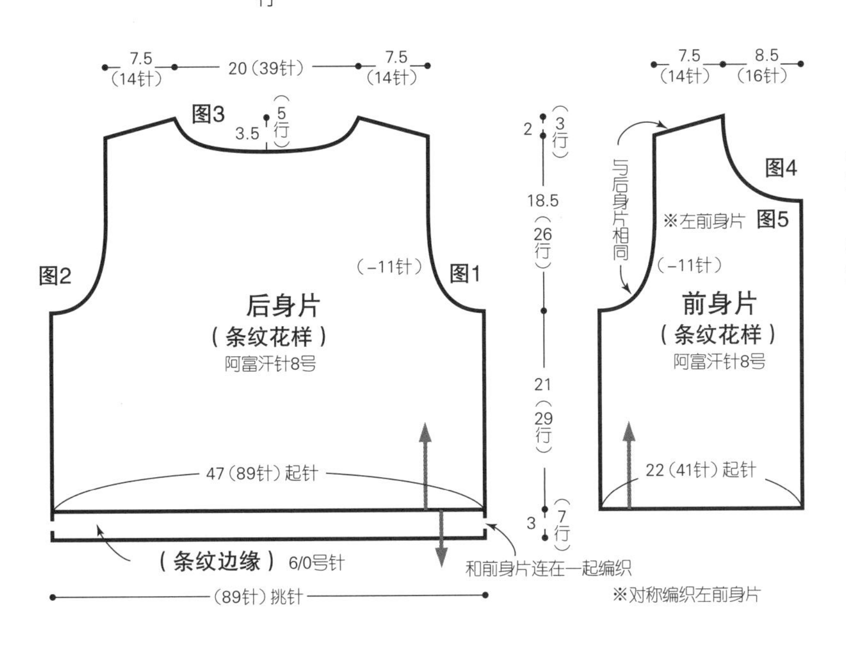

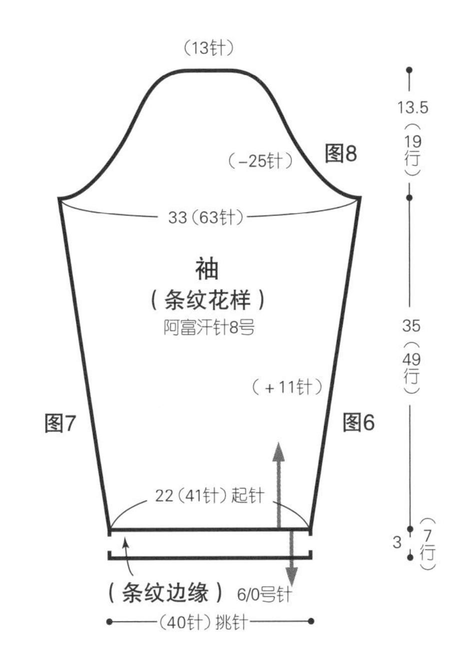

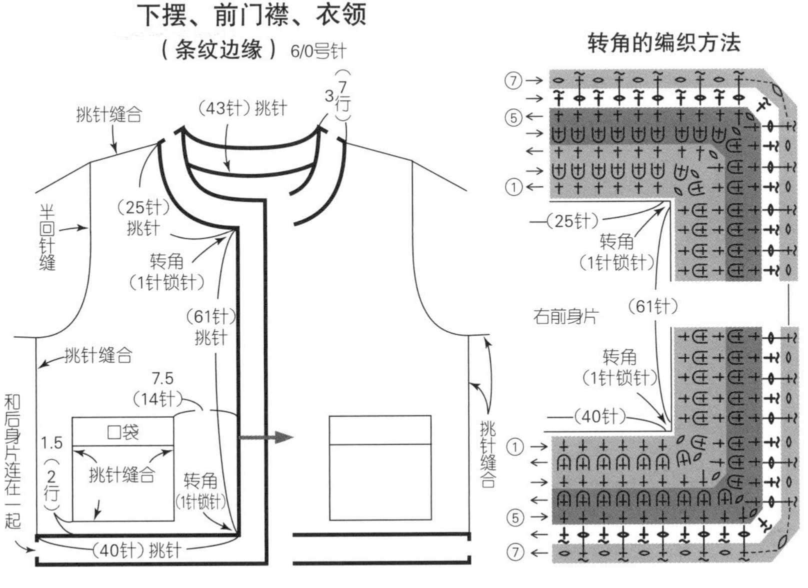

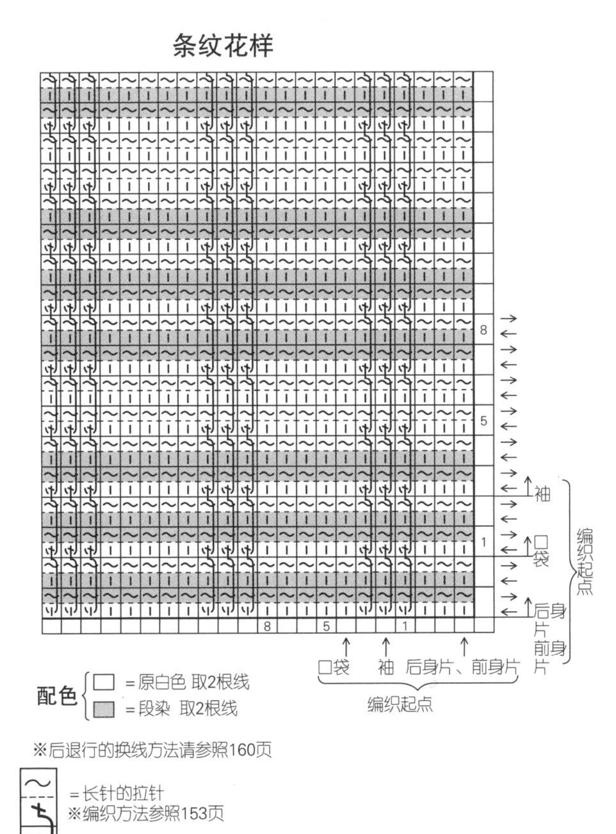

条纹边缘（下摆、前门襟、衣领、袖口）

配色：
- ■ = 藏青色 取2根线
- ■ = 原白色和段染 各取1根线
- — = 芥末黄色 取1根线

2针1个花样

※第7行一边包住前一行，一边将针插入前2行编织

► = 剪线

ტ = 短针的圈圈针（一根手指）
※编织方法见107页

配色：
- □ = 原白色 取2根线
- ■ = 段染 取2根线

※后退行的换线方法请参照160页

～ = 长针的拉针
※编织方法参照153页

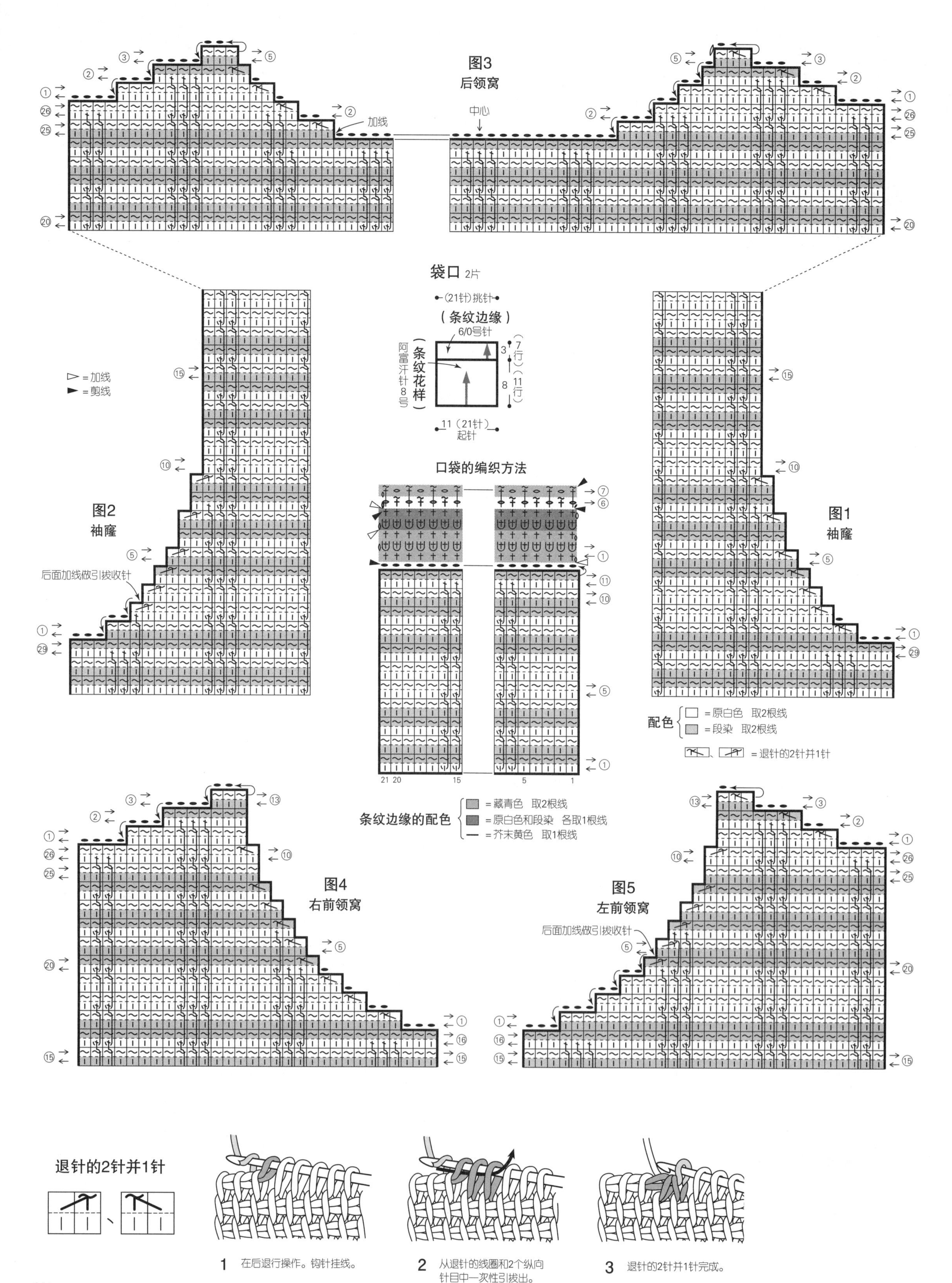

图3
后领窝
中心
加线
袋口 2片
(21针)挑针
(条纹边缘)
6/0号针
3(7行)
8(11行)
阿富汗针8号
(条纹花样)
11(21针)起针
▷=加线
►=剪线
口袋的编织方法
图2
袖窿
后面加线做引拔收针
图1
袖窿
配色
□=原白色 取2根线
■=段染 取2根线
=退针的2针并1针
条纹边缘的配色
■=藏青色 取2根线
■=原白色和段染 各取1根线
—=芥末黄色 取1根线
图4
右前领窝
图5
左前领窝
后面加线做引拔收针
退针的2针并1针
1 在后退行操作。钩针挂线。
2 从退针的线圈和2个纵向针目中一次性引拔出。
3 退针的2针并1针完成。

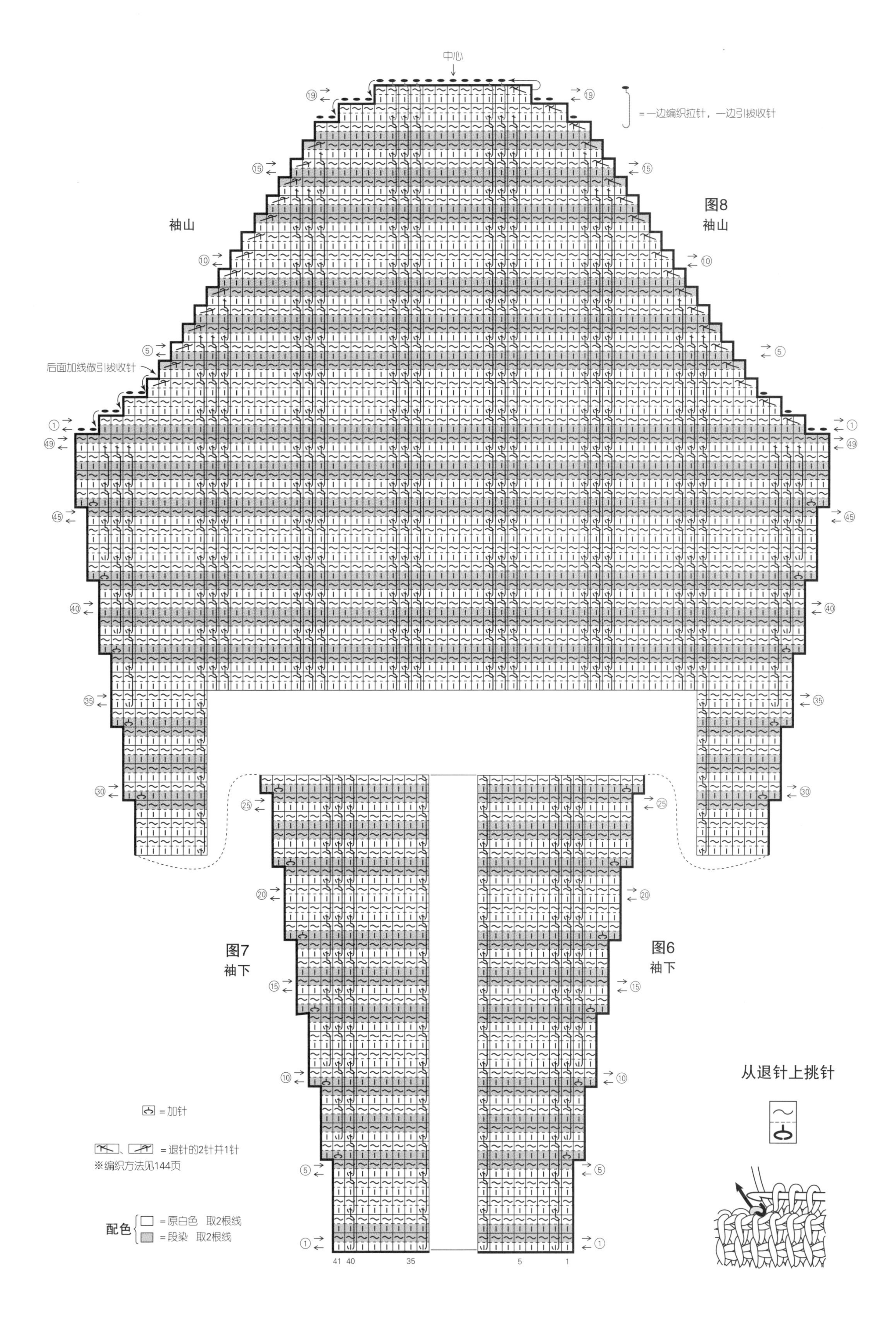

中心
=一边编织拉针，一边引拔收针
图8
袖山
袖山
后面加线做引拔收针
图7
袖下
图6
袖下
从退针上挑针
=加针
、=退针的2针并1针
※编织方法见144页
配色
=原白色 取2根线
=段染 取2根线
41 40
35
5
1

材料

[连衣裙] 钻石线 Dia Chole 红色(8408) 685g/23团；直径15mm的纽扣5颗

[手提包] 钻石线 Dia Epoca 灰色(357) 155g/4团；Dia Poche 黑色(205) 70g/2团；外径12.5cm的提手1组

工具

钩针5/0号、7/0号、6/0号，棒针6号

成品尺寸

[连衣裙] 胸围91cm，肩宽35cm，衣长96.5cm，袖长50.5cm

[手提包] 宽25cm，深25cm

编织密度

10cm×10cm面积内：下针编织23.5针，34行；编织花样A 1个花样5cm，13行10cm(基本)

编织要点

●连衣裙…上身片另线锁针起针，做下针编织。然后一边减针，一边挑针做编织花样A、B。参照图示钩织减针。下身片拆开锁针起针，一边减针一边挑针，做编织花样A。参照图示分散加针。袖、衣领锁针起针，参照图示做编织花样A。衣领的最终行接着领端继续钩织。肩部使用毛线缝针做挑针缝合。前门襟钩织边缘编织，领窝钩织1行引拔针。胁部、袖下使用毛线缝针做挑针缝合，袖、衣领挑针缝合于身片。

●手提包…主体环形起针，做编织花样C。侧边从主体上挑针，环形编织起伏针。编织3行后，包口处做伏针收针，然后编织6行往返编织。编织终点做伏针收针。参照组合方法组合在一起。

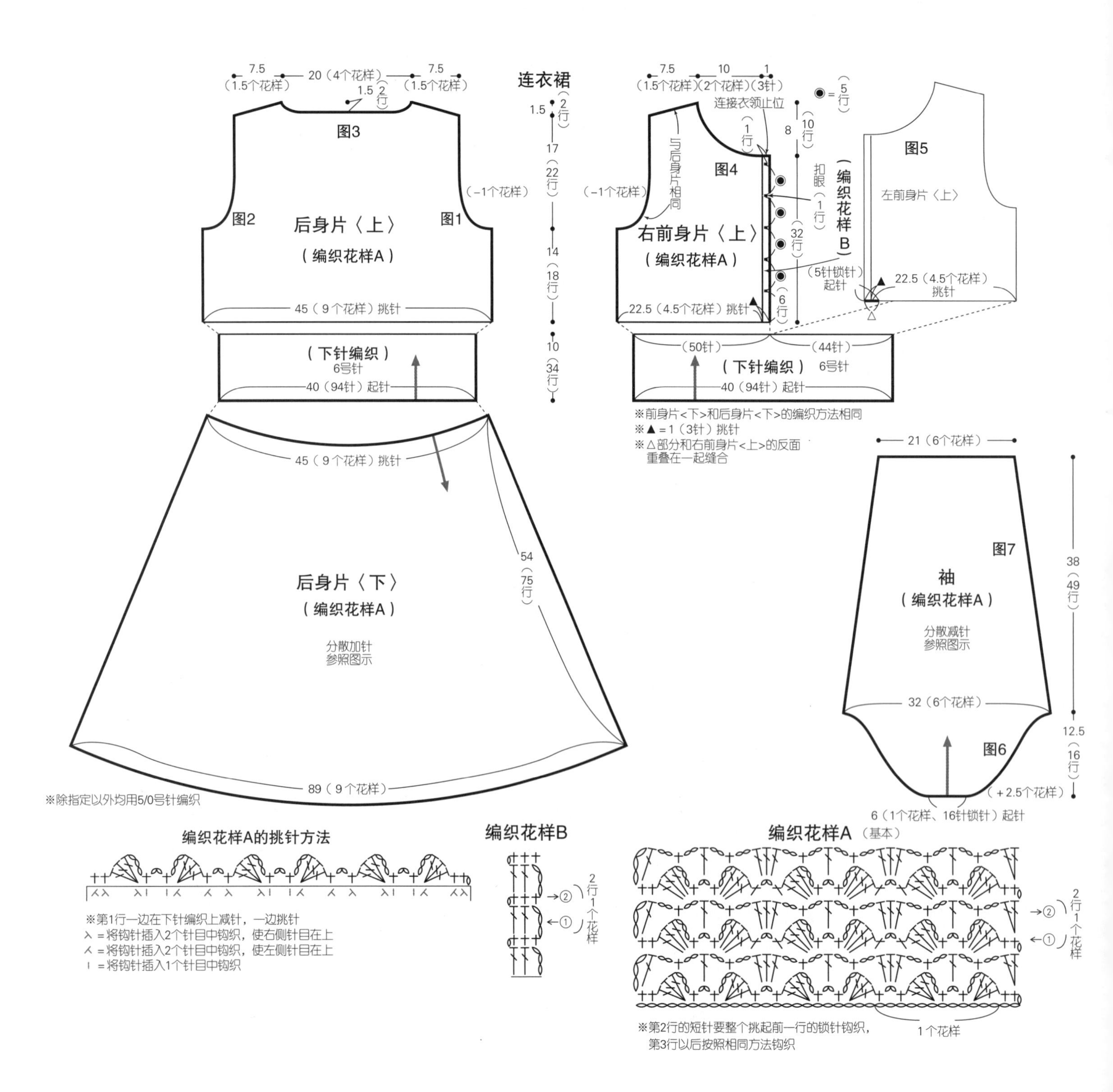

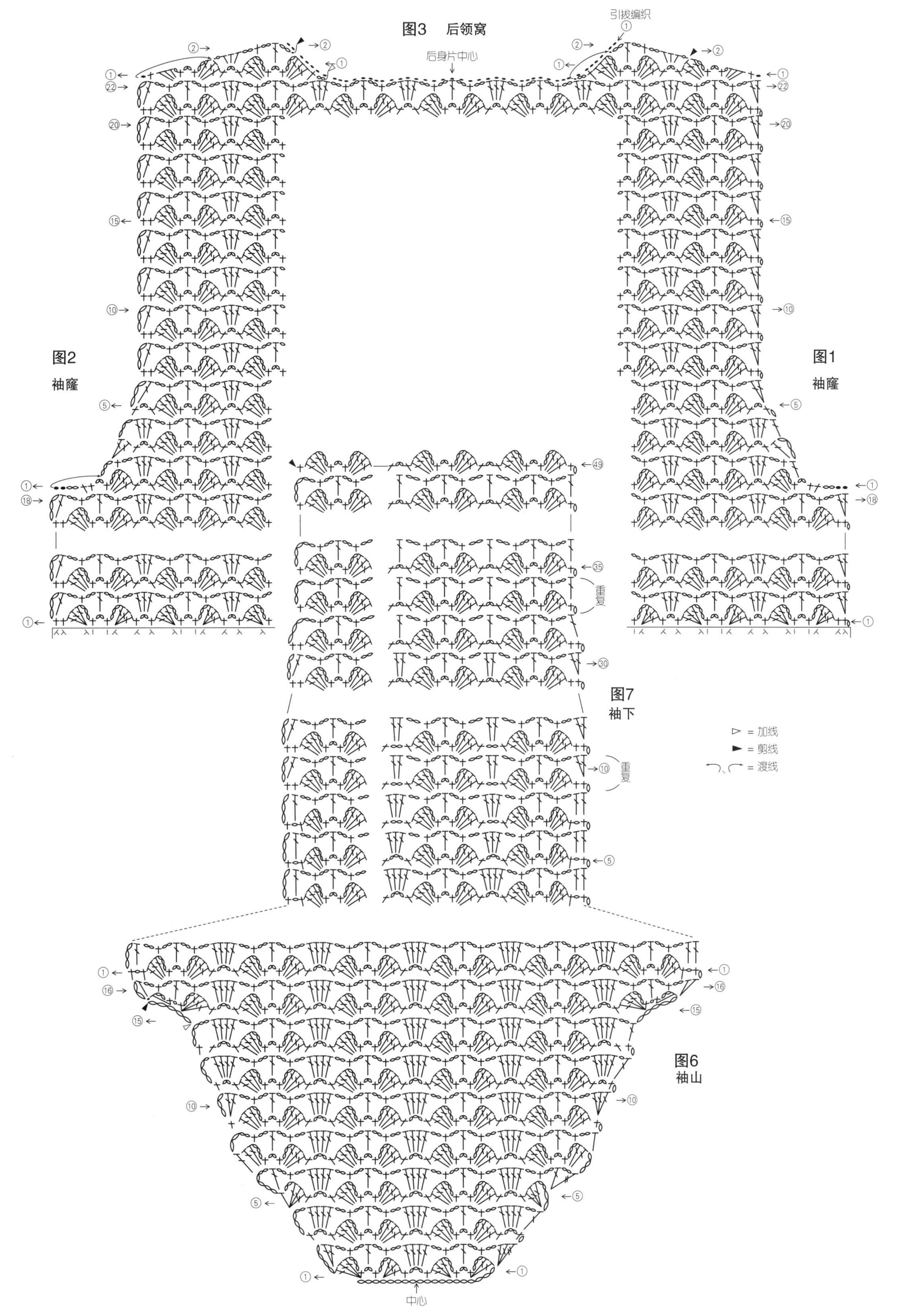

图3　后领窝
引拔编织
后身片中心
图2
袖窿
图1
袖窿
重复
图7
袖下
重复
▷ = 加线
◀ = 剪线
渡线
图6
袖山
中心

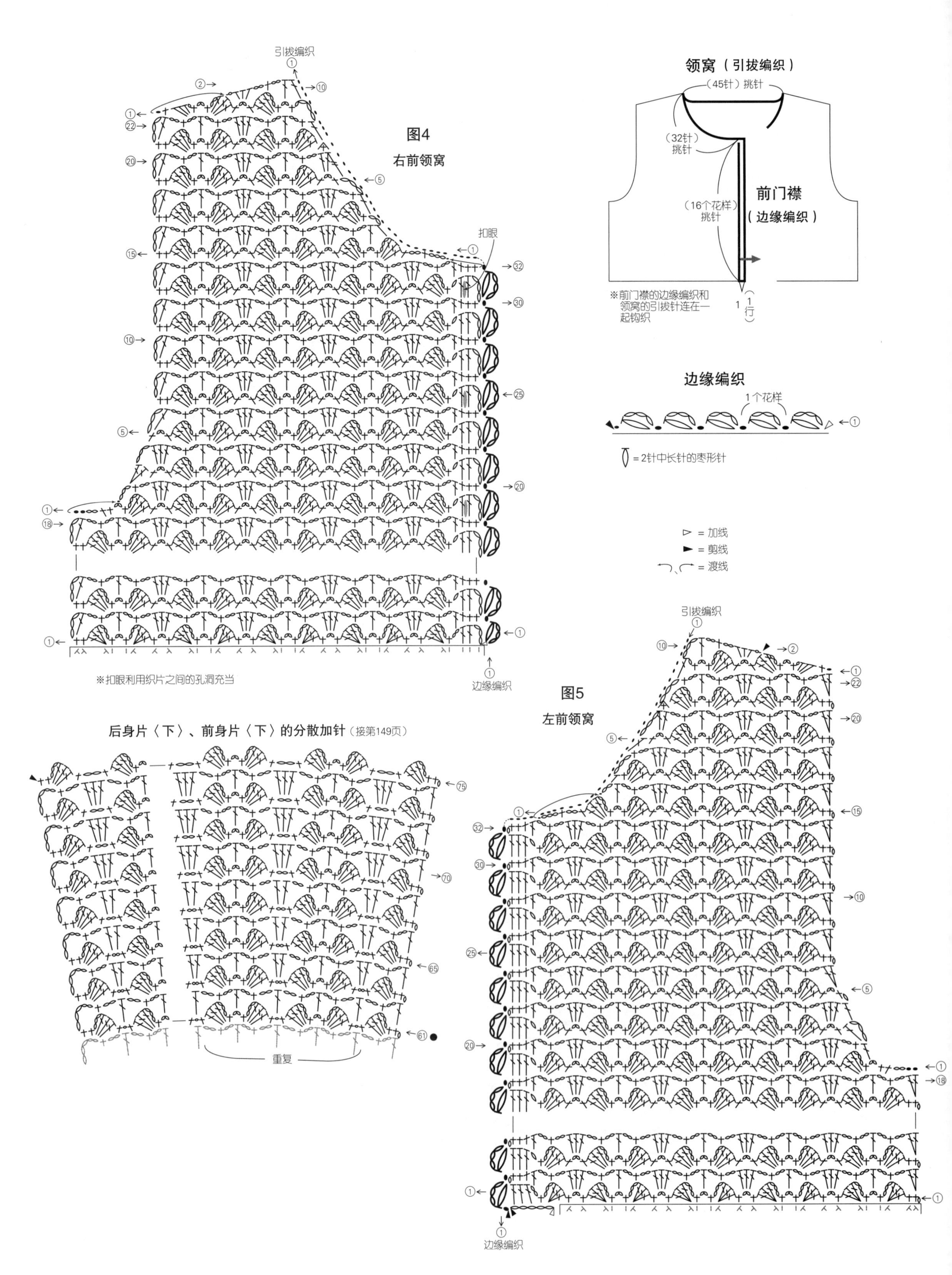

图4
右前领窝
引拔编织
扣眼
※扣眼利用织片之间的孔洞充当
边缘编织
领窝（引拔编织）
（45针）挑针
（32针）挑针
（16个花样）挑针
前门襟
（边缘编织）
※前门襟的边缘编织和领窝的引拔针连在一起钩织
1行
边缘编织
1个花样
= 2针中长针的枣形针
= 加线
= 剪线
= 渡线
后身片〈下〉、前身片〈下〉的分散加针（接第149页）
重复
图5
左前领窝

后身片〈下〉、前身片〈下〉的分散加针

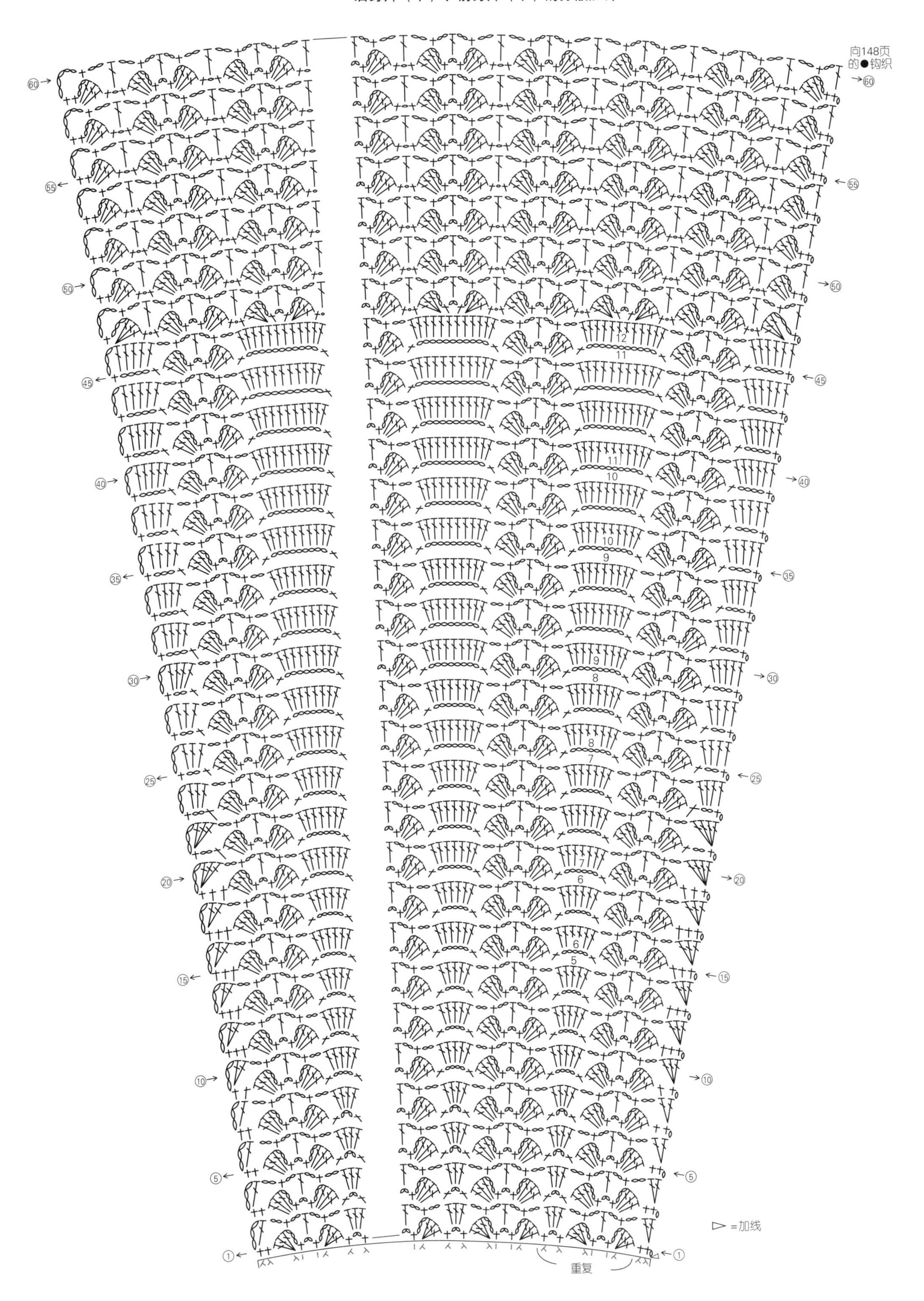

图9 衣领

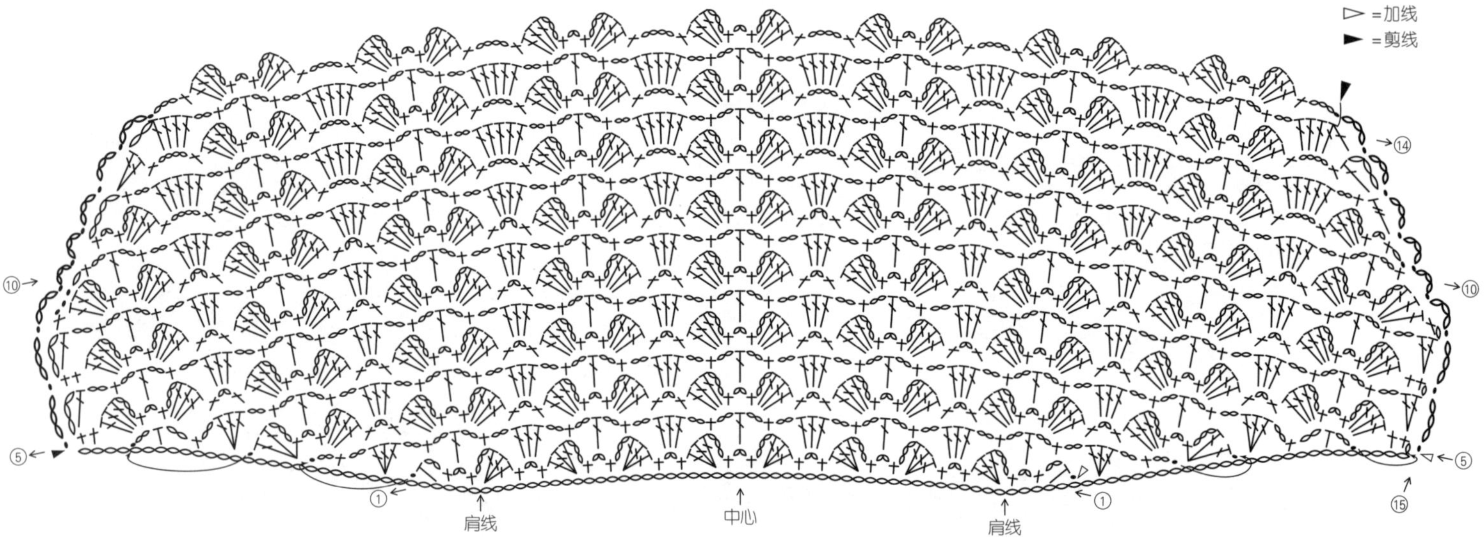

▷ =加线
▶ =剪线

⑩→ ←⑩
⑤← ←⑤
←⑭
① ←①
⑮
肩线 中心 肩线

衣领（编织花样A）

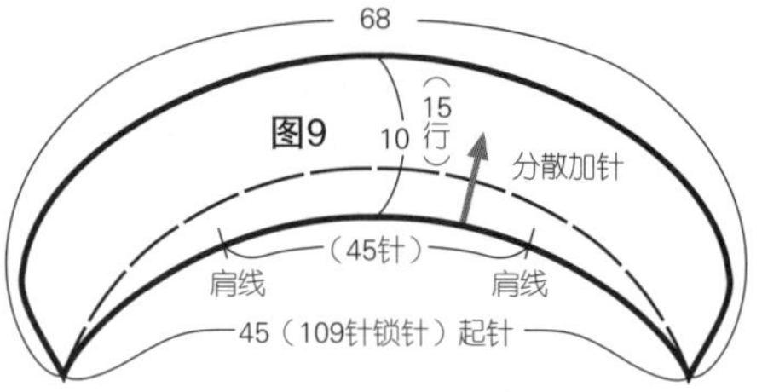

68
图9
10（15行）
分散加针
肩线 （45针） 肩线
45（109针锁针）起针

※编织至第14行剪线，第15行接着领端编织

主体 2片
（编织花样C）

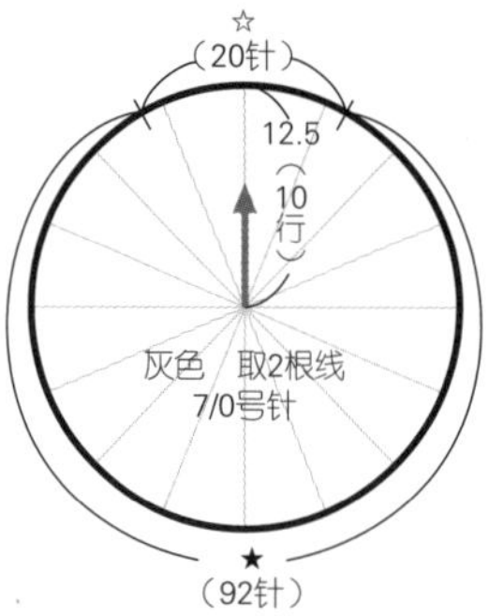

☆（20针）
12.5
10（10行）
灰色 取2根线
7/0号针
★（92针）

手提包

组合方法

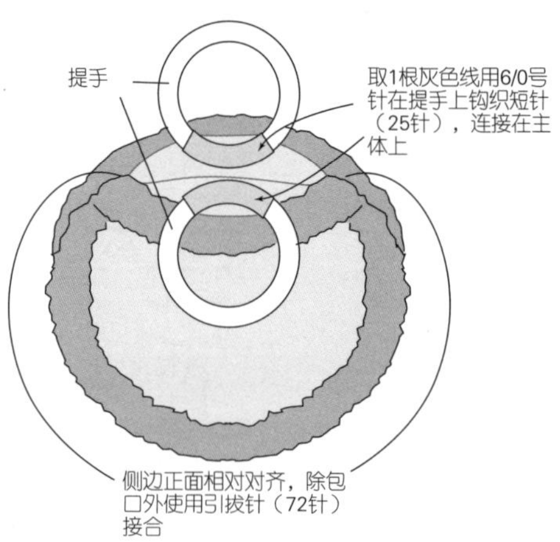

提手

取1根灰色线用6/0号针在提手上钩织短针（25针），连接在主体上

侧边正面相对对齐，除包口外使用引拔针（72针）接合

编织花样C

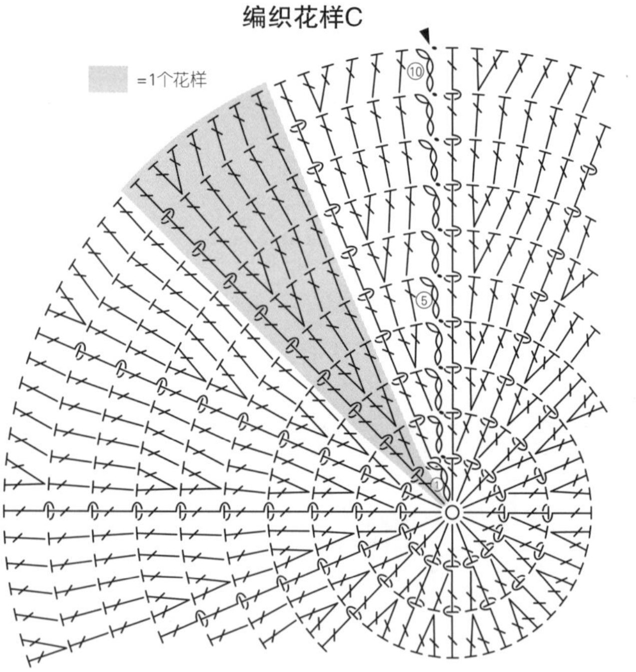

▇ =1个花样

= 长针的正拉针

= 挑取前一行针目的头部钩织长针，在同一针里钩织正拉针

侧边（起伏针） 2片
6号针 黑色 取2根线

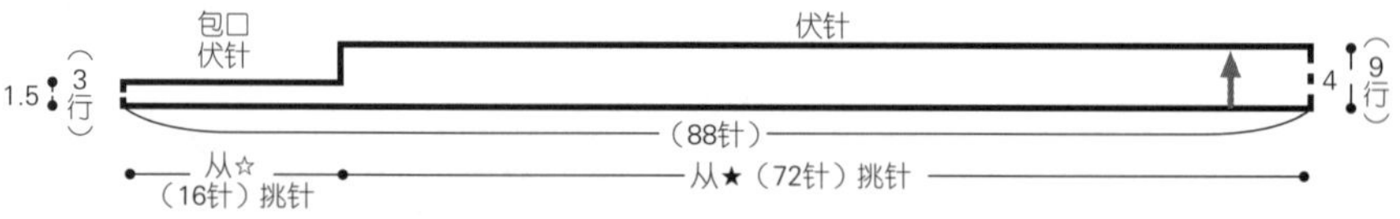

包口伏针 伏针
1.5（3行） 4（9行）
（88针）
从☆（16针）挑针 从★（72针）挑针

※环形编织至第3行，第4行开始往返编织

主体的加针

圈数	针数	
第10圈	112针	（+16针）
第8~9圈	96针	
第7圈	96针	（+16针）
第6圈	80针	（+16针）
第5圈	64针	
第4圈	64针	（+16针）
第3圈	48针	（+16针）
第2圈	32针	（+16针）
第1圈	16针	

长针的正拉针

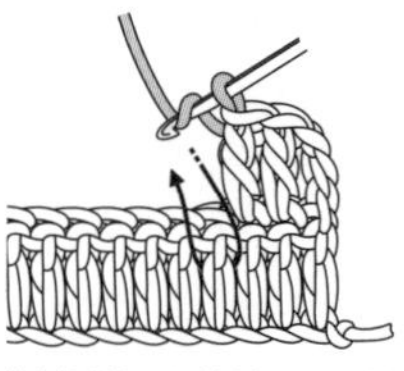

1 钩针挂线，如箭头所示，从前侧将钩针插入前一行长针的底部，将线拉出。

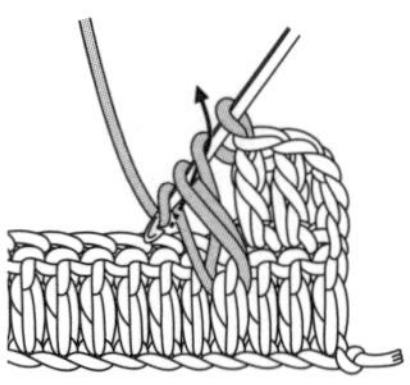

2 钩针挂线，从钩针上面的2个针目中引拔出。

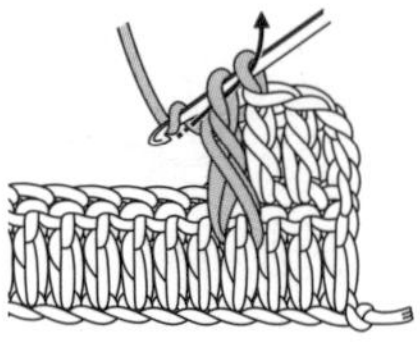

3 再次挂线，从钩针上面的2个针目中引拔出。

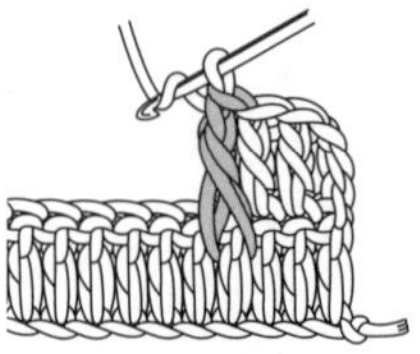

4 1针长针的正拉针完成了。

材料

[开衫] K's K CHAMPAGNE 原白色(929) 270g/6团，浅茶色(931) 250g/5团；直径25mm的纽扣3颗

[装饰领] K's K COCCOLA 米色(760) 40g/1团；长10mm的风纪扣1对

工具

钩针4/0号，棒针12号

成品尺寸

[开衫] 胸围97.5cm，肩宽34cm，衣长49.5cm，袖长43cm

[装饰领] 领内围39cm，领宽8cm

编织密度

10cm×10cm面积内：条纹花样25针，9行；上针编织9针，15行

编织要点

●开衫…锁针起针后按条纹花样钩织。参照图示加减针。肩部钩织锁针接合，胁部、袖下做挑针缝合。下摆、袖口按边缘编织A钩织，前门襟和衣领按边缘编织B钩织。在右前门襟留出扣眼。最后缝上纽扣。

●装饰领…手指挂线起针后做上针编织。参照图示分散加针。编织终点从反面做伏针收针。最后在指定位置缝上风纪扣。

69 页的作品 ★★★★

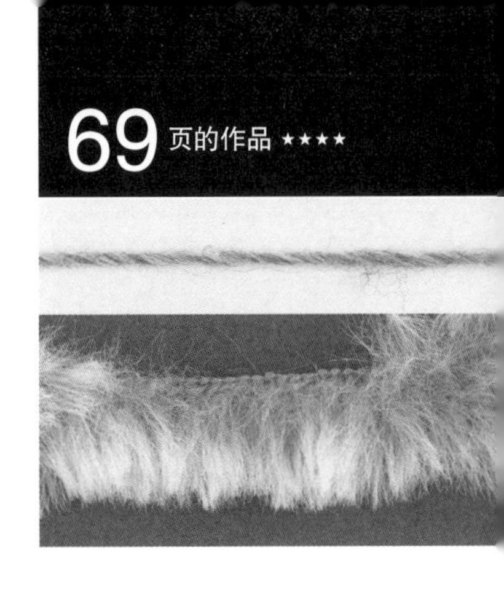

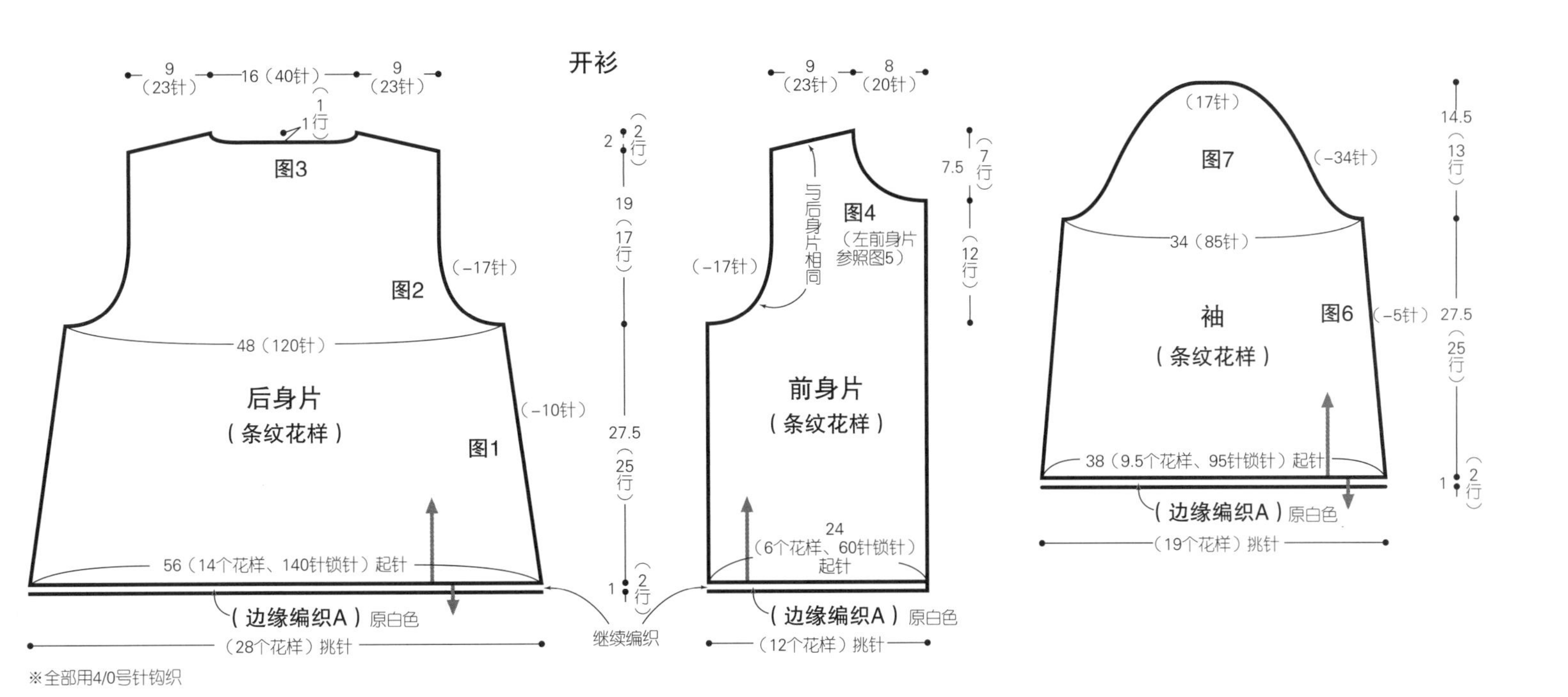

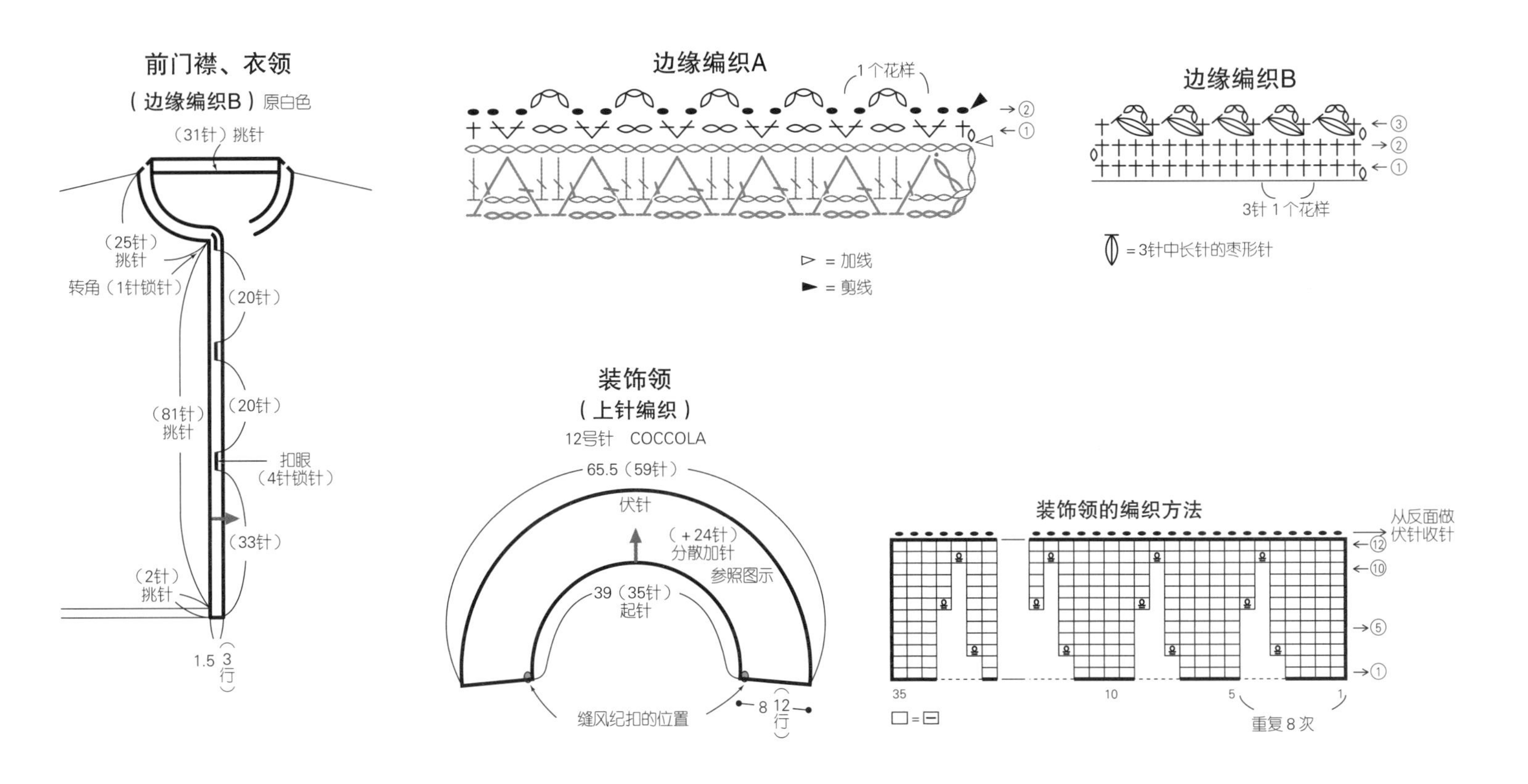

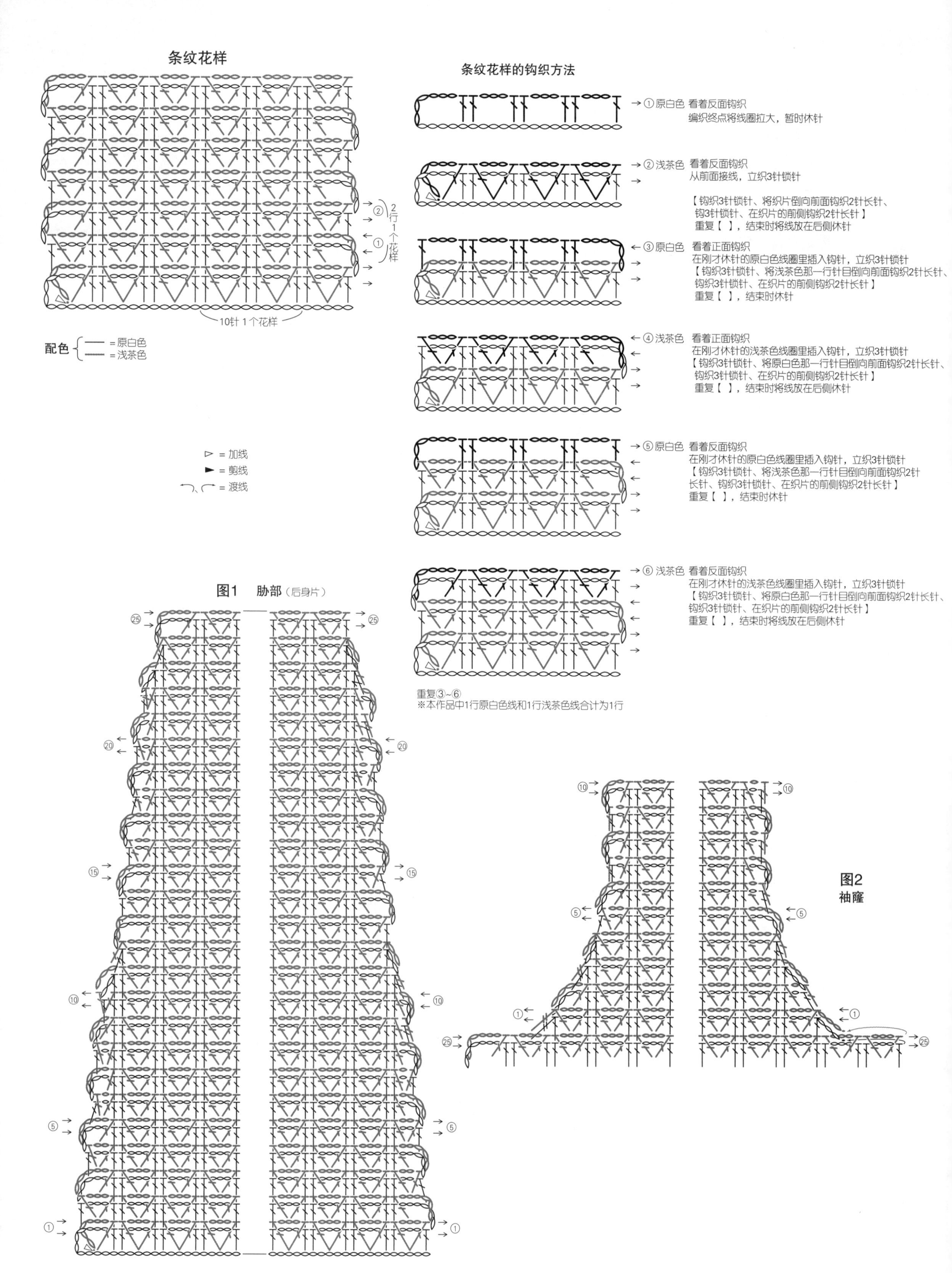

条纹花样
2行1个花样
10针 1个花样
配色
=原白色
=浅茶色
= 加线
= 剪线
= 渡线
条纹花样的钩织方法
①原白色 看着反面钩织
编织终点将线圈拉大，暂时休针
②浅茶色 看着反面钩织
从前面接线，立织3针锁针
【钩织3针锁针、将织片倒向前面钩织2针长针、
钩3针锁针、在织片的前侧钩织2针长针】
重复【 】，结束时将线放在后侧休针
③原白色 看着正面钩织
在刚才休针的原白色线圈里插入钩针，立织3针锁针
【钩织3针锁针、将浅茶色那一行针目倒向前面钩织2针长针、
钩织3针锁针、在织片的前侧钩织2针长针】
重复【 】，结束时休针
④浅茶色 看着正面钩织
在刚才休针的浅茶色线圈里插入钩针，立织3针锁针
【钩织3针锁针、将原白色那一行针目倒向前面钩织2针长针、
钩织3针锁针、在织片的前侧钩织2针长针】
重复【 】，结束时将线放在后侧休针
⑤原白色 看着反面钩织
在刚才休针的原白色线圈里插入钩针，立织3针锁针
【钩织3针锁针、将浅茶色那一行针目倒向前面钩织2针
长针、钩织3针锁针、在织片的前侧钩织2针长针】
重复【 】，结束时休针
⑥浅茶色 看着反面钩织
在刚才休针的浅茶色线圈里插入钩针，立织3针锁针
【钩织3针锁针、将原白色那一行针目倒向前面钩织2针长针、
钩织3针锁针、在织片的前侧钩织2针长针】
重复【 】，结束时将线放在后侧休针
重复③~⑥
※本作品中1行原白色线和1行浅茶色线合计为1行
图1 胁部（后身片）
图2
袖窿

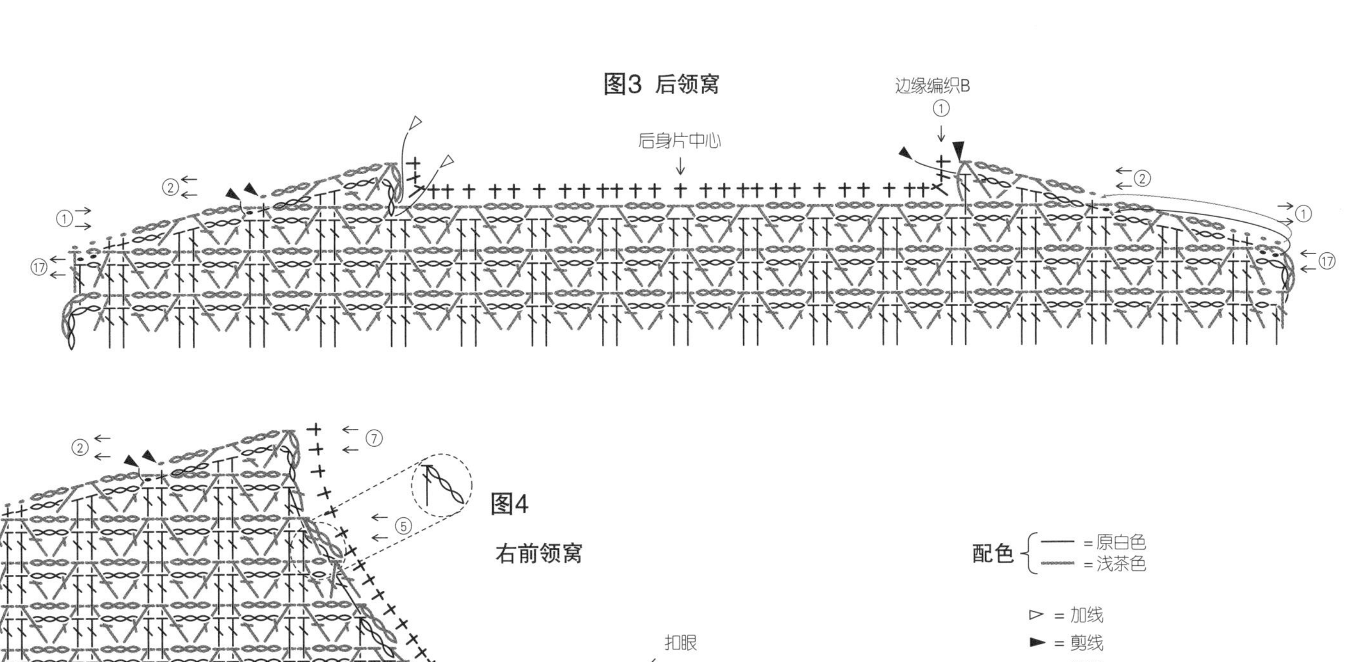

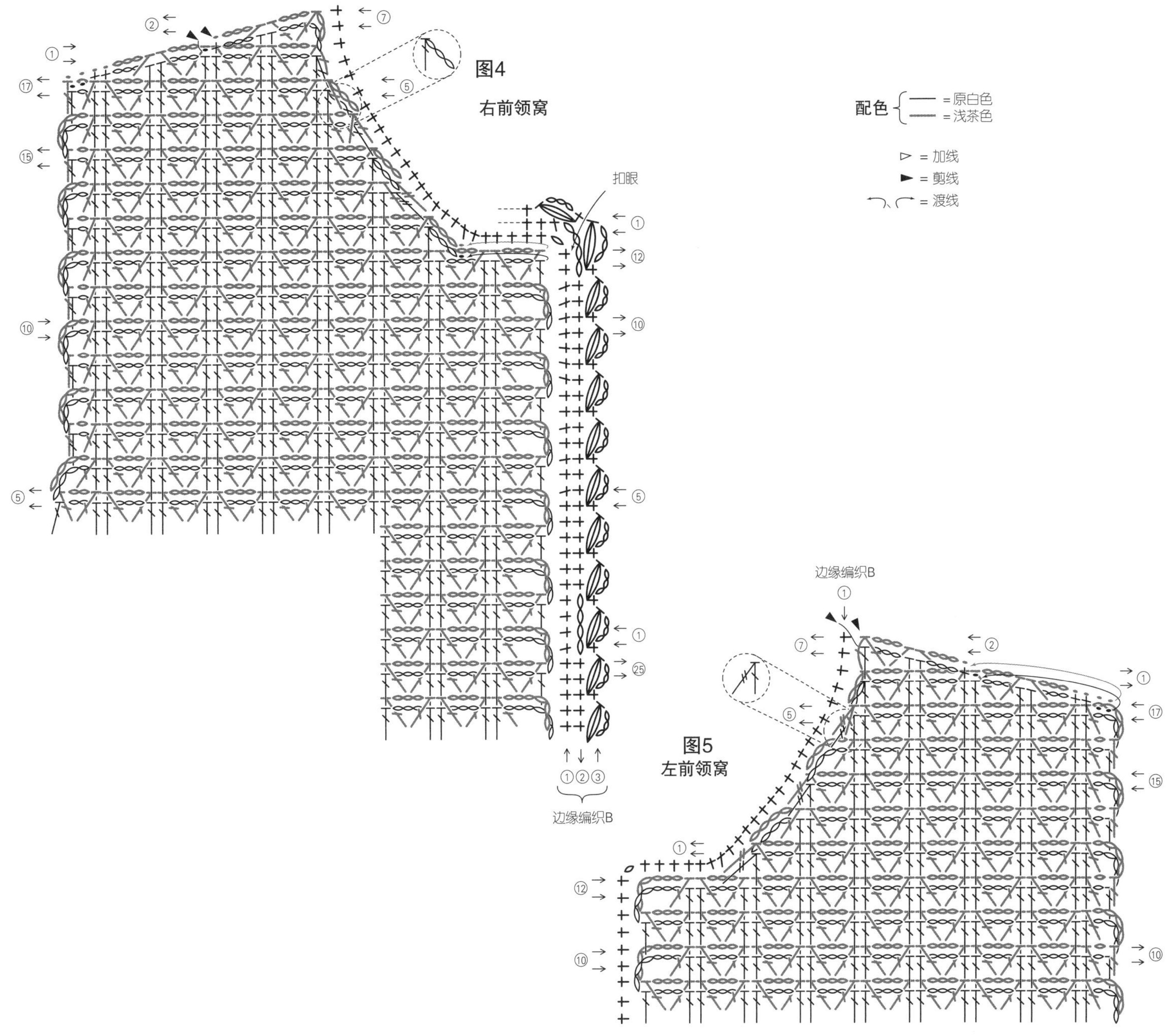

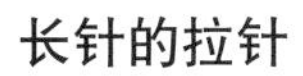

长针的拉针

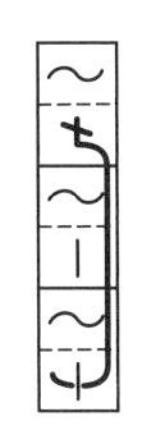

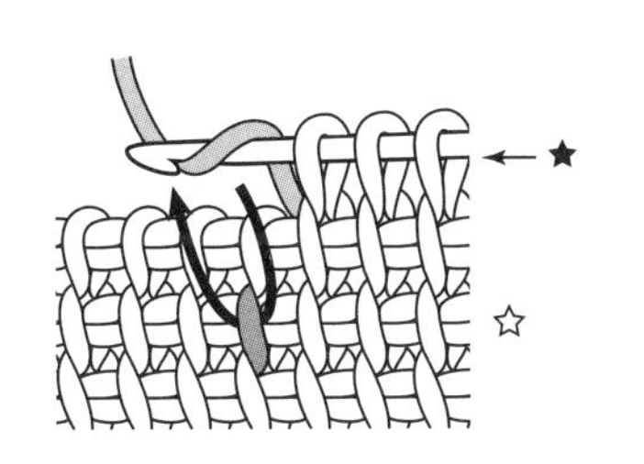

1 钩针挂线，在前2行的纵向针目里入针。

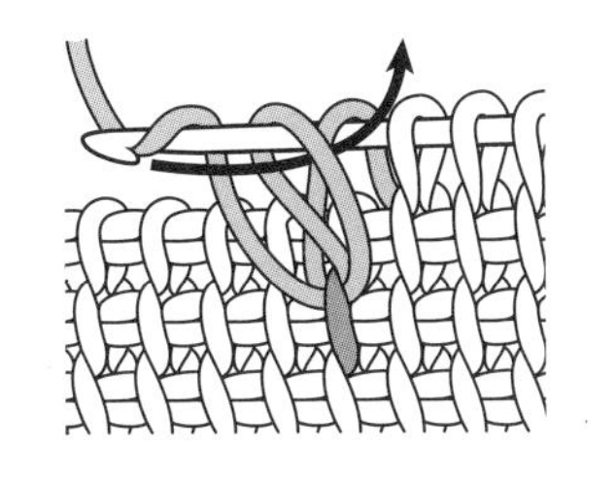

2 挂线后拉出，拉得长一点。再次挂线，一次引拔穿过针上的2个线圈。

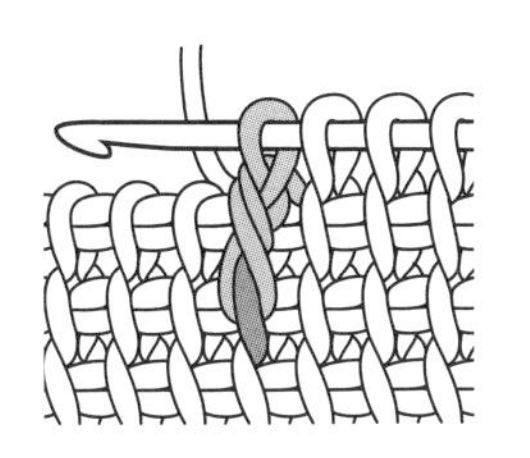

3 长针的拉针完成。

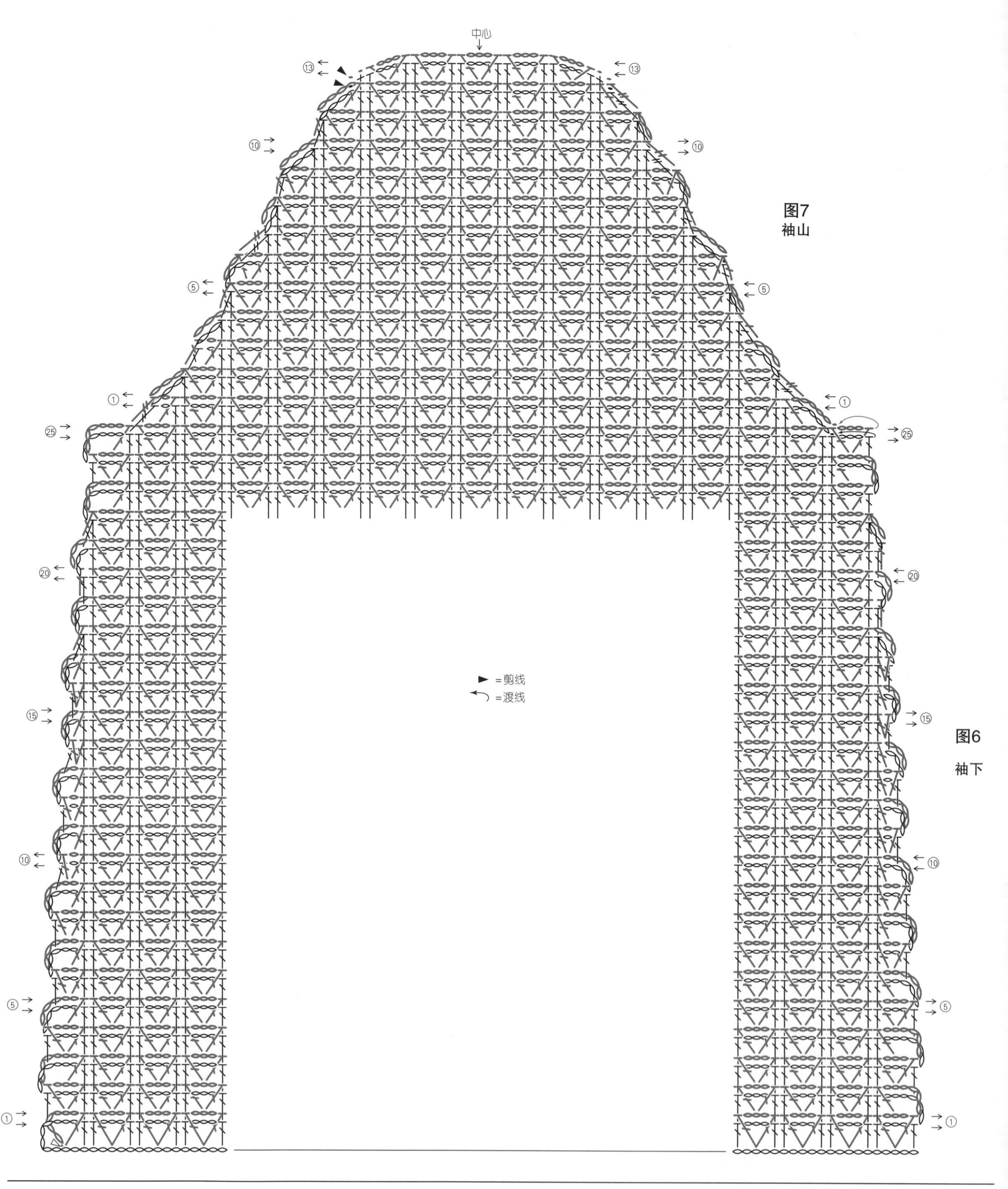

扭针的单罗纹针收针

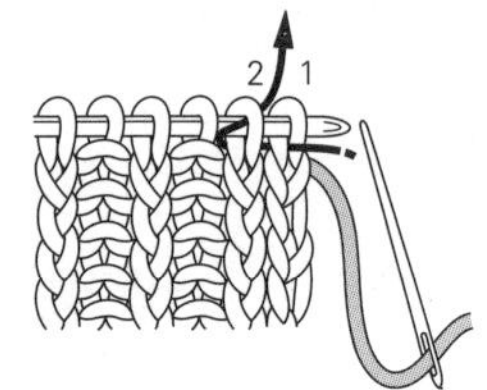

1 如箭头所示，在针目1和2里插入缝针，扭转针目2。

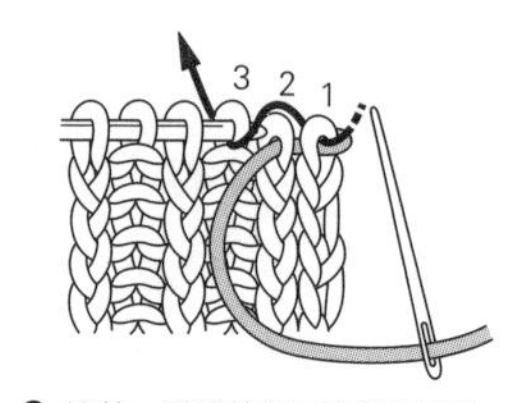

2 接着，如箭头所示在针目1和3里插入缝针。

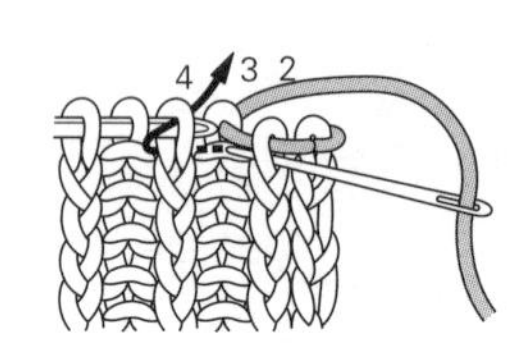

3 如箭头所示在针目2和4里插入缝针，按此要领一边扭转下针一边做单罗纹针收针。

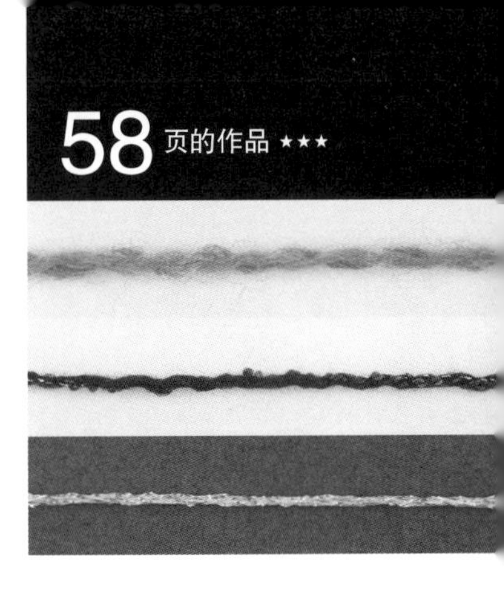

材料

钻石线 Dia Eclair 红紫色系混合(804) 310g/11团；Dia Kiitos 棕褐色系混合(7807) 70g/3团；Dia Roxy Lame 白金色(6906) 45g/2团；直径18mm的纽扣5颗

工具

钩针7/0号

成品尺寸

胸围96cm，肩宽33cm，衣长54.5cm，袖长54cm

编织密度

10cm×10cm面积内：条纹花样20针，14.5行

编织要点

●身片、袖…锁针起针，编织条纹花样。参照图示编织加减针。

●组合…肩部做盖针接合，胁和袖下钩织引拔针和锁针接合。下摆、前门襟、衣领、袖口挑取指定数量的针目，环形编织条纹边缘。右前门襟开扣眼。装饰袋口的编织起点和身片相同，钩织条纹边缘，在指定位置做藏针缝缝合。衣袖和身片引拔接合。缝上纽扣。

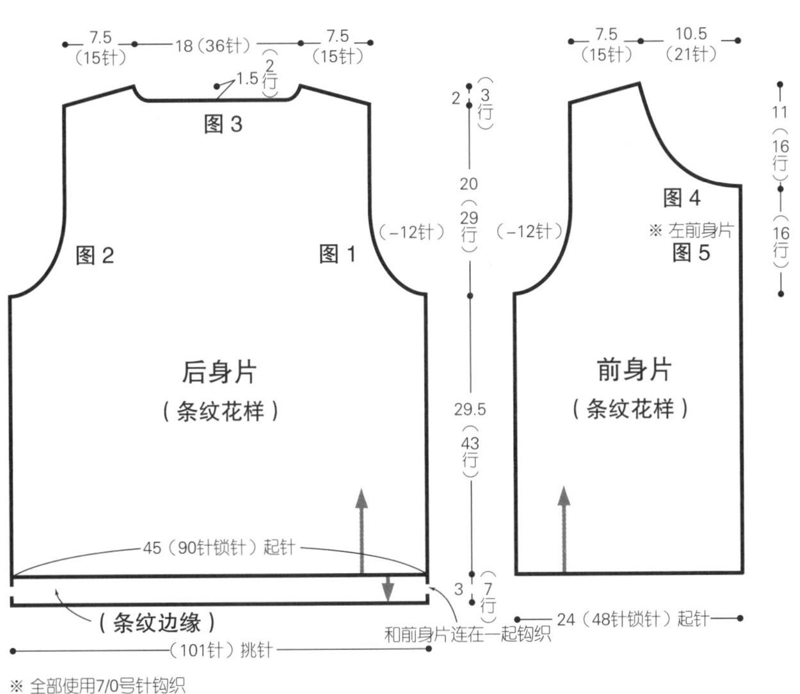

(16针)

(−25针)

13 (19行)

图7

33 (66针)

袖

(条纹花样)

图6

38 (55行)

(+10针)

23 (46针锁针) 起针

(条纹边缘)

3 (7行)

(50针) 挑针

※ 全部使用7/0号针钩织

条纹花样

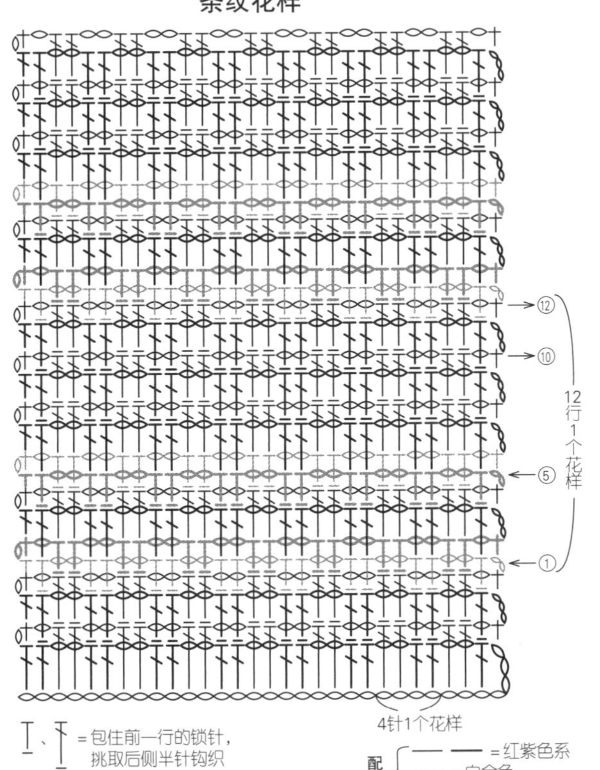

T、T = 包住前一行的锁针，挑取后侧半针钩织

※挑取红紫色系的针目时，要挑后侧半针

配色：—— = 红紫色系；—— = 白金色；—— = 棕褐色系

条纹边缘

(下摆、前门襟、衣领、袖口)

⑦ ⑤ ①

2针1个花样

配色：—— = 棕褐色系；—— = 白金色；—— = 红紫色系

±、T、V = 挑取后侧半针钩织

▶ = 剪线

下摆、前门襟、衣领

(条纹边缘)

(41针) 挑针

3 (7行)

(32针) 挑针

转角 (1针) 挑针

(89针) 挑针

装饰袋口位置

藏针缝缝合

(10针)

(14针)

14行

转角 (1针) 挑针

(53针) 挑针

(19针) = ●

扣眼 (1针) ※2针锁针 参照图示

(10针)

和后身片连在一起钩织

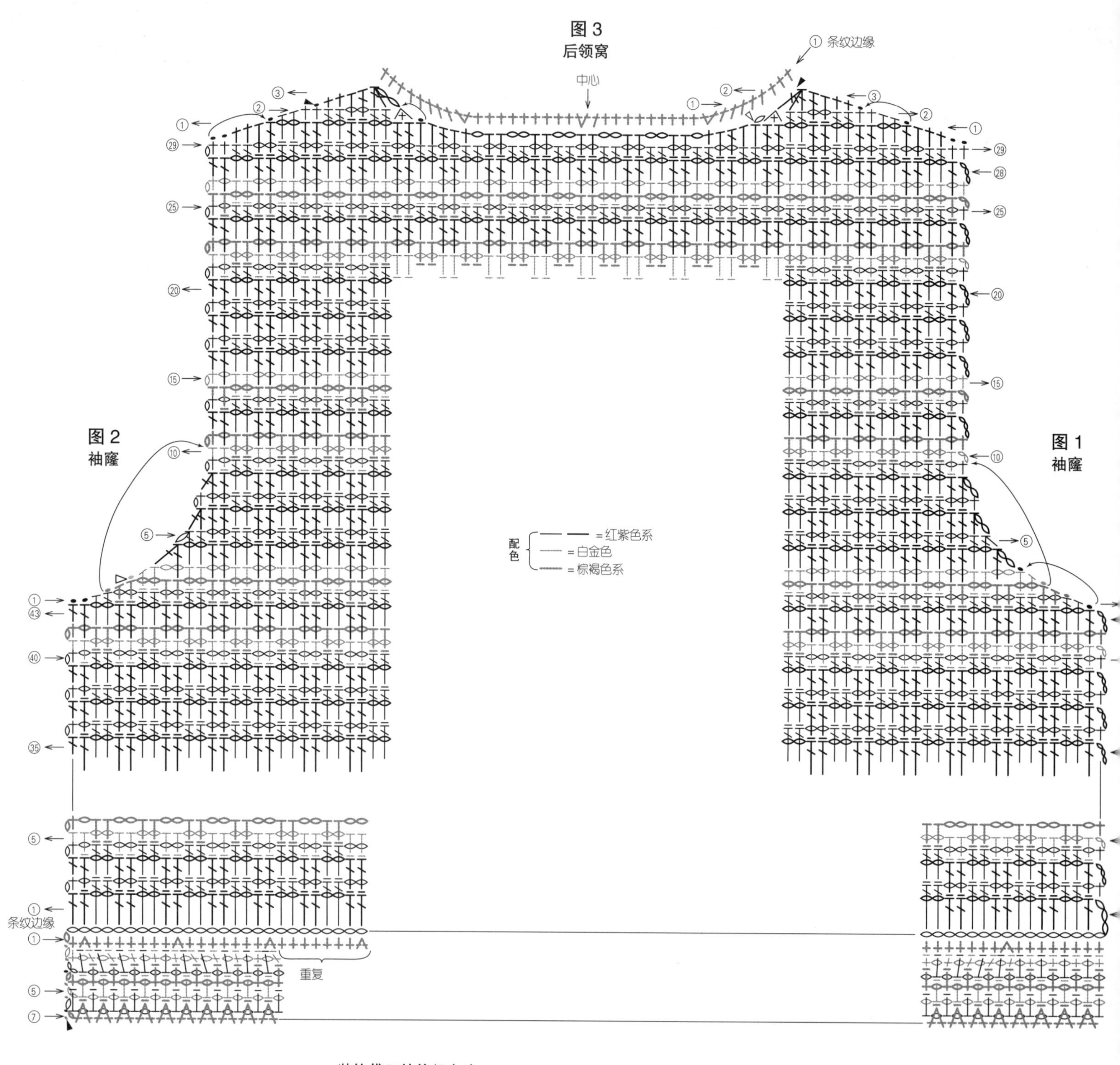

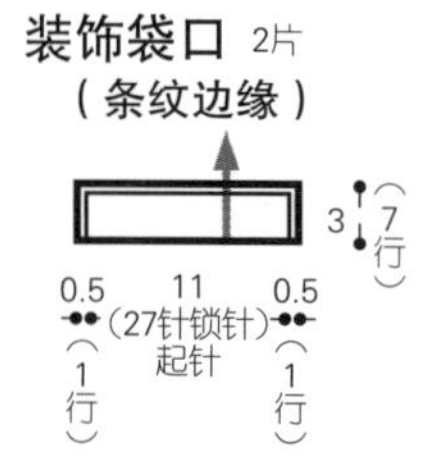

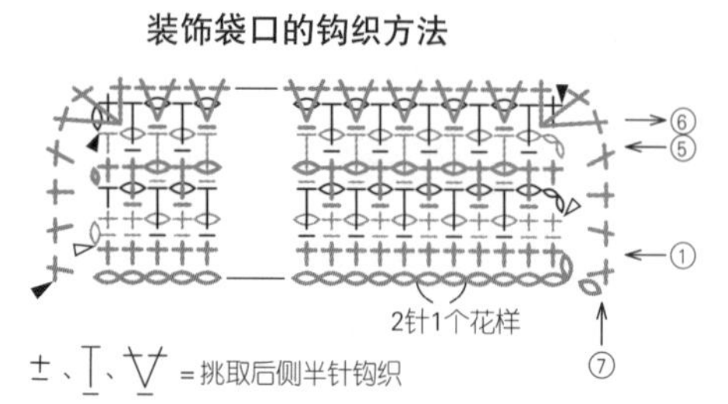

▷ = 加线
► = 剪线
⌒、⌒ = 渡线

长针的条纹针

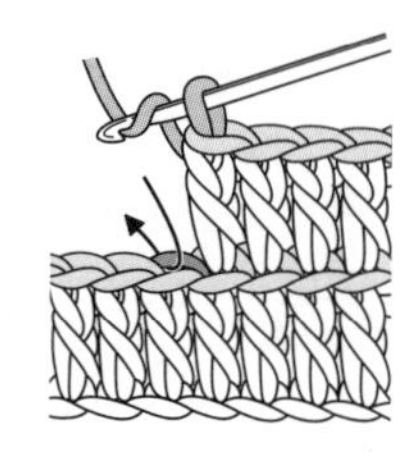

1 从正面编织的行，将钩针插入前一行针目头部的后侧半针。

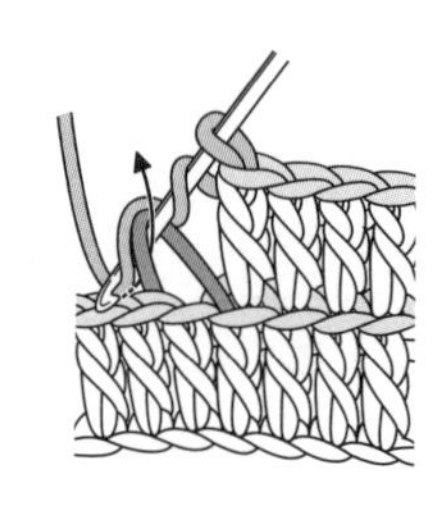

2 钩针挂线并拉出。

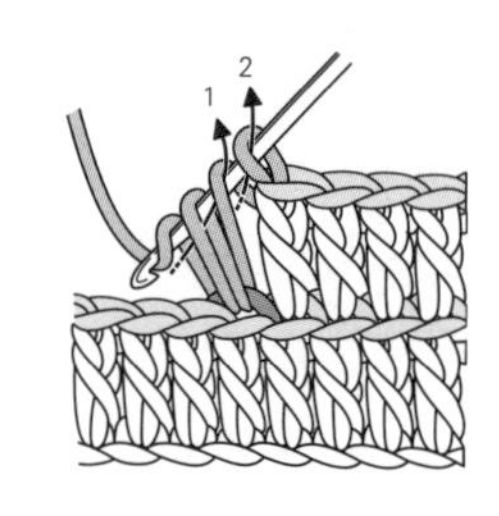

3 钩针挂线，依次从钩针上的2个线圈中引拔出，钩织长针。

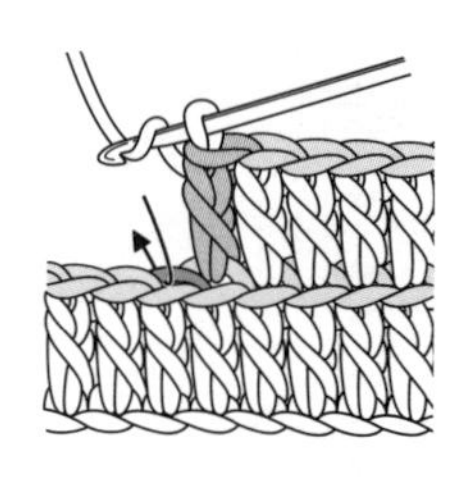

4 长针的条纹针完成了。下一针也按照相同的要领继续钩织。

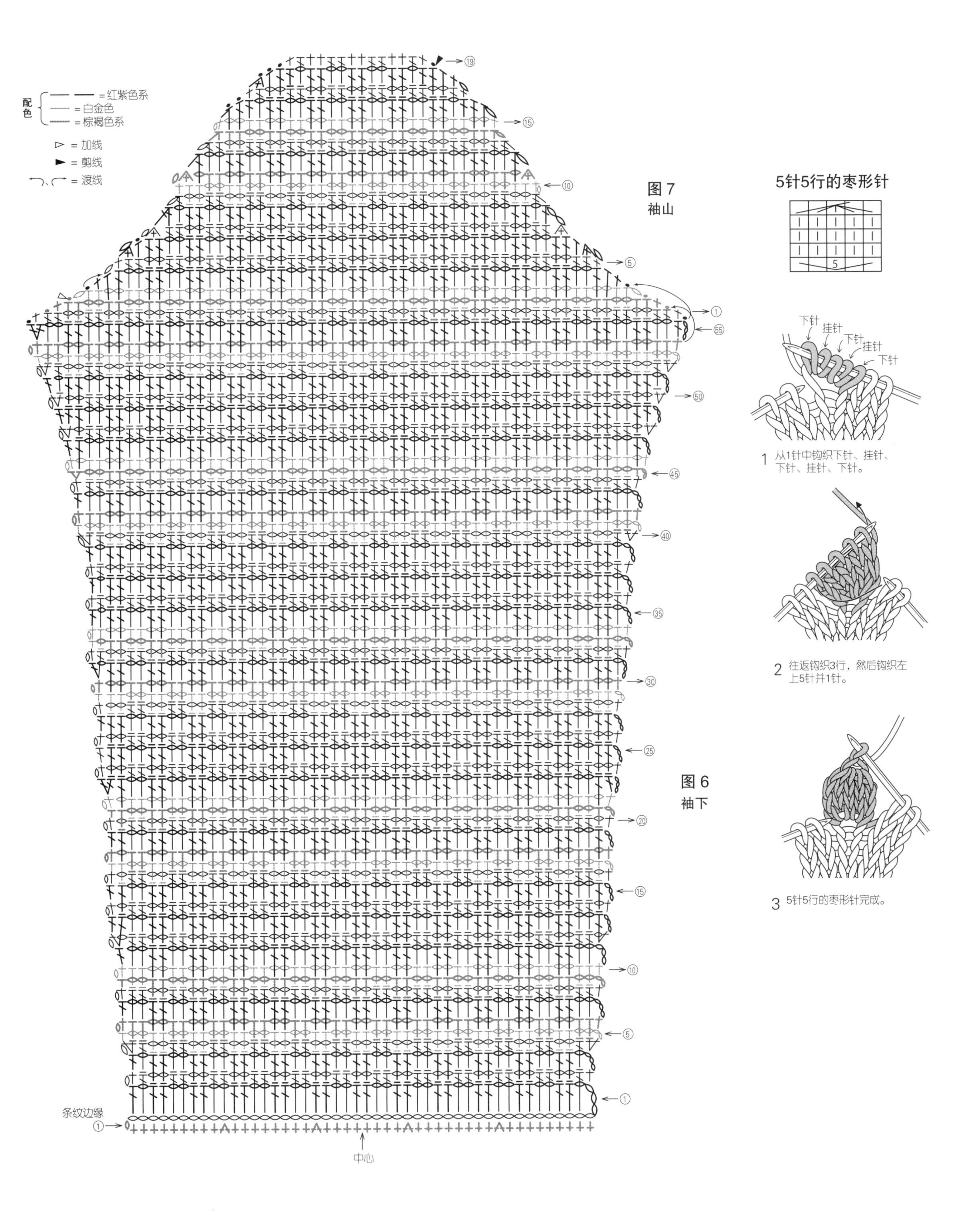
配色
= 红紫色系
= 白金色
= 棕褐色系
= 加线
= 剪线
、 = 渡线
图 7
袖山
图 6
袖下
条纹边缘
中心
5针5行的枣形针
下针
挂针
下针
挂针
下针
1 从1针中钩织下针、挂针、下针、挂针、下针。
2 往返钩织3行，然后钩织左上5针并1针。
3 5针5行的枣形针完成。

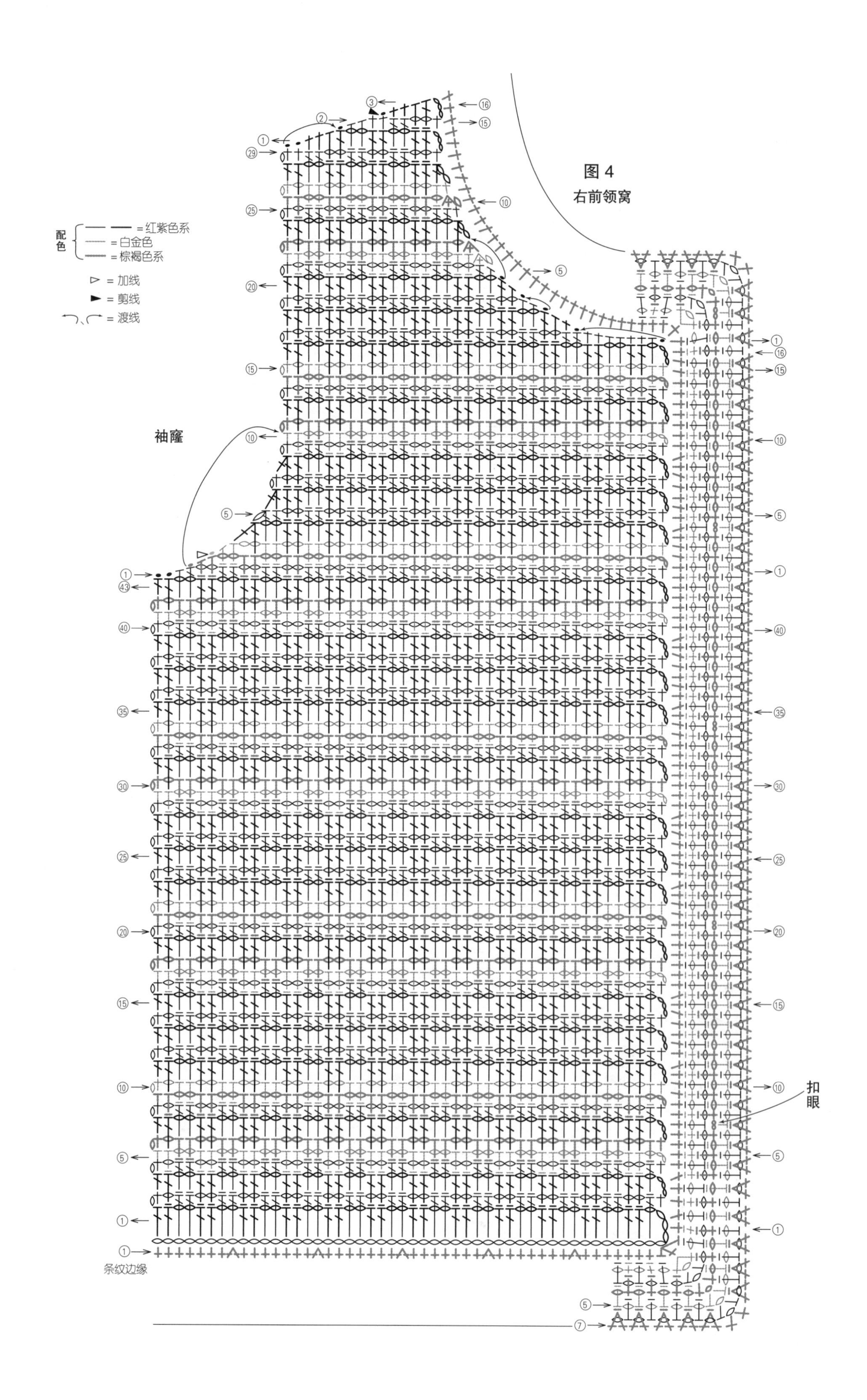

图 4
右前领窝
配色
= 红紫色系
= 白金色
= 棕褐色系
= 加线
= 剪线
= 渡线
袖窿
扣眼
条纹边缘

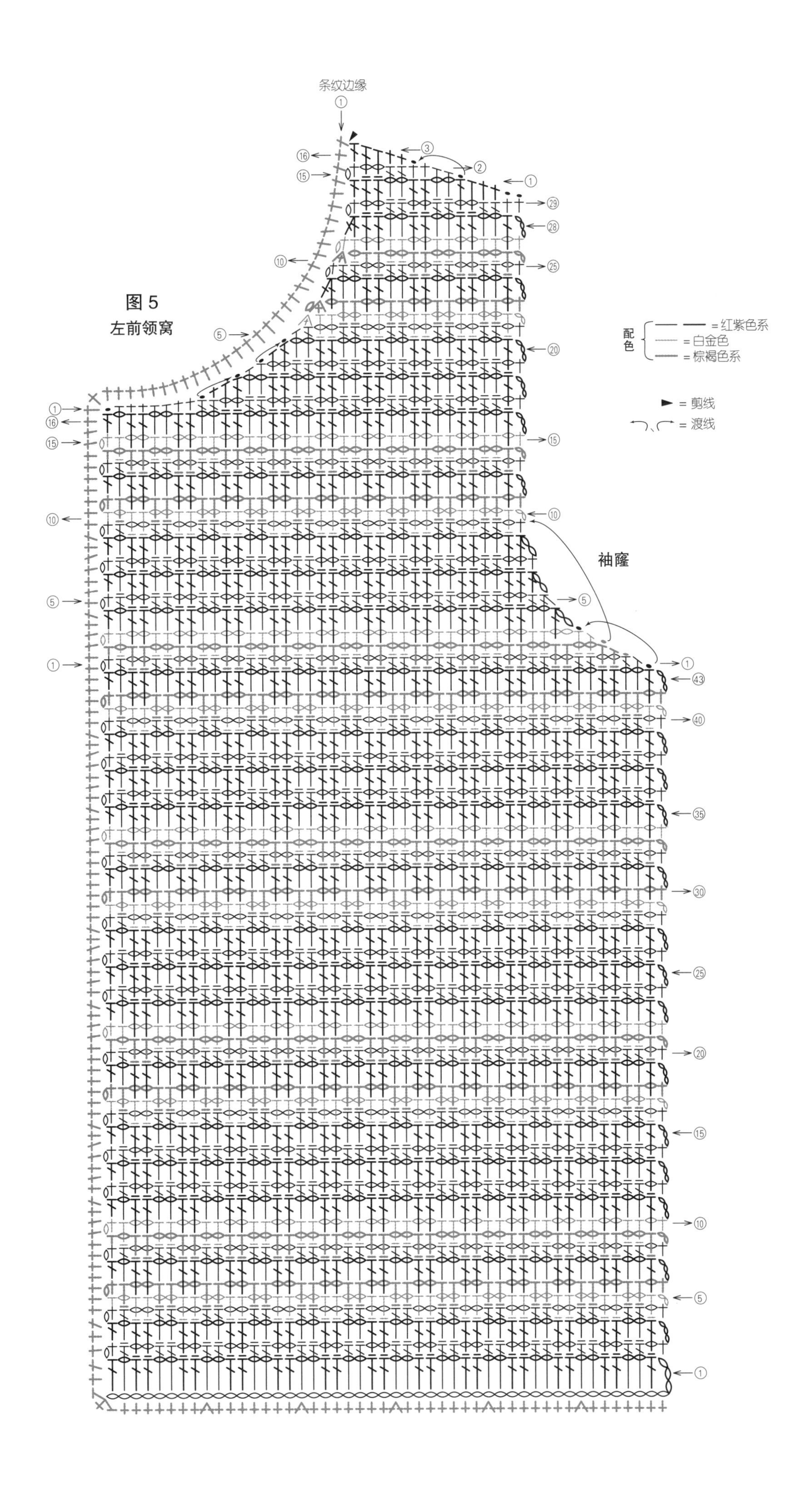
条纹边缘
图 5
左前领窝
袖窿
配色
= 红紫色系
= 白金色
= 棕褐色系
= 剪线
= 渡线

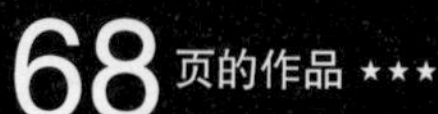

材料

K's K CHAMPAGNE 灰色(939)180g / 4团;
FLUFFY 灰色系段染(777) 120g / 3团

工具

棒针13号、11号、10号

成品尺寸

胸围100cm，衣长53.5cm，连肩袖长29cm

编织密度

10cm×10cm面积内：编织花样17针，20行

编织要点

●身片…单罗纹针起针，按单罗纹针和编织花样编织。领窝做伏针减针。

●组合…肩部做盖针接合，胁部做挑针缝合。衣领挑取指定针数后用4股线编织起伏针。编织终点，边编织上针，边做伏针收针。袖口挑取指定针数后编织单罗纹针。编织终点做单罗纹针收针。

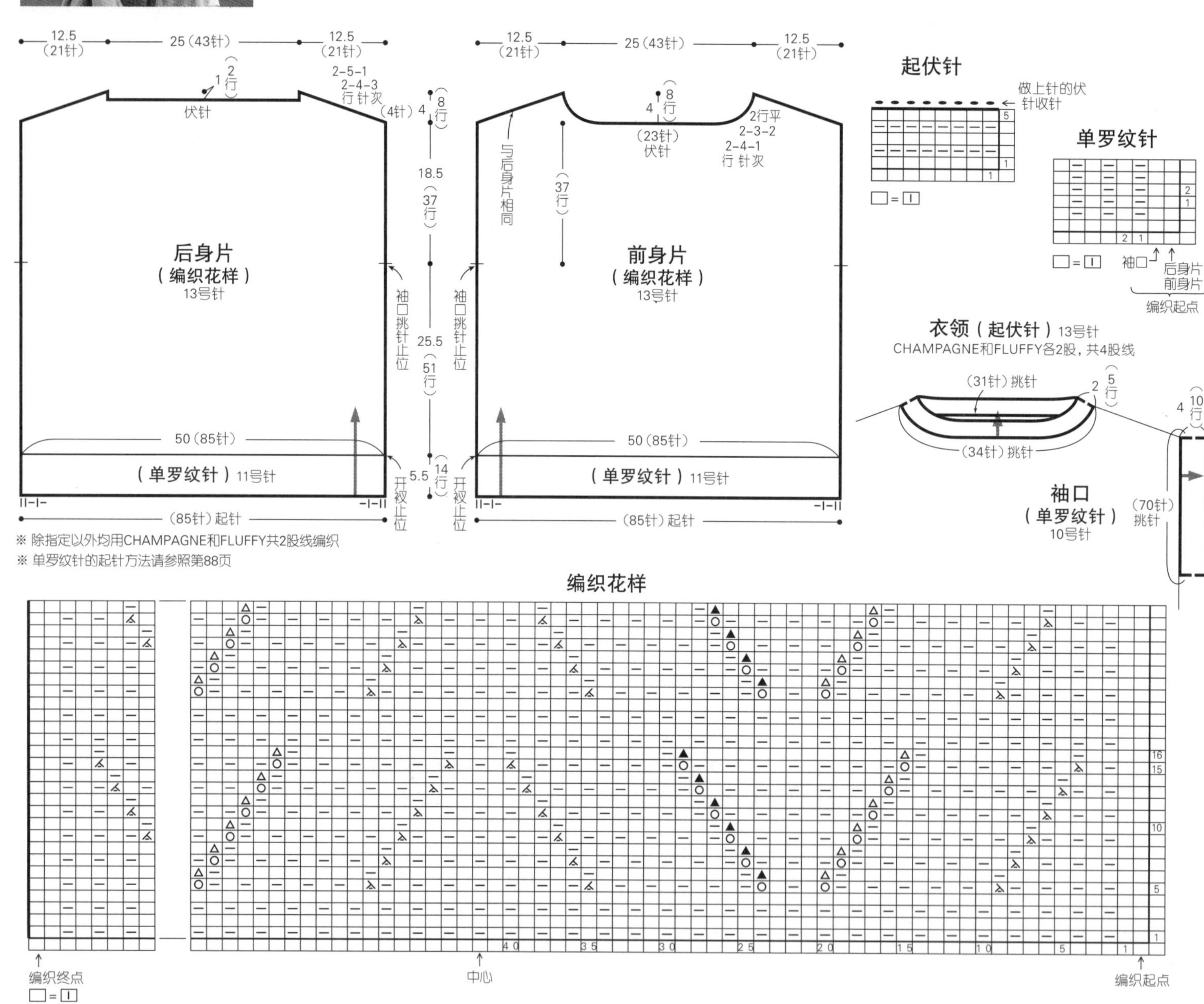

在后退行换线

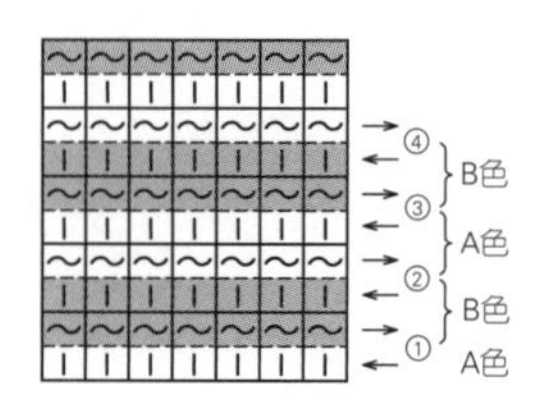

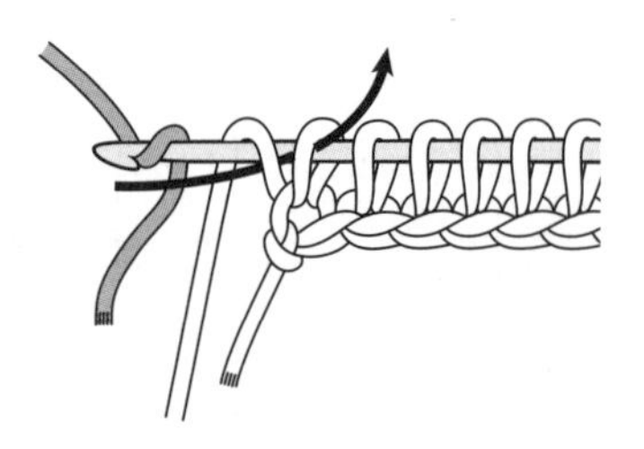

1 编织前进针目至末端。将前面编织的线从前往后挂在针上暂停编织，换成B色线，引拔穿过刚才的挂线和边上的1针，继续编织退针。

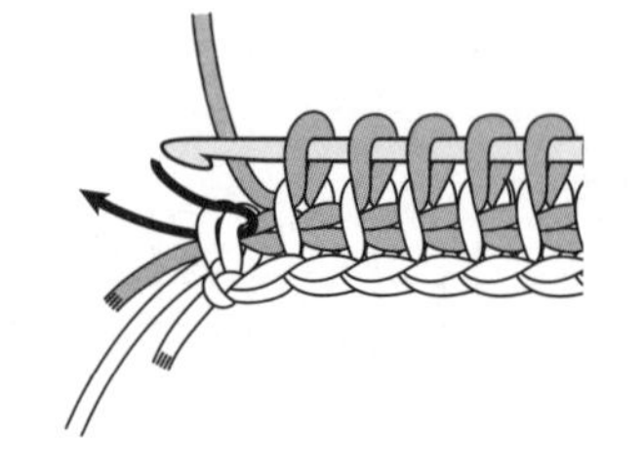

2 下一行的前进针用B色线编织。左端在2根线里一起挑针，编织下针。

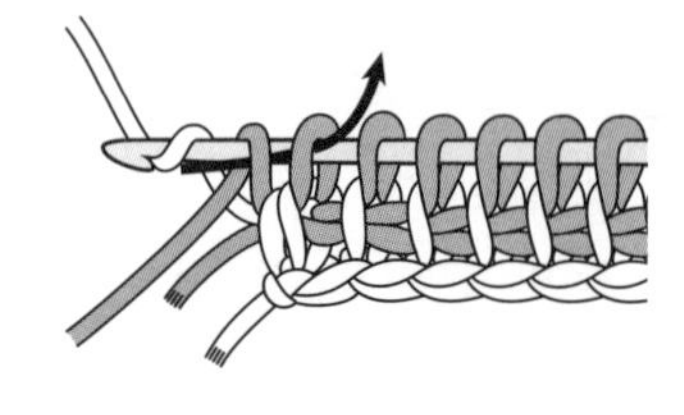

3 按与步骤1的相同要领，将前面编织的线从前往后挂在针上暂停编织，换成A色线编织退针。

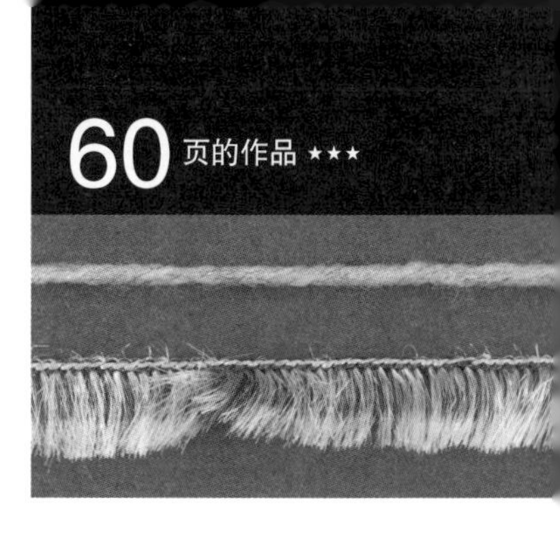

材料

[背心裙] 内藤商事 Everyday 灰色(30) 550g/6团

[短上衣] 内藤商事 Everyday 灰色(30) 180g/2团；Animal Fun 深灰色(2) 90g/3团

工具

棒针7号、5号、10号，钩针8/0号

成品尺寸

[背心裙] 胸围96cm，肩宽35cm，裙长112cm

[短上衣] 连肩袖长69.5cm，衣长39cm

编织密度

10cm×10cm面积内：编织花样B 21针，26.5行

编织要点

●背心裙…手指起针，做编织花样A、B。减针时，2针以上时做伏针减针，1针时立起侧边1针减针。肩部做盖针接合，胁部使用毛线缝针做挑针缝合。衣领、袖窿挑取指定数量的针目，环形编织单罗纹针。编织终点做单罗纹针收针。

●短上衣…手指起针，做编织花样B。加针时，在1针内侧编织扭针加针。减针时，立起侧边1针减针。编织终点做伏针收针。对齐相同标记使用毛线缝针做挑针缝合。袖口挑取指定数量的针目，环形编织下针编织。编织终点做伏针收针。衣领、下摆环形编织短针。

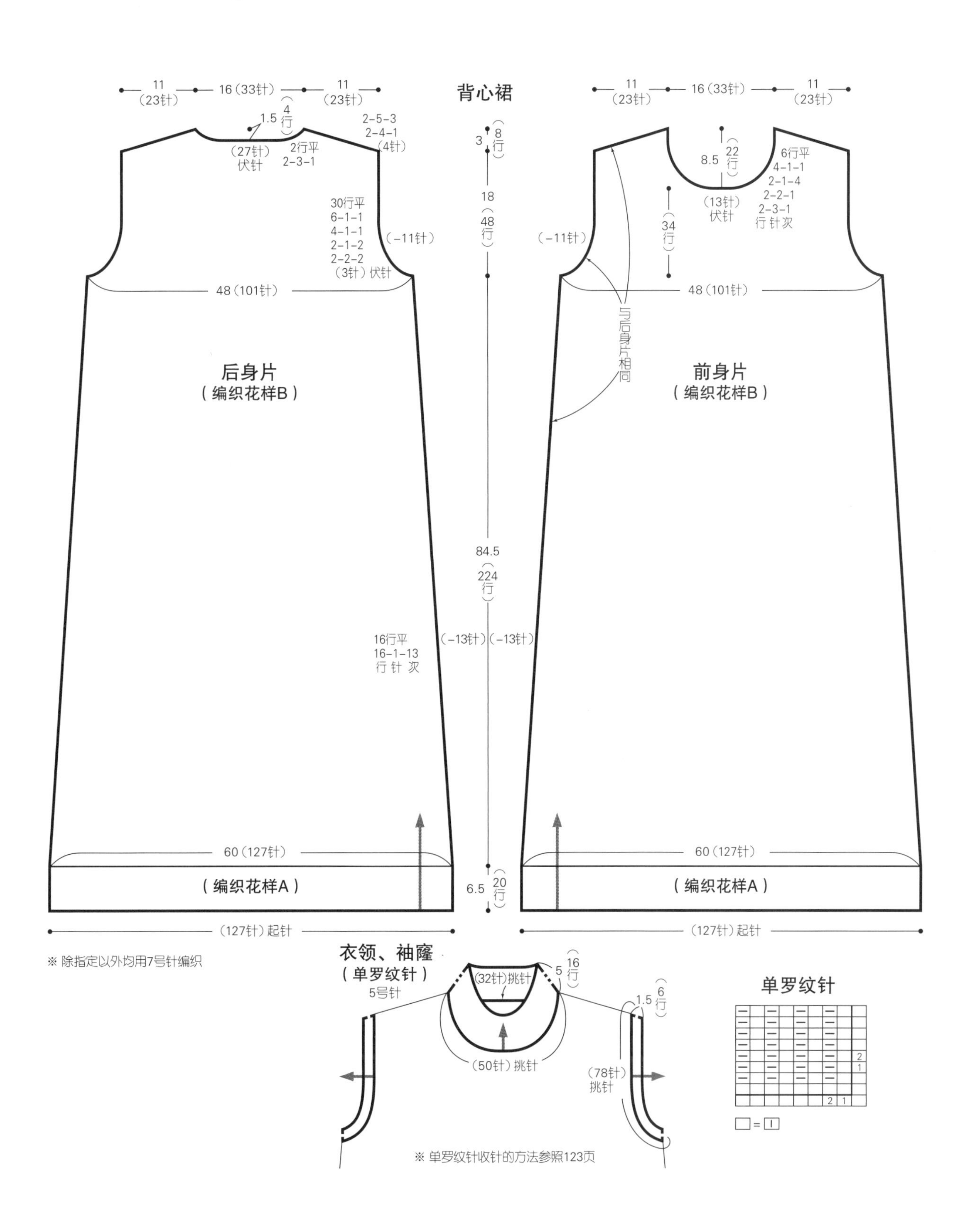

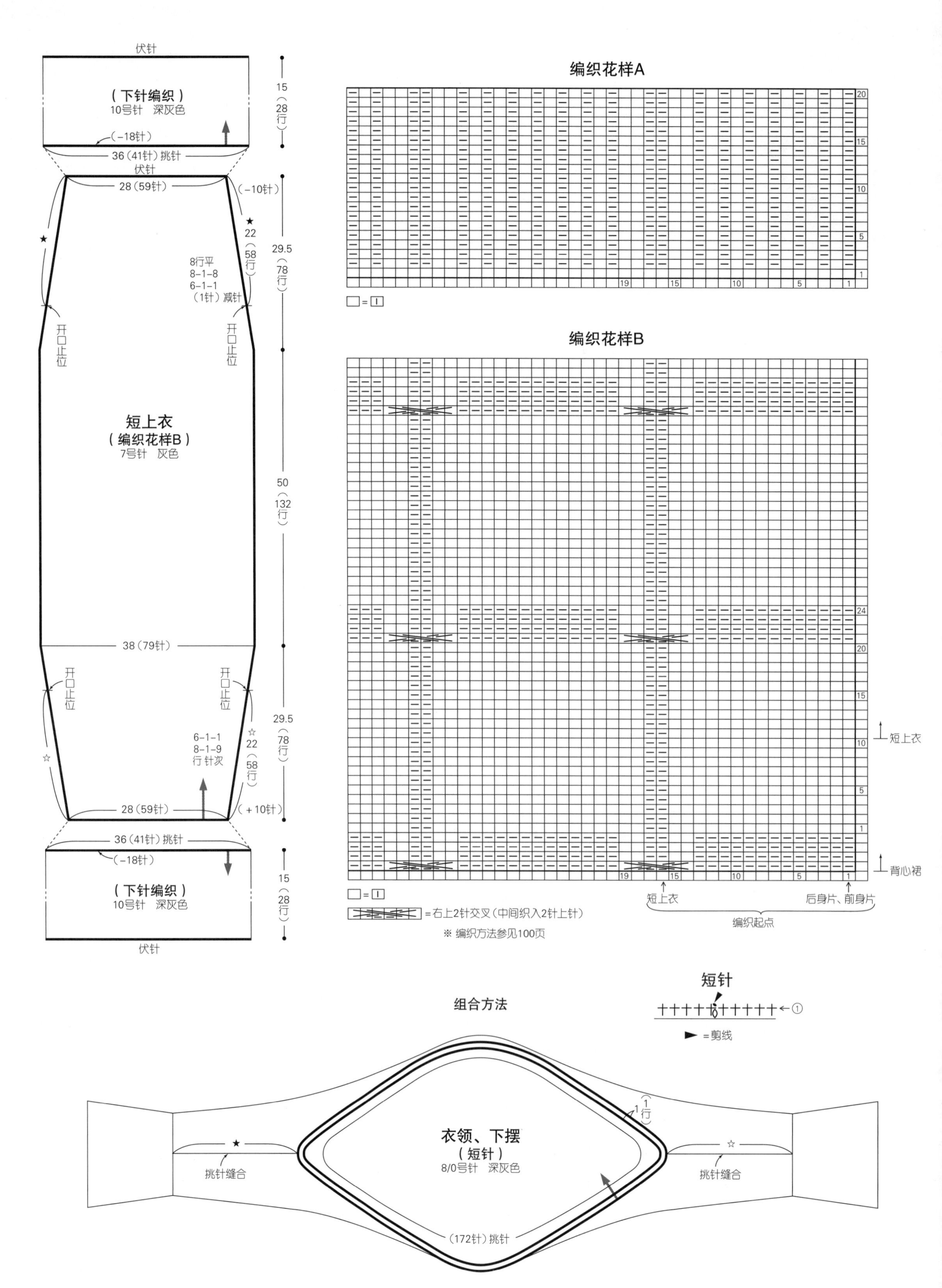

伏针
（下针编织）
10号针　深灰色
（-18针）
36（41针）挑针
伏针
28（59针）
（-10针）
★
22
（58行）
8行平
8-1-8
6-1-1
（1针）减针
开口止位
短上衣
（编织花样B）
7号针　灰色
38（79针）
6-1-1
8-1-9
行 针次
☆
28（59针）
（+10针）
36（41针）挑针
（-18针）
（下针编织）
10号针　深灰色
伏针
15（28行）
29.5（78行）
50（132行）
29.5（78行）
15（28行）
编织花样A
=
编织花样B
短上衣
背心裙
短上衣
后身片、前身片
编织起点
=右上2针交叉（中间织入2针上针）
※ 编织方法参见100页
组合方法
短针
=剪线
衣领、下摆
（短针）
8/0号针　深灰色
1（1行）
挑针缝合
（172针）挑针

材料

内藤商事 Baby Alpaca 米色（255）485g/20团；直径18mm的纽扣7颗

工具

钩针5/0号

成品尺寸

胸围96cm，肩宽36cm，衣长56.5cm，袖长44cm

编织密度

编织花样A：1个花样6针2cm，11行10cm；10cm×10cm面积内：编织花样B 24针，11行

编织要点

●身片、袖…锁针起针，后身片、袖钩织长长针、编织花样A，前身片钩织长长针、编织花样A、编织花样B。右前门襟参照图示一边开扣眼，一边钩织。扣眼下一行的长长针要分开前一行锁针针目挑针钩织。

●组合…肩部钩织引拔针接合，胁和袖下钩织引拔针和锁针接合。领窝钩织1行引拔针。衣袖和身片做引拔接合。缝上纽扣。

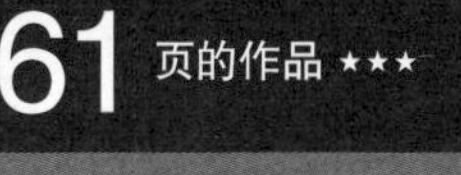

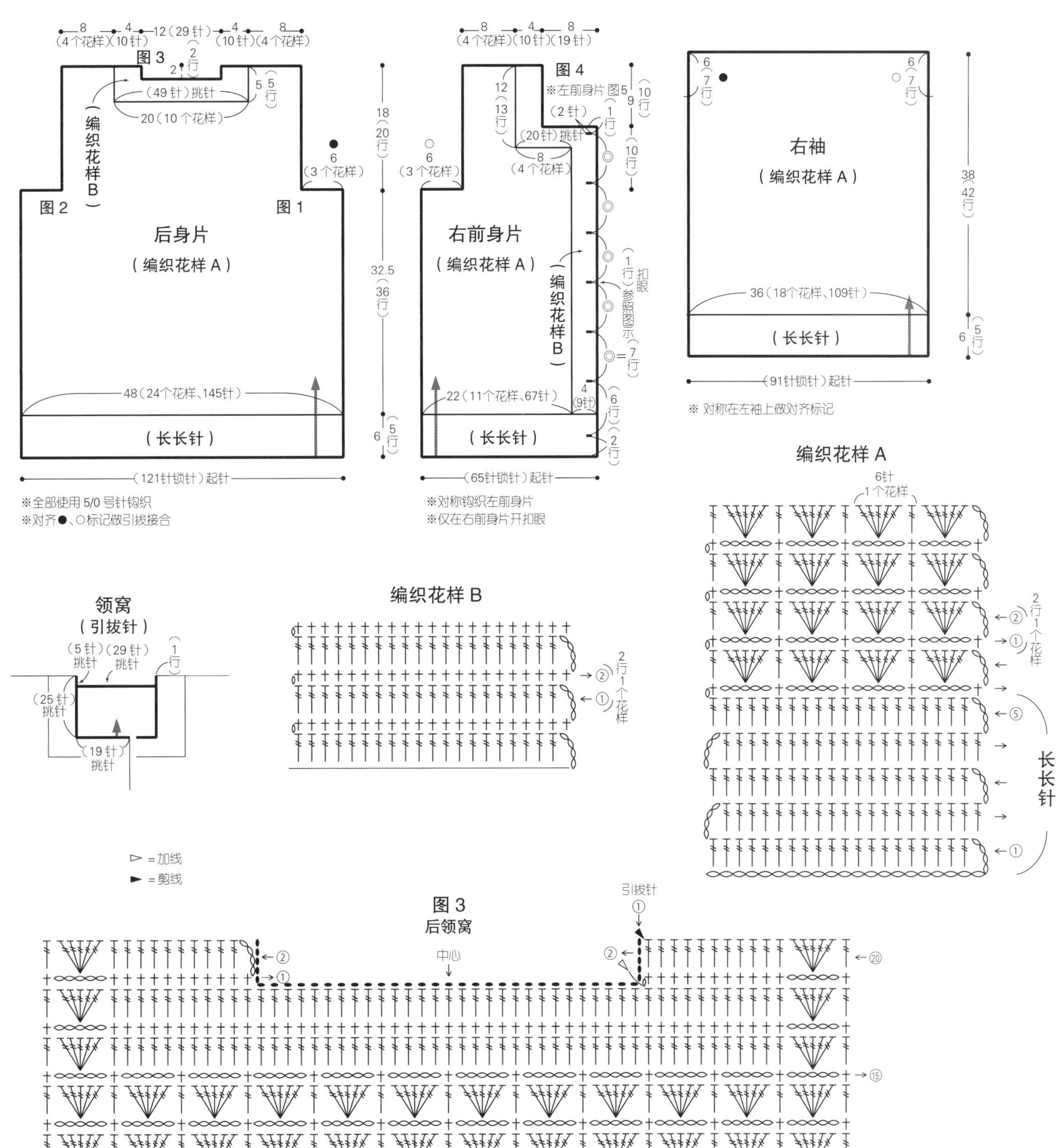

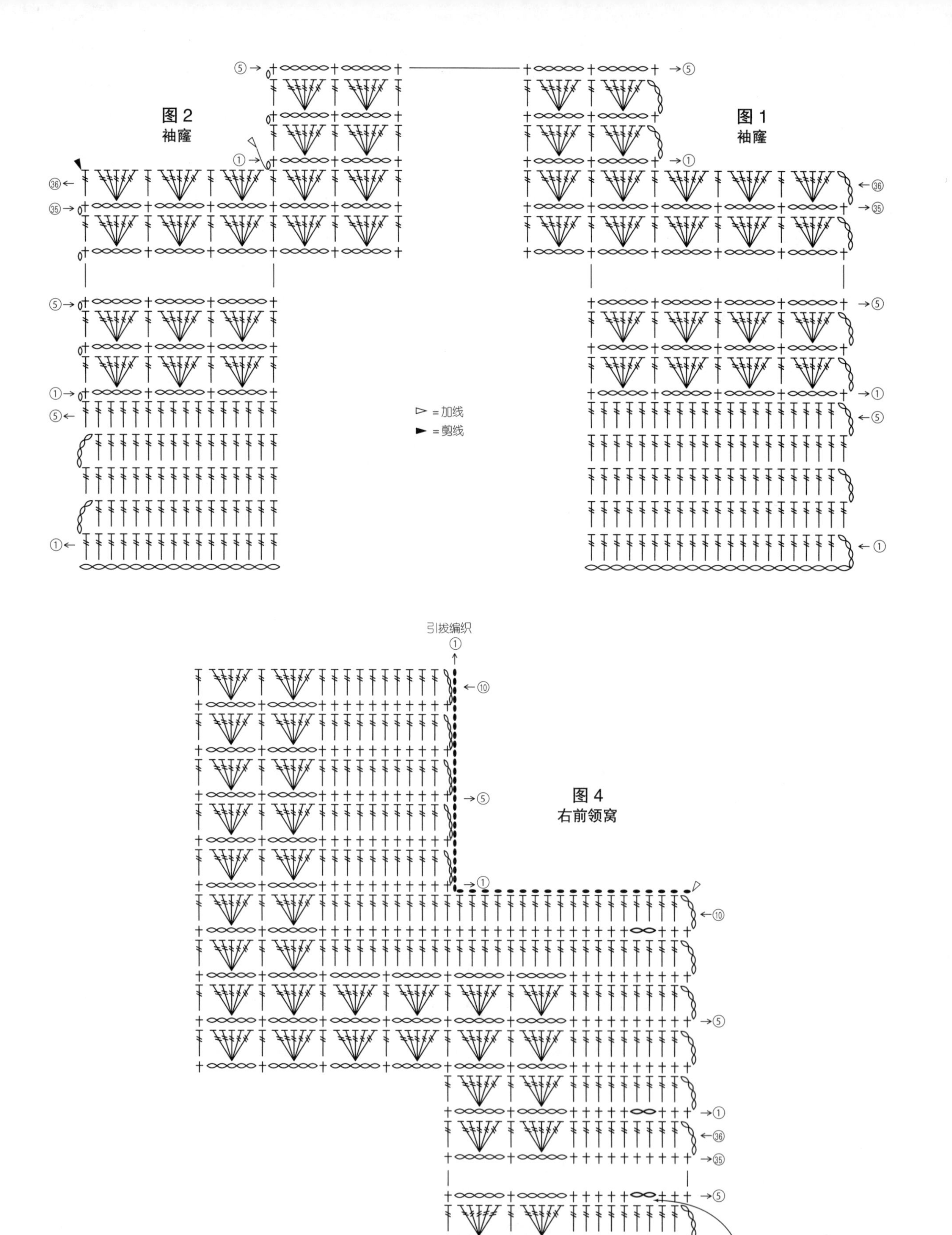

图 2
袖窿
图 1
袖窿
⊳ = 加线
► = 剪线
引拔编织
图 4
右前领窝
扣眼
※扣眼下一行的长长针要分开前一行锁针针目挑针编织

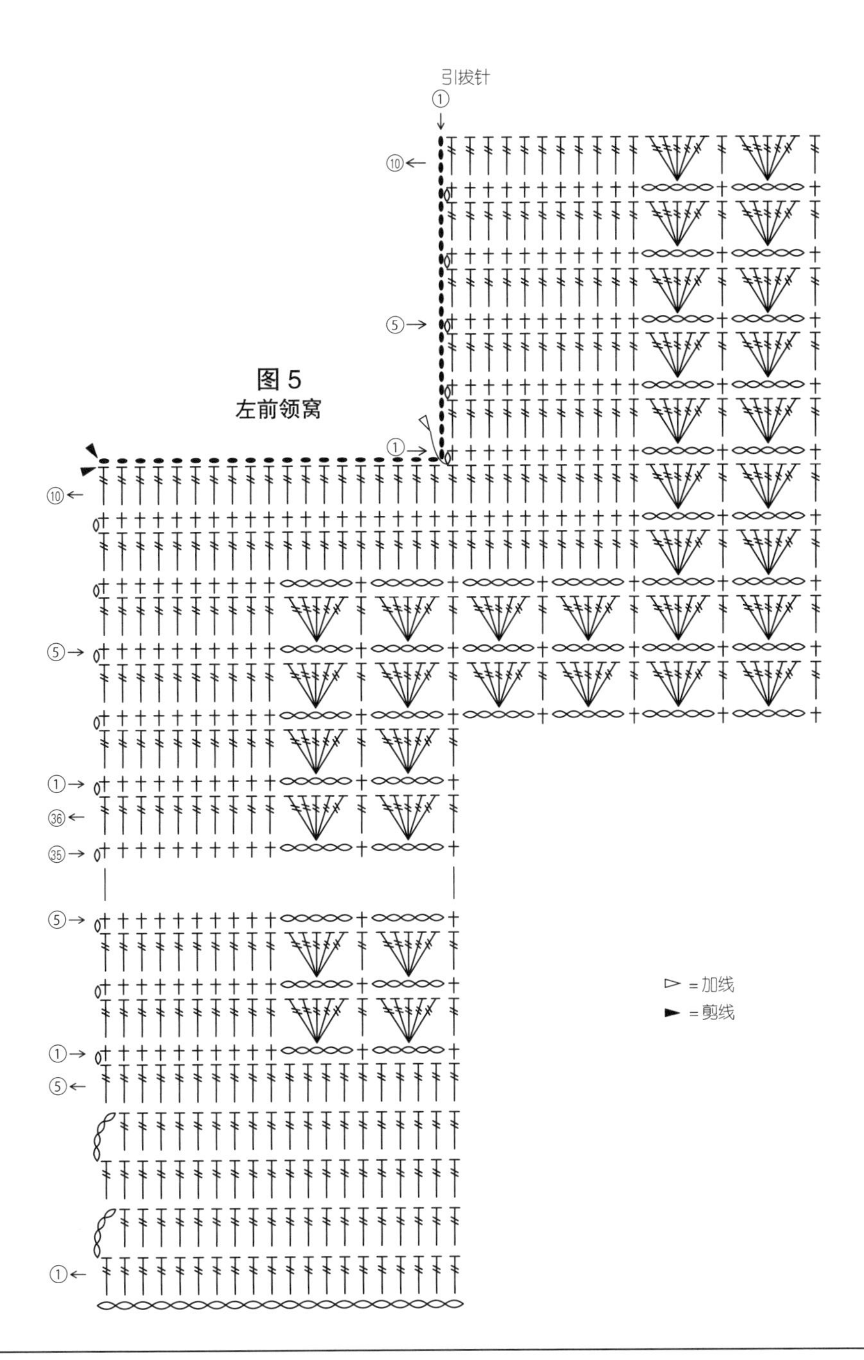

在5针2行共4次的上针浮针的中心编织拉针

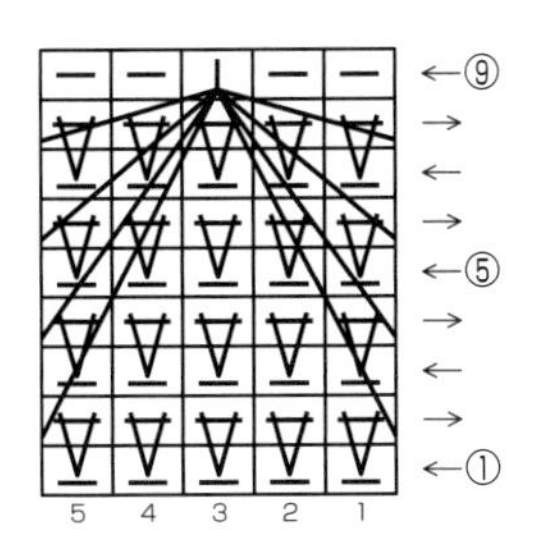

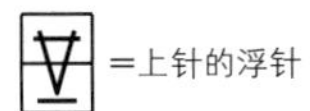

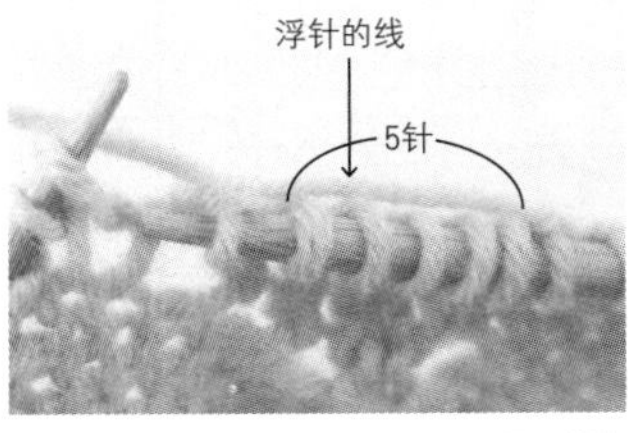

1 第1行编织上针。第2行从反面编织，将线留在织片后面，5针不编织，直接移至右棒针上。

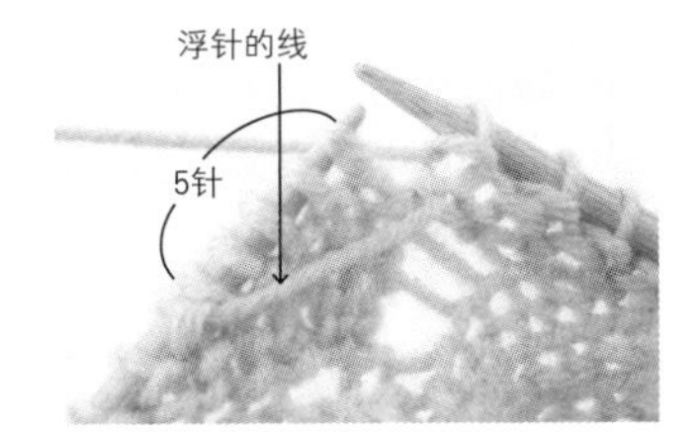

2 将浮针的线渡到正面。重复3次。

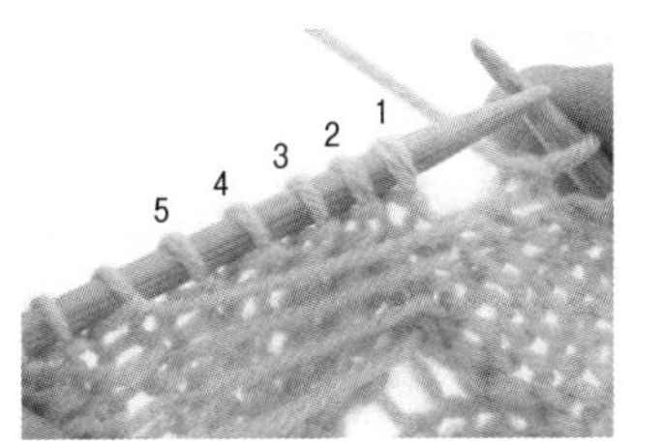

3 第9行从正面编织，有4根浮针的线。针目1、2编织上针。

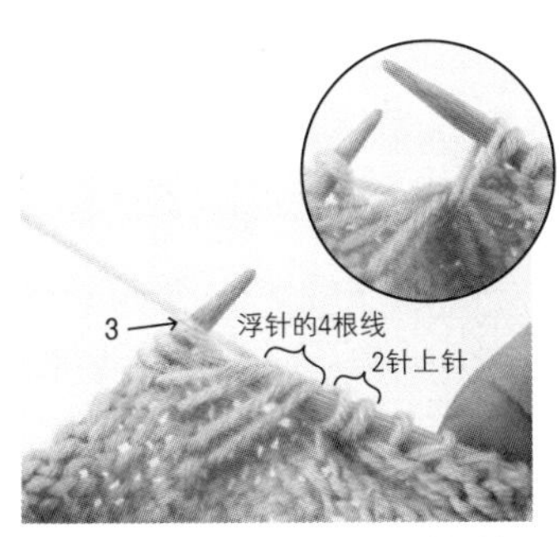

4 用右棒针挑起浮针的4根线，然后插入针目3中编织下针。

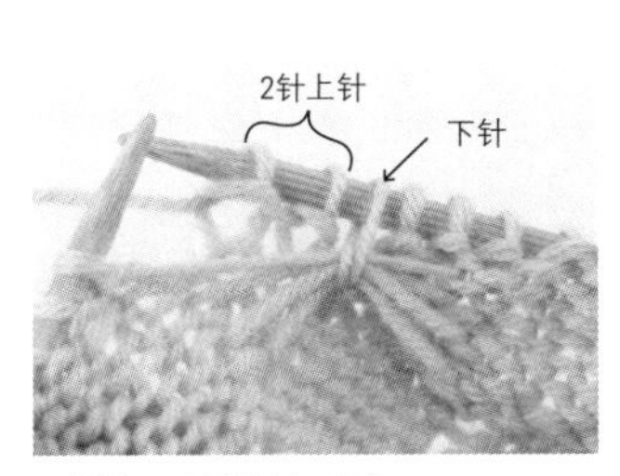

5 针目4、5编织上针，完成。

材料

钻石线 Diaexceed <Cashmere> 原白色（801）240g/8团

工具

棒针5号、4号、3号，钩针2/0号

成品尺寸

胸围95cm，肩宽34cm，衣长54cm，袖长23cm

编织密度

10cm×10cm面积内：编织花样30针，36行（5号针）

编织要点

●身片、袖…另线锁针起针，按编织花样编织，注意针号的变化。参照图示加减针。下摆、袖口拆开起针的锁针挑针后编织起伏针。编织终点一边编织上针一边做伏针收针。

●组合…肩部做盖针接合。肋部、袖下做挑针缝合。衣领挑取指定针数后环形编织边缘。编织终点做扭针的单罗纹针收针。袖与身片之间做引拔接合。

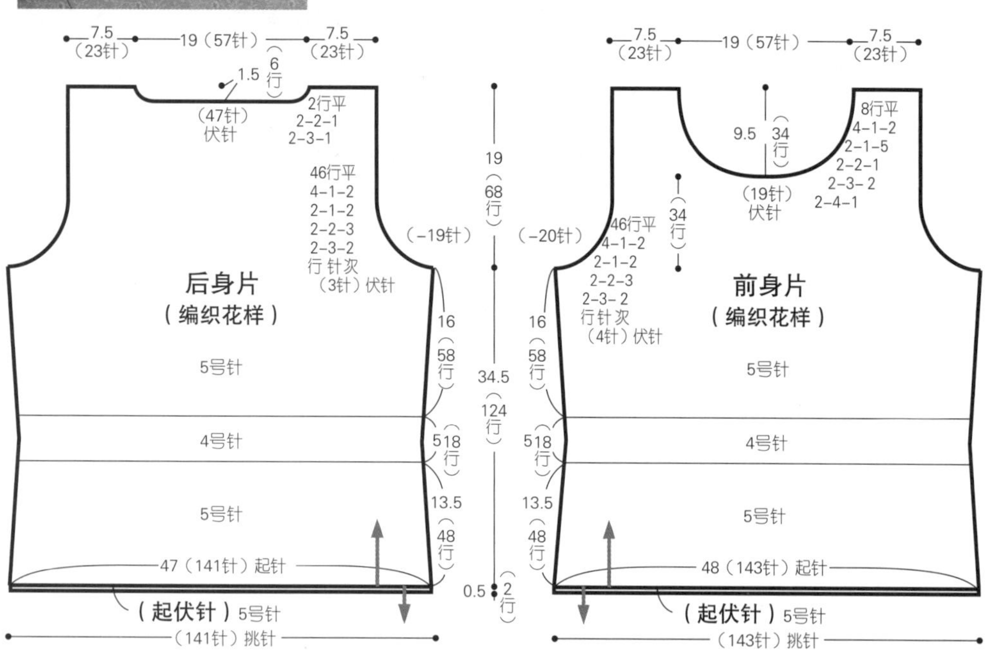

第67页的织片

红色（804）
米色（803）
茶色（806）

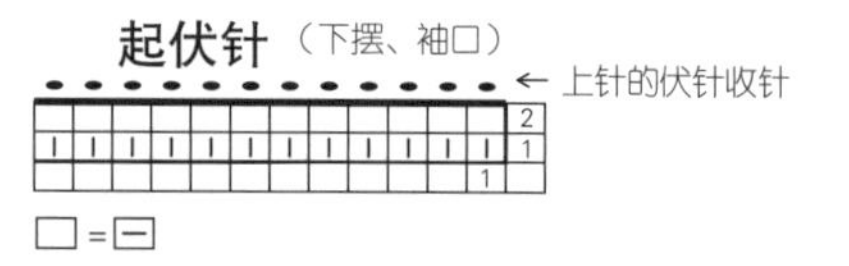

编织花样

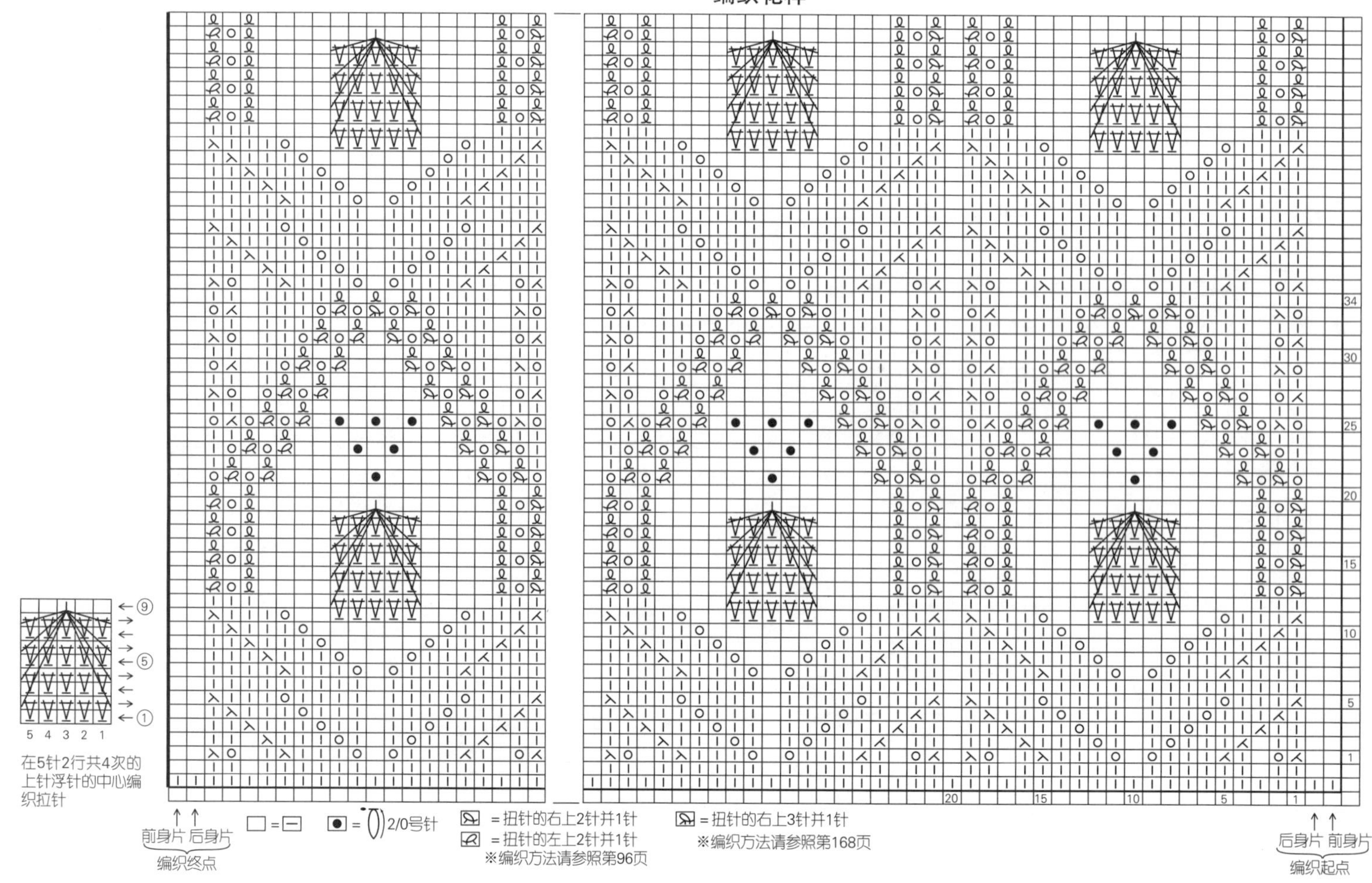

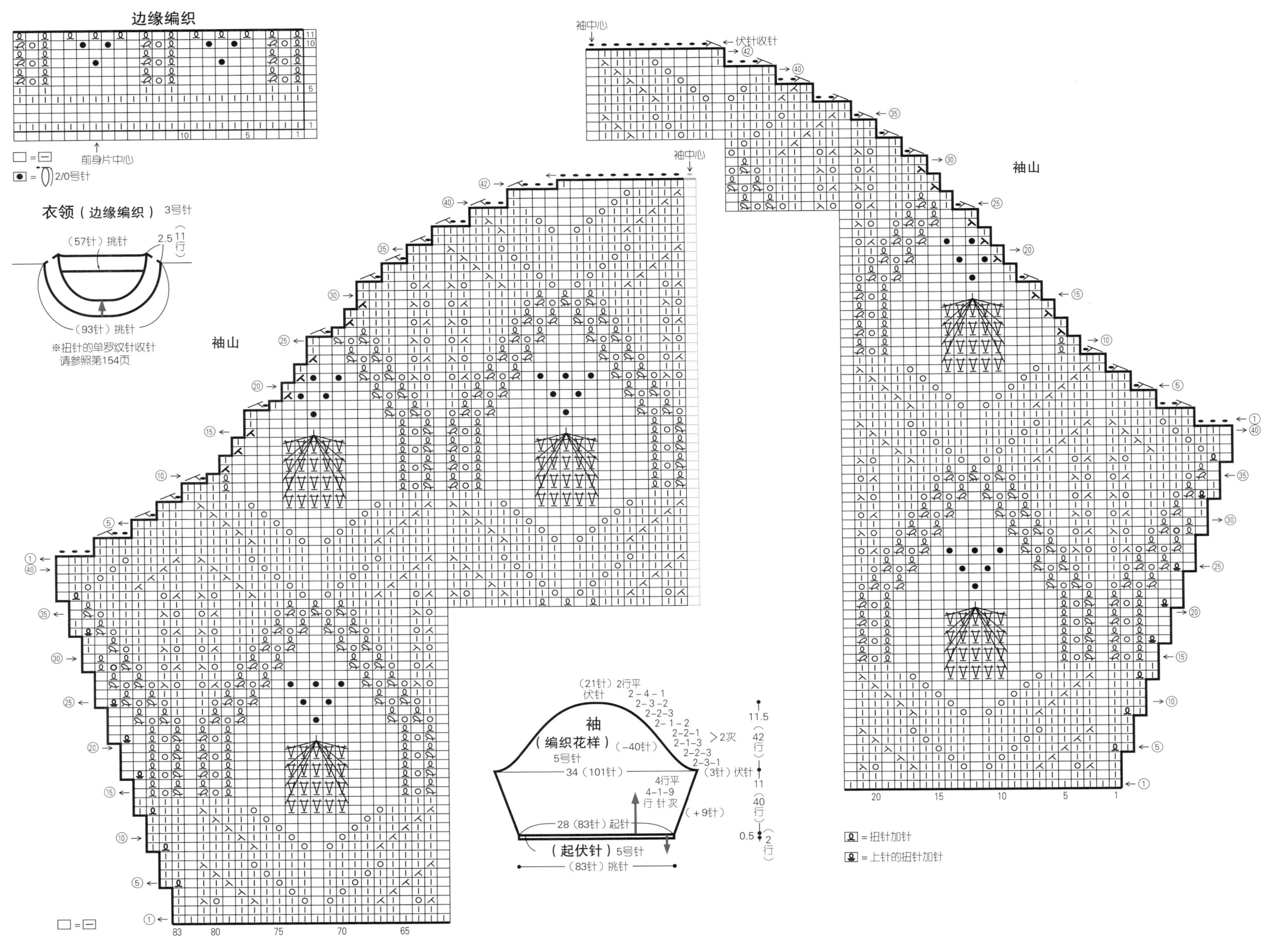

边缘编织
前身片中心
2/0号针
衣领（边缘编织）3号针
（57针）挑针
（93针）挑针
※扭针的单罗纹针收针
请参照第154页
袖山
袖中心
伏针收针
袖
（编织花样）
5号针
34（101针）
（−40针）
28（83针）起针
（起伏针）5号针
（83针）挑针
（+9针）
（21针）伏针
（3针）伏针
＝扭针加针
＝上针的扭针加针

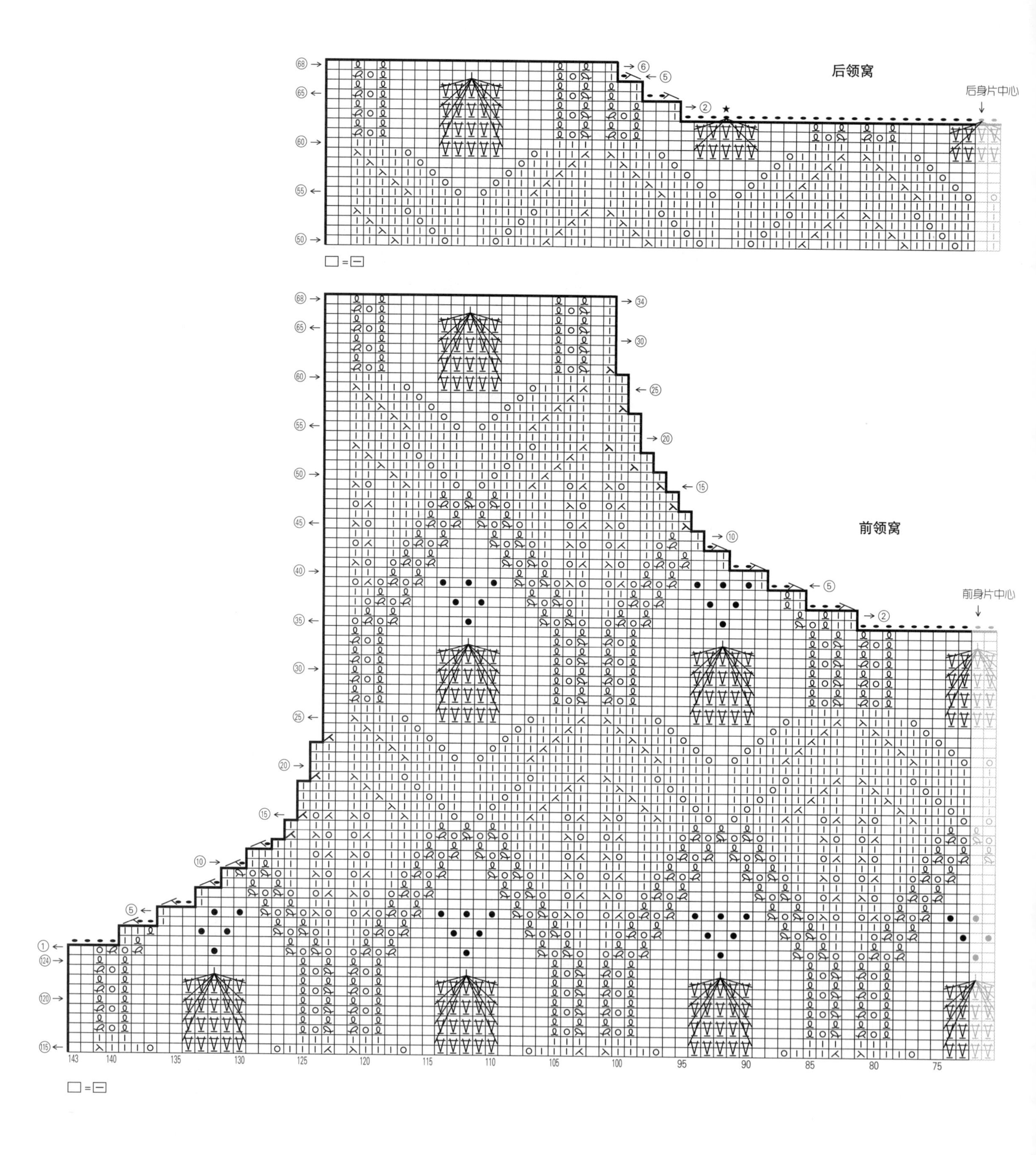

扭针的右上3针并1针

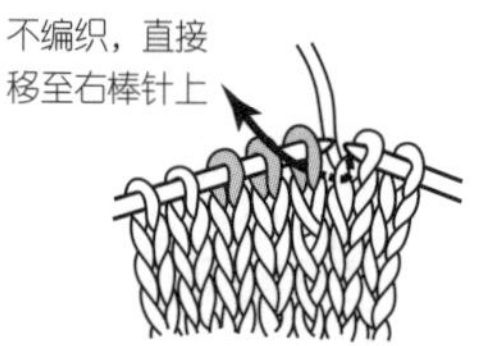

1 将棒针从后侧插入第1个针目里，不编织，直接移至右棒针上。

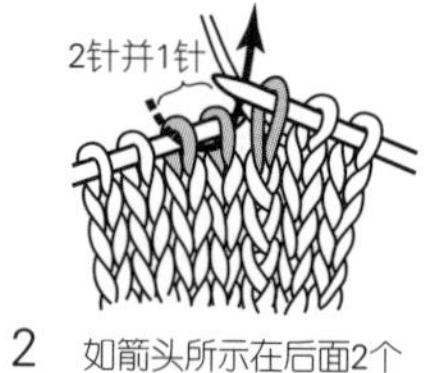

2 如箭头所示在后面2个针目里插入棒针，编织2针并1针。

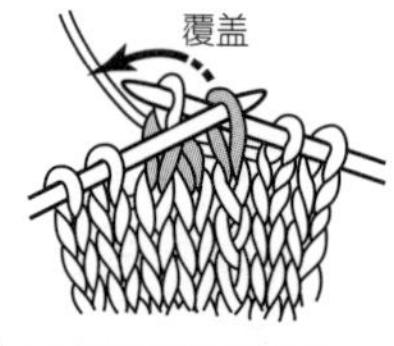

3 用左棒针挑起移过去的针目，将其覆盖在刚才编织的针目上。

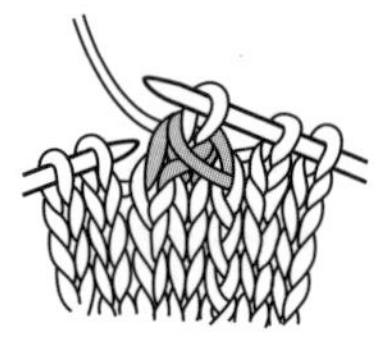

4 扭针的右上3针并1针完成。

后领窝

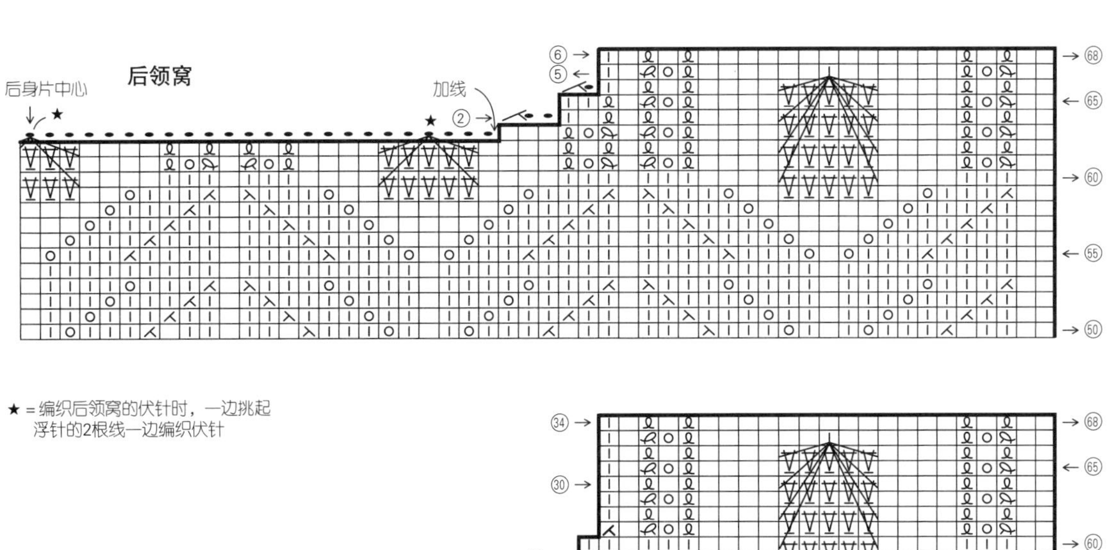

★＝编织后领窝的伏针时，一边挑起浮针的2根线一边编织伏针

前领窝

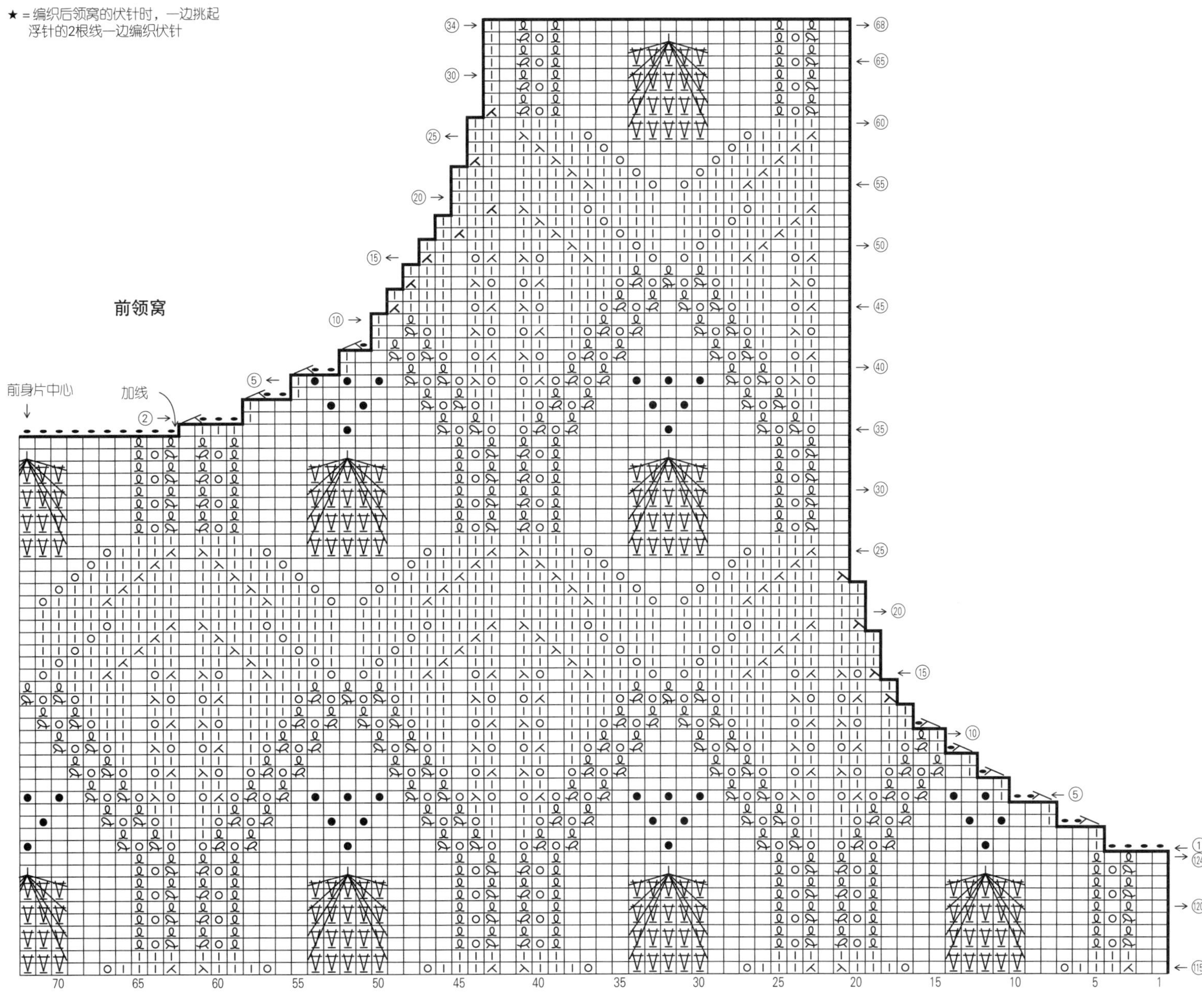

3针中长针的枣形针

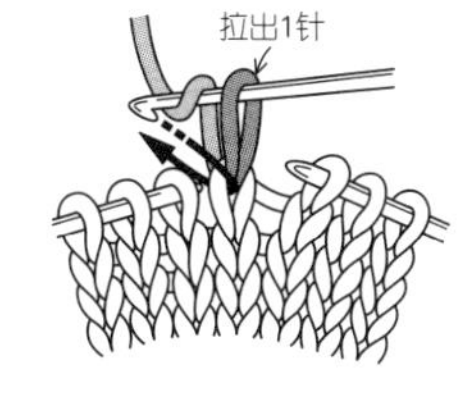

1 用钩针松松地拉出1针。钩针上挂线，在同一个针目里插入钩针。

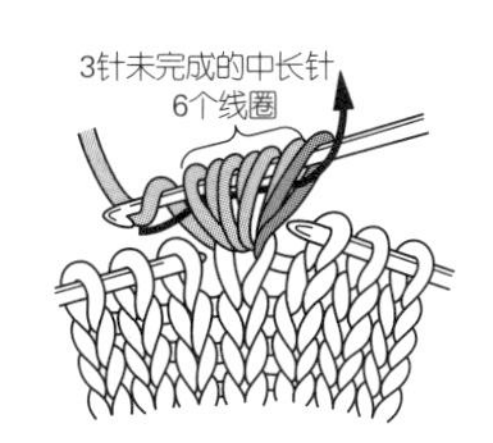

2 重复3次"钩针上挂线，拉出"，一次引拔穿过钩针上的全部线圈。

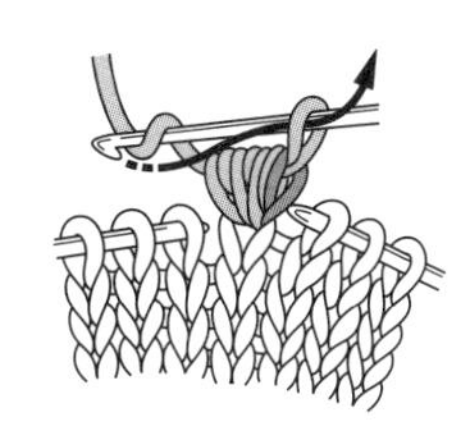

3 钩针上挂线，如箭头所示再次引拔，收紧针目。

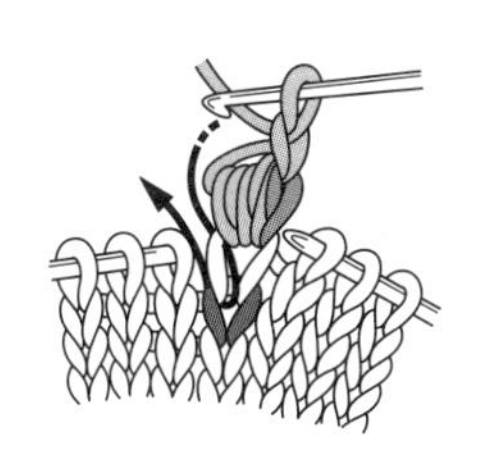

4 在钩出枣形针的针目下方1行的线圈里，如箭头所示从反面插入钩针，将该线圈拉出。

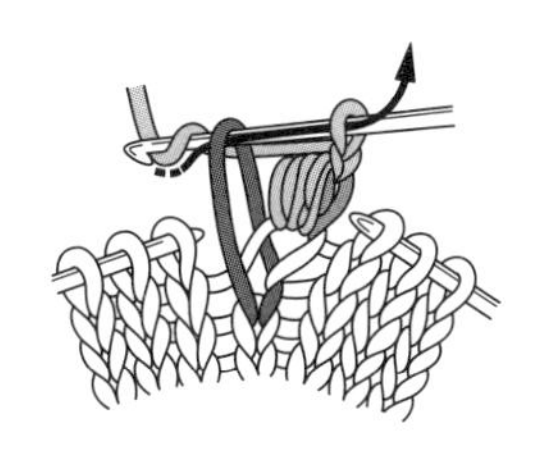

5 钩针上挂线，一次引拔穿过2个线圈，再将针目移至右棒针上。

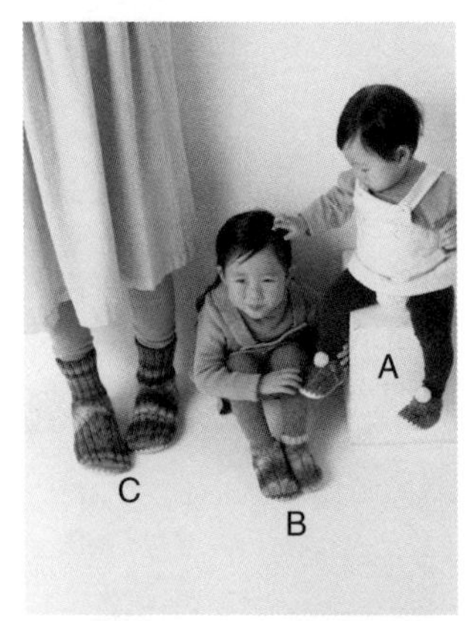

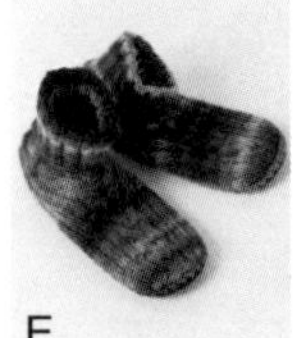

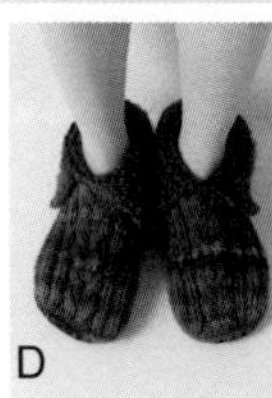

材料

奥林巴斯手编线 Vesper、Quintet、Tree House Ground，毛线的色名、色号、使用量和编织用袜底等请参照图表

工具

棒针8号、7号、12号，钩针5/0号

成品尺寸

[A] 袜底长12cm，袜筒4.5cm
[B] 袜底长15cm，袜筒6.5cm
[C] 袜底长23cm，袜筒18.5cm
[D] 袜底长23cm，袜筒9.5cm
[E] 袜底长23cm，袜筒15cm

编织密度

10cm×10cm面积内：编织花样27针，24.5行

编织要点

●主体部分手指起针，从袜头开始编织，做编织花样。编织至袜背，袜筒左右分开编织。编织终点休针。◎标记处做引拔接合。A款连接绒球，B~E款钩织袜口。编织终点做伏针收针。参照图示，在编织用袜底边缘的孔中钩织短针。挑取短针头部后侧1根线和主体边缘第1针、第2针中间的线，将袜底和主体连接在一起。

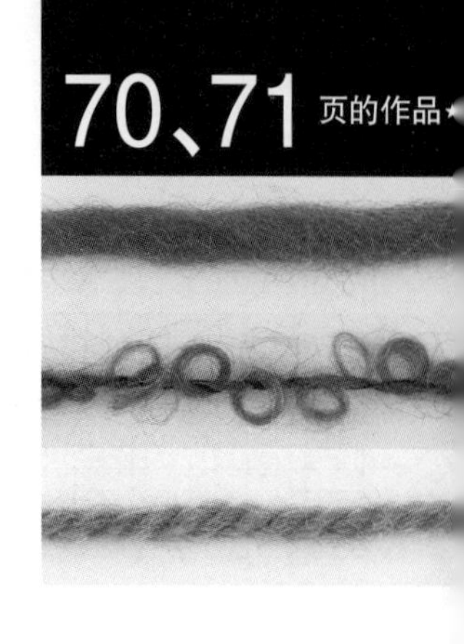

使用量一览表

	Vesper	Quintet	Tree House Ground	编织用袜底
A	绿色系（4）20g/1团		白色（301）5g/1团	奶油色（AS-101）
B	红色系（1）30g/1团			浅蓝色（AS-52）
C	粉灰色系（1）100g/4团			米色（AS-12）
D	红紫色系（1）65g/3团	紫色系（6）35g/1团		棕色（AS-11）
E	褐灰系（1）90g/3团			棕色（AS-11）

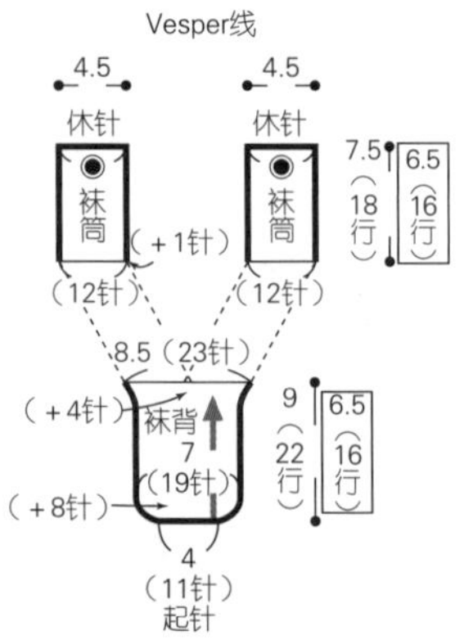

※对齐◉引拔接合
※方框内的文字表示作品A，其他通用

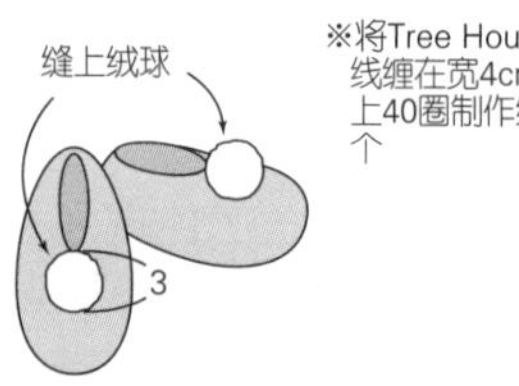

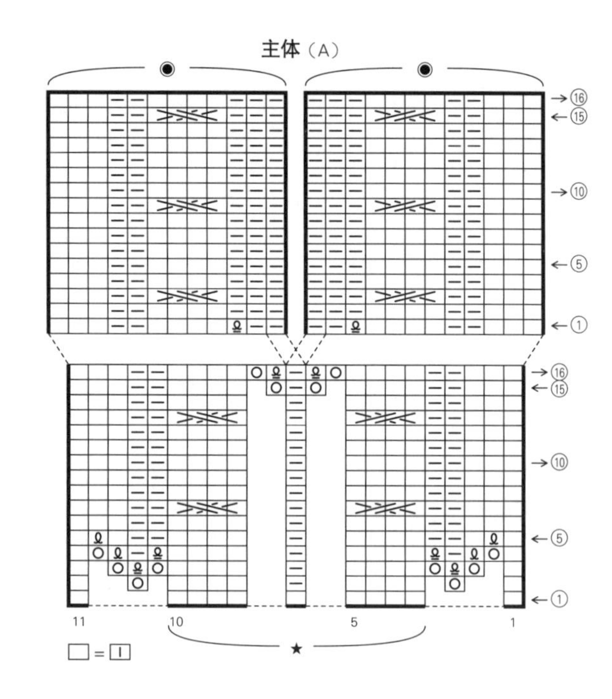

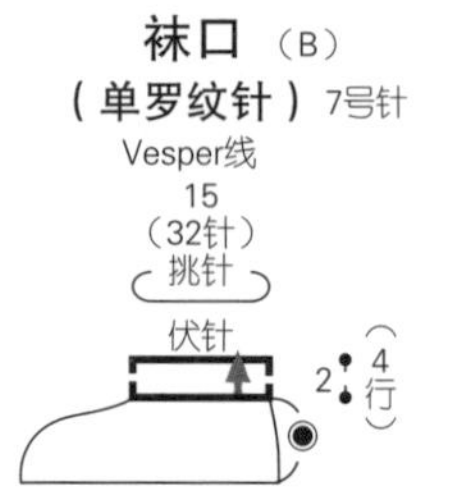

单罗纹针（B）

做下针织下针、上针织上针的伏针收针

2针1个花样

□=⊡

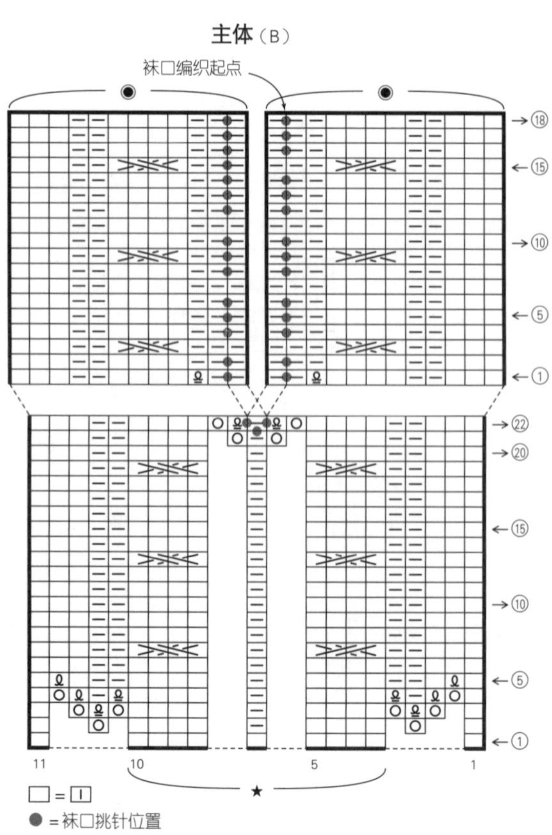

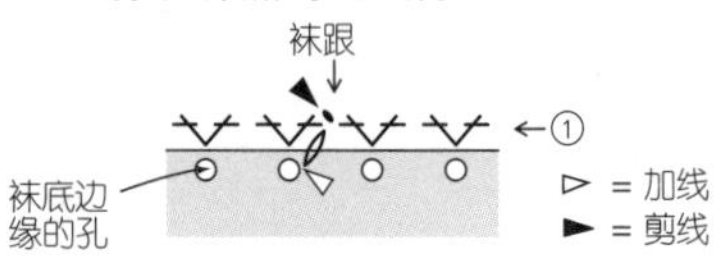

使用和主体相同的线，用5/0号针，1个孔中钩织2针短针

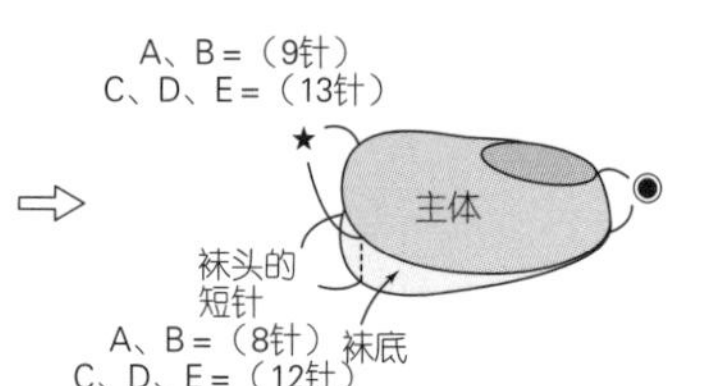

※袜头的短针和主体的★对齐，其他针目均匀对齐

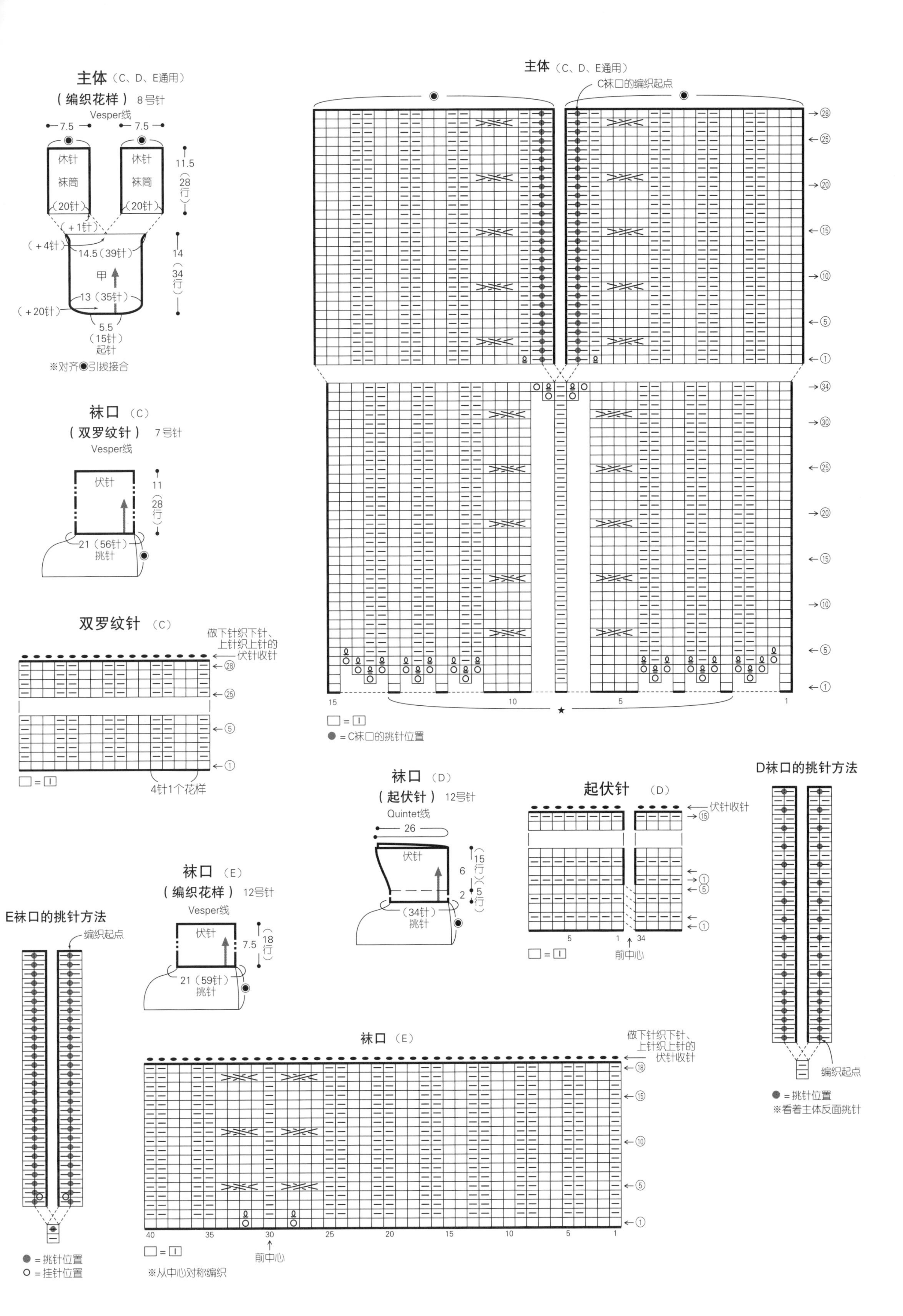
主体（C、D、E通用）
（编织花样）8号针
Vesper线
7.5
7.5
休针
袜筒
（20针）
11.5
（28行）
（+1针）
（+4针）
14.5（39针）
甲
14
（34行）
13（35针）
（+20针）
5.5
（15针）
起针
※对齐●引拔接合
袜口（C）
（双罗纹针）7号针
Vesper线
伏针
11
（28行）
21（56针）
挑针
双罗纹针（C）
做下针织下针、
上针织上针的
伏针收针
4针1个花样
主体（C、D、E通用）
C袜口的编织起点
前中心
● = C袜口的挑针位置
袜口（D）
（起伏针）12号针
Quintet线
26
伏针
6
（15行）
2
（5行）
（34针）
挑针
起伏针（D）
伏针收针
前中心
D袜口的挑针方法
编织起点
● = 挑针位置
※看着主体反面挑针
袜口（E）
（编织花样）12号针
Vesper线
伏针
7.5
（18行）
21（59针）
挑针
E袜口的挑针方法
编织起点
● = 挑针位置
○ = 挂针位置
袜口（E）
做下针织下针、
上针织上针的
伏针收针
前中心
※从中心对称编织

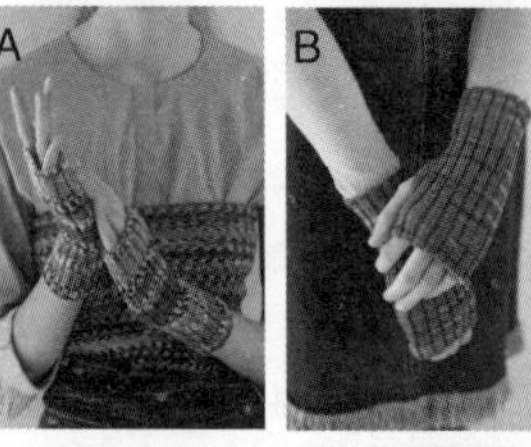
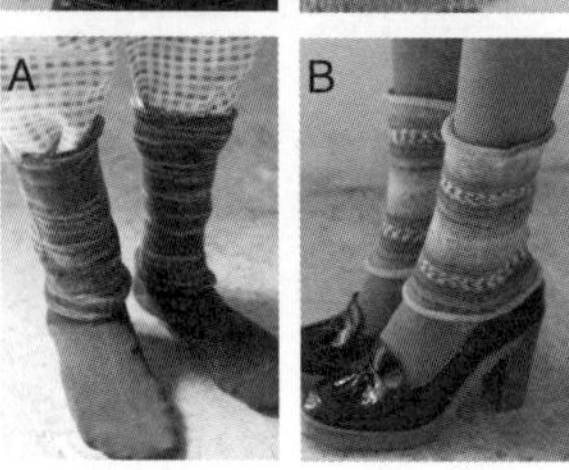

材料

Opal毛线 Relief 2、KFS Original Color 毛线的线名、色号、使用量请参照图表

工具

棒针3号

成品尺寸

[腹卷帽] 宽26cm，长51cm

[护腕] 腕围14cm，长18cm

[暖腿套] 腿围22cm，长20cm

编织密度

10cm×10cm面积内：下针编织、编织花样A、B均为30.5针，42行；双罗纹针44针，39行

编织要点

●腹卷帽…手指起针，A款环形做编织花样A，B款环形做编织花样B。然后换线做下针编织。编织终点松松地做伏针收针。

●护腕…手指起针，编织双罗纹针。编织终点做下针织下针、上针织上针的伏针收针。在拇指处留孔，使用毛线缝针做挑针缝合。

●暖腿套…手指起针，环形做下针编织。编织终点松松地做伏针收针。

腹卷帽 A、B

伏针

（下针编织）

A：褐色混色

B：粉蓝渐变色

25.5（108行）

（160针）

A:（编织花样A）海军蓝混色

B:（编织花样B）玫红混色

25.5（108行）

52（160针）

※ 全部使用3号针编织

编织花样 A

※一边做下针编织，一边在黄绿色线部分编织1针放5针的扇形花样

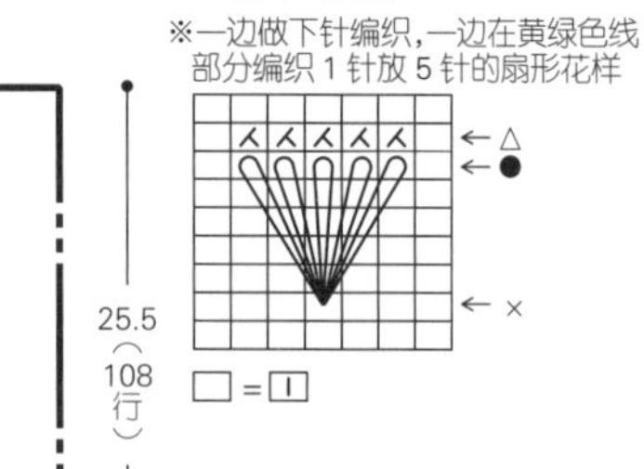

编织花样 B

※一边做下针编织，一边在蓝色线部分编织枣形针

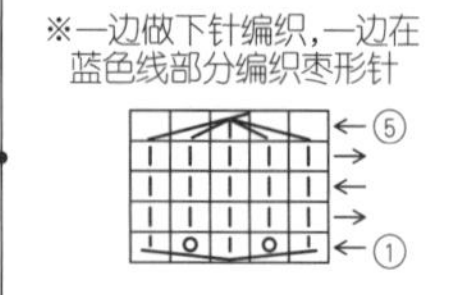

护腕 A、B（双罗纹针） 2片

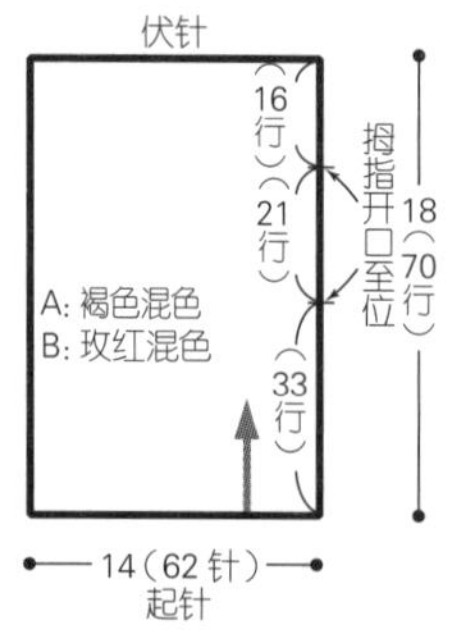

※ 全部使用3号针编织

双罗纹针

做下针织下针、上针织上针的伏针收针

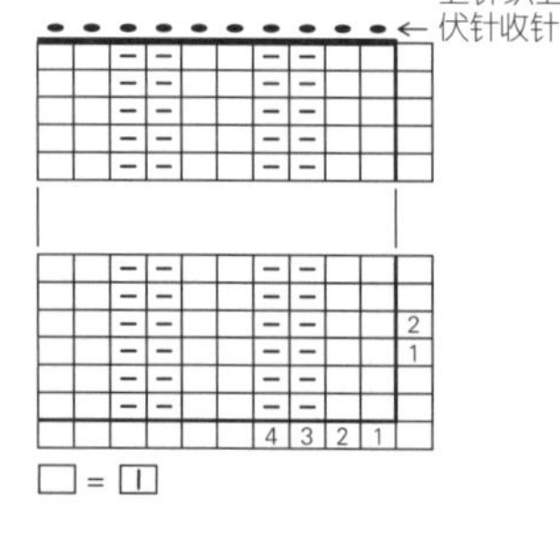

使用量一览表

线名	色名（色号）	腹卷帽		护腕		暖腿套	
		A	B	A	B	A	B
Relief2	海军蓝混色（9663）	60g				40g	
	玫红混色（9664）		65g		30g		
KFS Original Color	褐色混色（104）	60g		30g			
	粉蓝渐变色（128）		60g				40g

护腕的组合方法

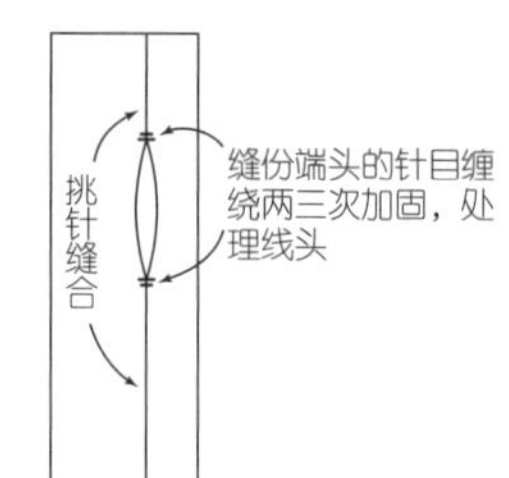

护腕 A、B

2片

伏针

（下针编织）

A：海军蓝混色

B：粉蓝渐变色

20（84行）

22（68针）起针

※ 全部使用3号针编织

1针放3针的加针

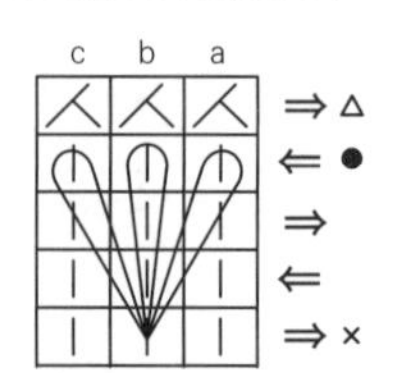

※ 作品全部看着正面编织

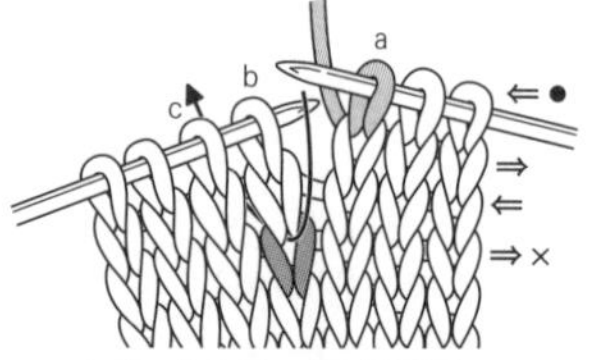

1 在●行操作。第1针编织a，第2针将右棒针插入3行下方的针目，挂线并拉出。

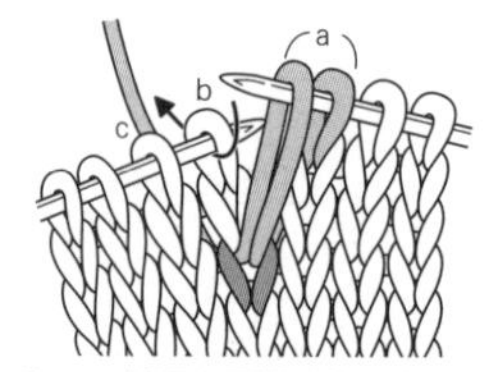

2 b、c针目按照相同的方法编织。

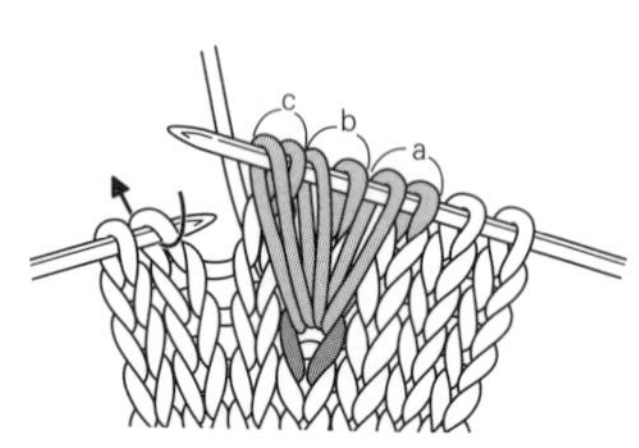

3 继续编织。

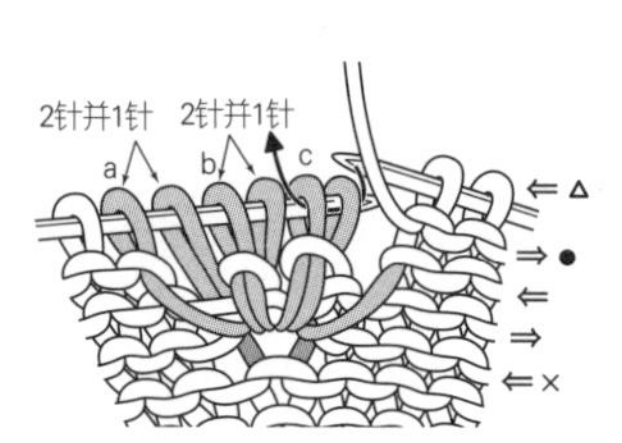

4 编织△行。将右棒针插入2个c针目，编织2针并1针。

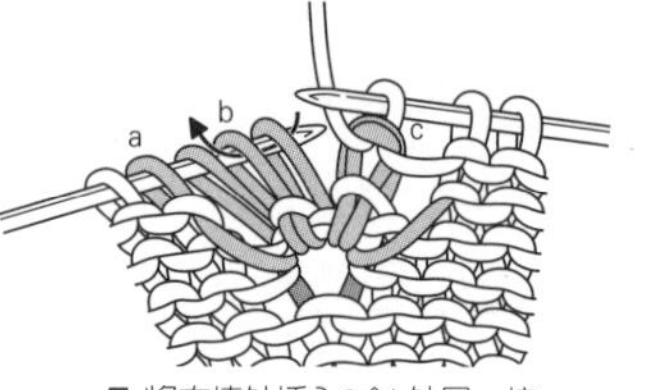

5 将右棒针插入2个b针目，按照c针目的方法编织2针并1针。

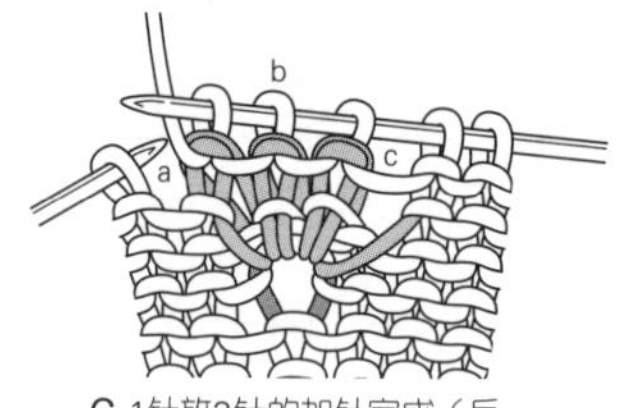

6 1针放3针的加针完成（反面）。

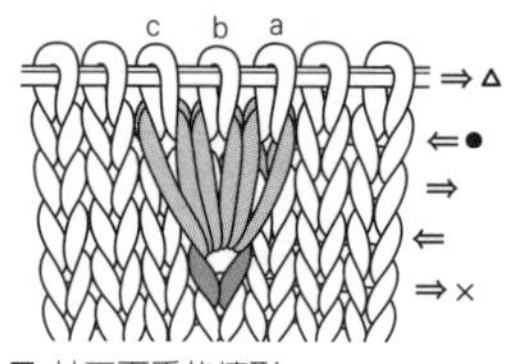

7 从正面看的情形。

材料

钻石线 Diadomina <STELLA> 黑色(7708) 270g / 8团；Diaalpacamix 紫色和蓝色系段染(6707) 20g / 1团

工具

编织机 Amimumemo (6.5mm)

成品尺寸

衣长45cm

编织密度

10cm×10cm面积内：编织花样和上针编织均为17针，26行

编织要点

●用另色线起针，做编织花样和上针编织。编织花样参照图示挂线，注意左右要对称。编织终点编织几行另色线后，从编织机上取下织片。看着身片的上针一侧从行(☆)上挑取76针，再看着下针一侧将编织起点的针目(☆)挂在编织机上，做机器缝合。★之间也按相同的要领缝合。

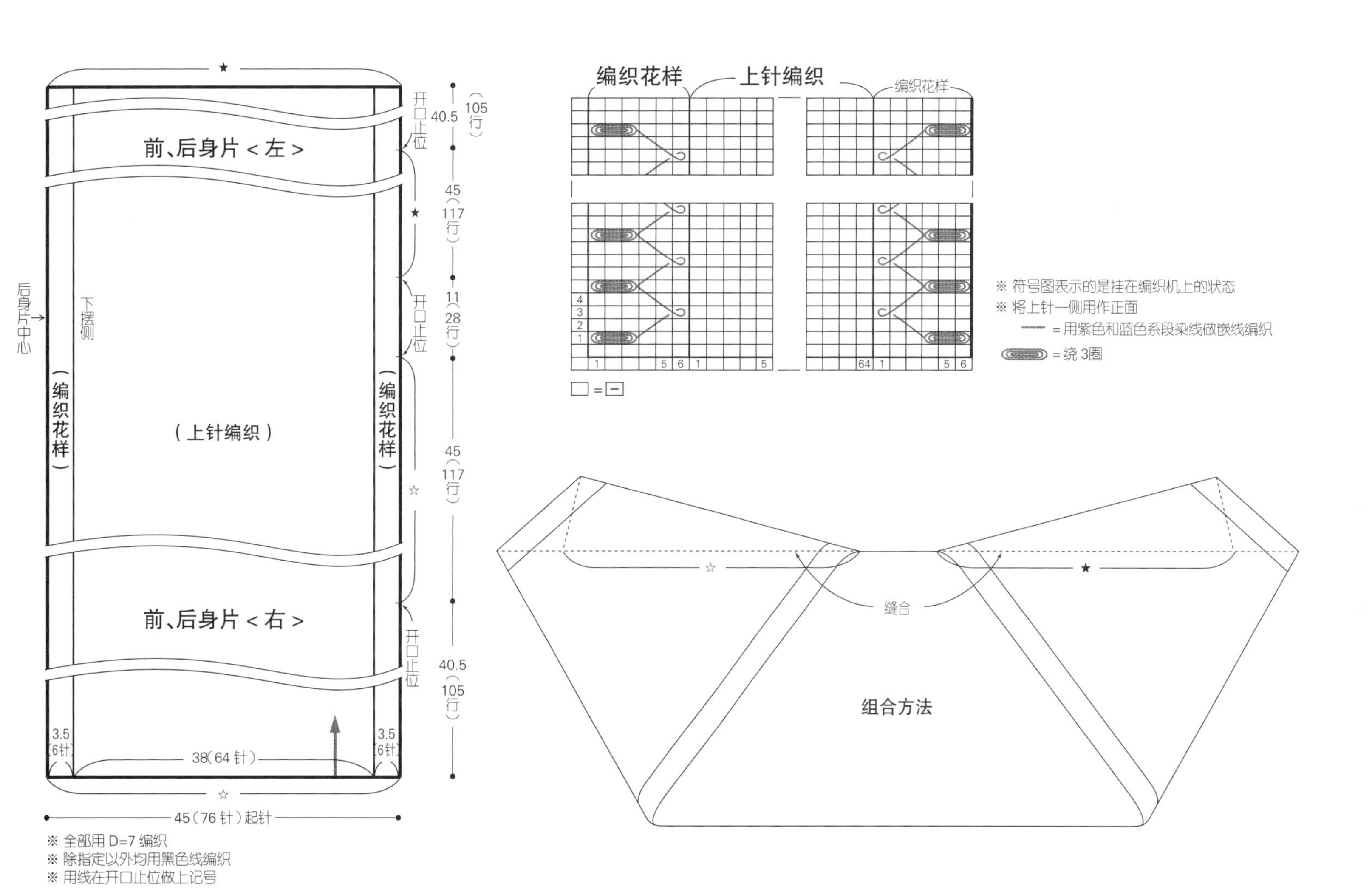

花样的编织方法

※ 先将绕线部分的机针的针舌合上再继续编织

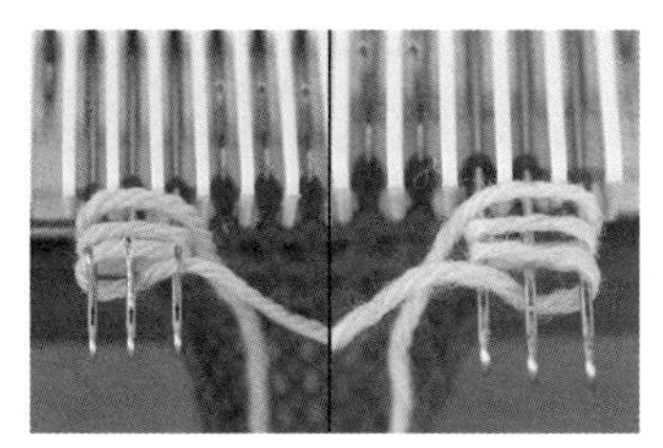

1 到嵌线编织的行时，分别在左右两端 3 根机针上绕 3 圈线，编织 2 行。

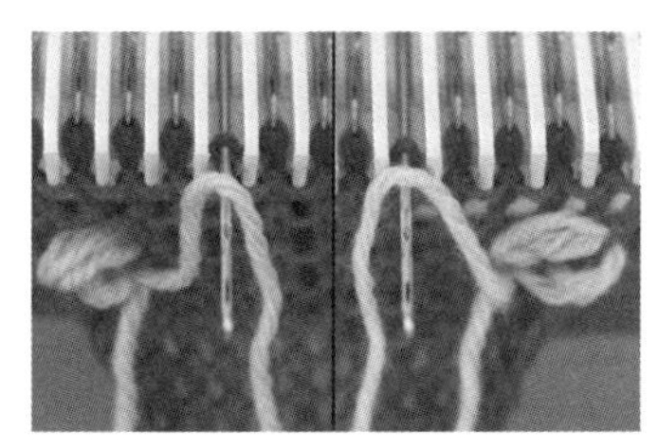

2 接着将线挂在从边上往里数第 6 根机针上，编织 2 行。

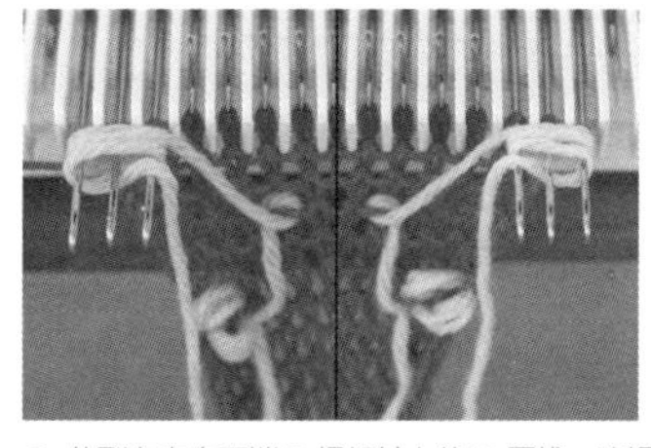

3 分别在左右两端 3 根机针上绕 3 圈线，编织 2 行。

4 重复步骤 2 和 3 。

材料

钻石线 Tasmanian Merino <混色段染> 浅绿色系段染（225）370g/10团；Diaalpacamix 深红色系段染（6705）15g/1团

工具

编织机 Amimumemo（6.5mm）

成品尺寸

胸围96cm，肩宽36cm，衣长66.5cm，袖长38.5cm

编织密度

10cm×10cm面积内：下针编织22针，29.5行；编织花样B 21针，29行

编织要点

●身片、袖…前、后身片做退1针的另色线起针，做编织花样A和下针编织。编织终点编织几行另色线，从编织机上取下织片。编织4片相同的织片。袖按与前、后身片相同的要领编织。后育克、前育克用另色线起针后按编织花样B编织。

●组合…右肩做机器缝合。衣领按与前、后身片相同的要领起针，按编织花样A编织。编织终点编织几行另色线，从编织机上取下织片。参照衣领的缝合方法，缝合衣领和育克。前、后身片之间做挑针缝合。参照组合方法，机器缝合前、后身片与前、后育克。左肩做机器缝合。腋下、衣领侧边、袖下做挑针缝合。袖与身片之间做引拔缝合。

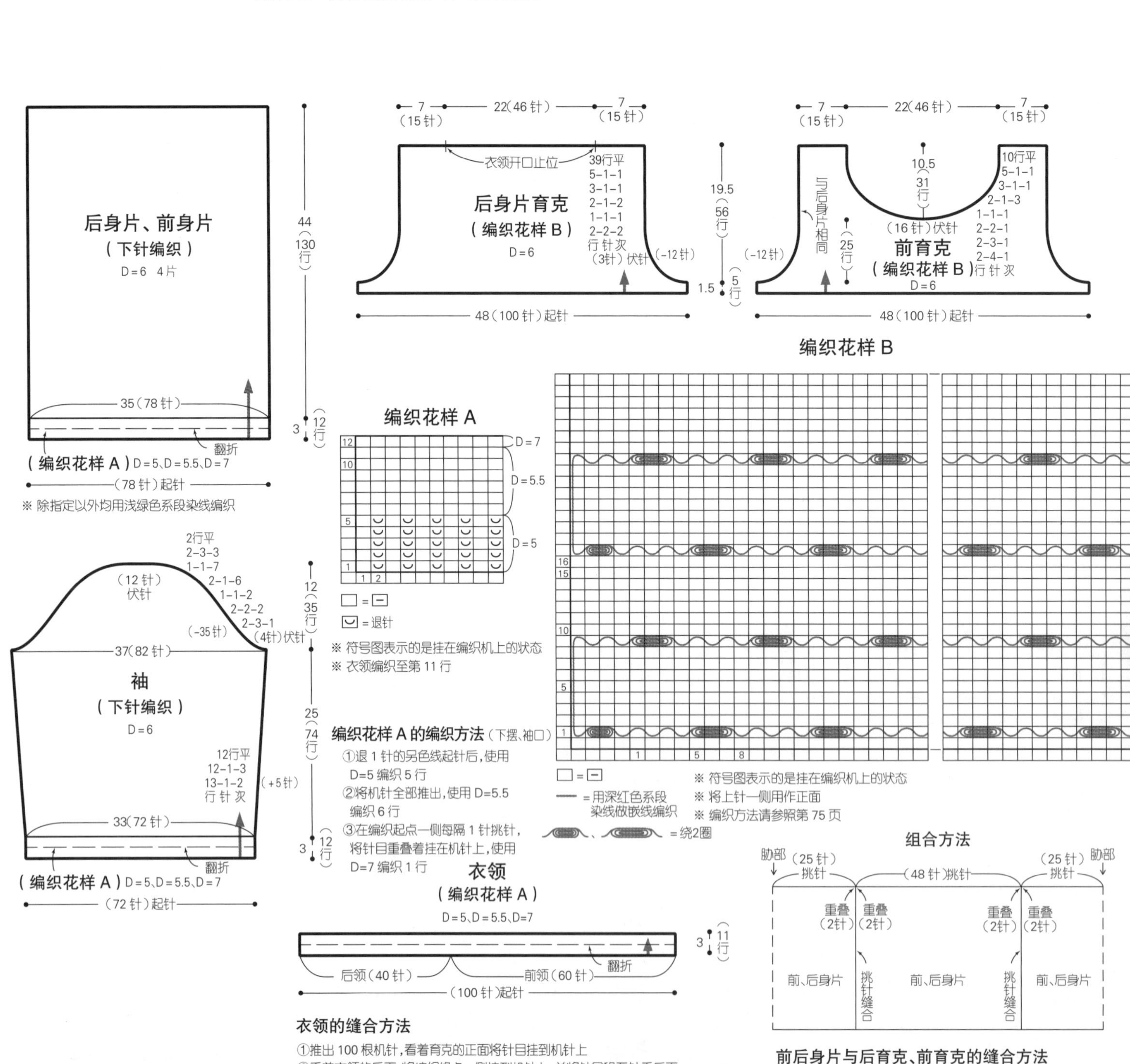

衣领的缝合方法

①推出100根机针，看着育克的正面将针目挂到机针上

②看着衣领的反面，将编织终点一侧挂到机针上，并将针目移至针舌后面

③将衣领的编织起点一侧每隔1针挂到机针上，使用D=7编织1行后做卷针收针

前后身片与后育克、前育克的缝合方法

①为了挑取指定针数，看着前、后身片的正面，两端重叠2针，其余部分每3针重叠一次针目，一边均匀减针一边将针目挂到机针上

（挂上前后身片的一半针目，分两次缝合）

②后育克、前育克两端重叠2针，看着反面将针目挂到机针上，做机器缝合

棒针编织基本技法

手指起针

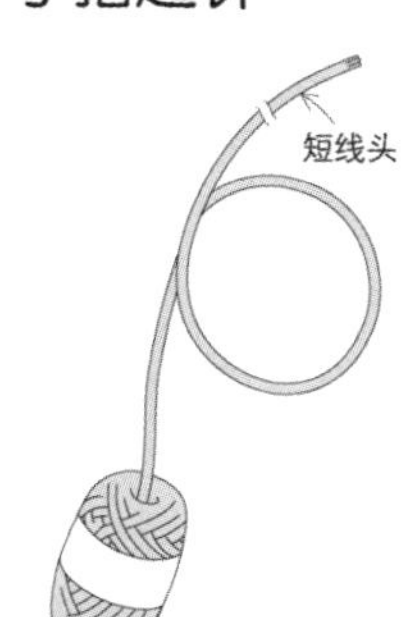

❶短线头的一侧要留出 3 倍于编织宽度的长度。

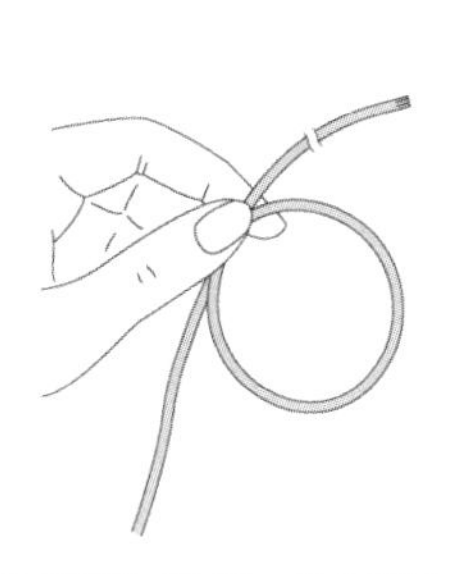

❷用线做成环形，用左手拇指和食指捏住交叉的地方。

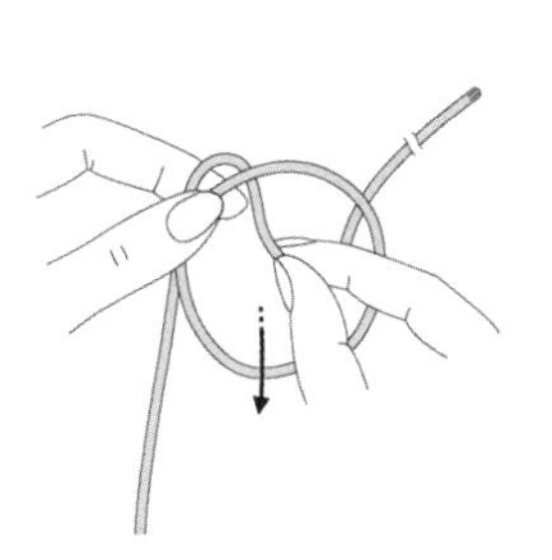

❸在圆环中捏住短线头。

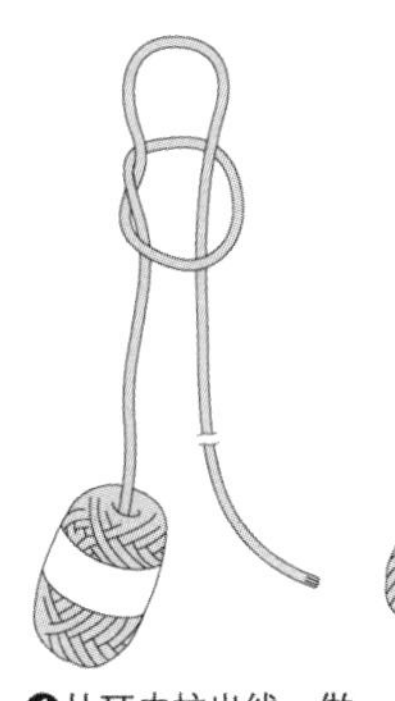

❹从环中拉出线，做出小圆环。

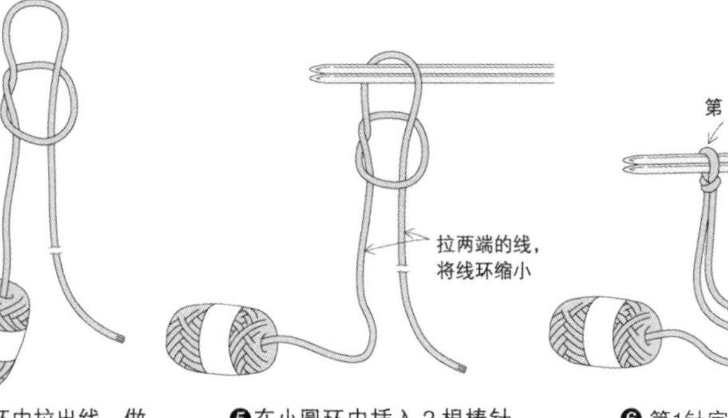

❺在小圆环中插入 2 根棒针，拉紧两端的线。

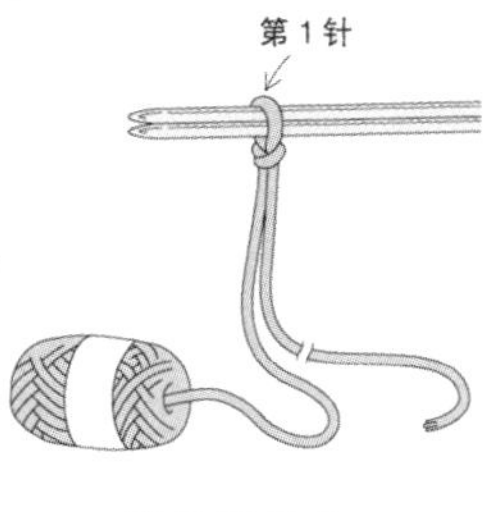

❻ 第1针完成。

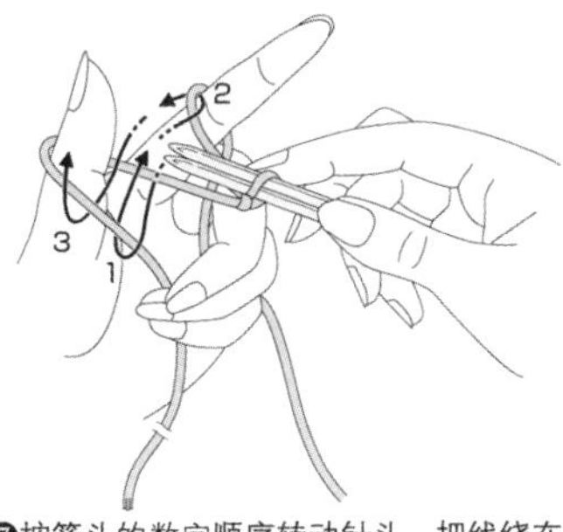

❼按箭头的数字顺序转动针头，把线绕在棒针上。

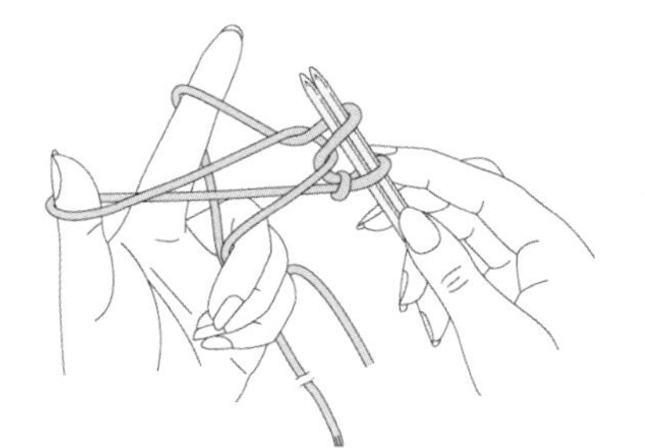

❽挑起步骤❼中的线3。

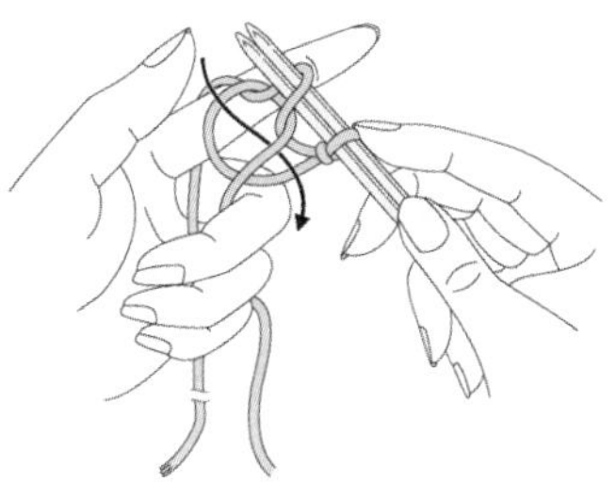

❾放开拇指上的线，按箭头所示插入拇指。

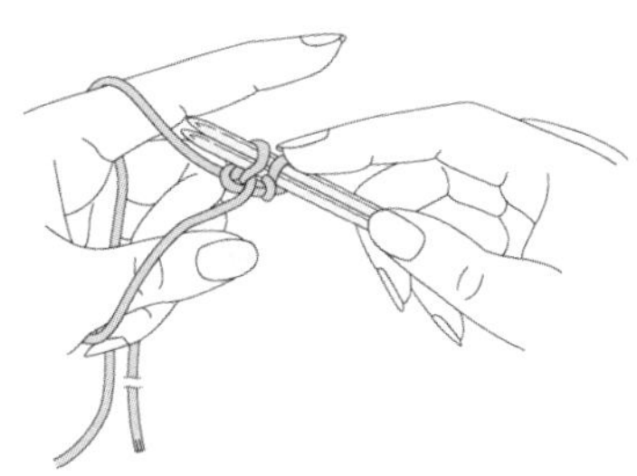

❿拉拇指上的线，拉紧针目（第 2 针完成）。重复步骤❼～❿

⓫编织出所需的针数。

⓬抽出 1 根棒针。

⓭起针完成。

从里山挑起另线锁针的起针

锁针起针

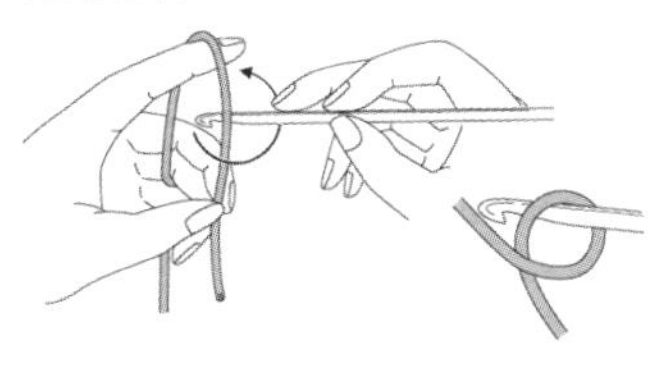

❶将钩针按箭头方向旋转 1 圈，将线绕在针上。

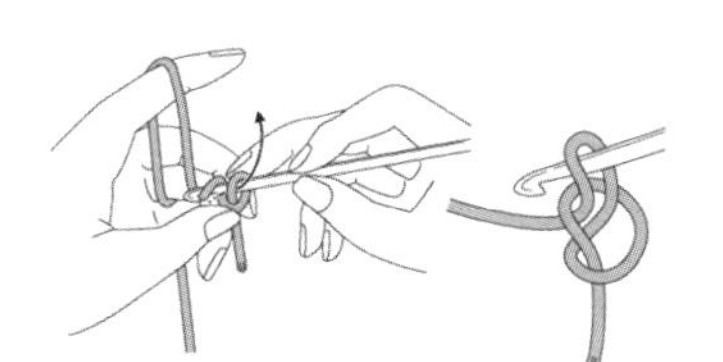

❷钩针挂线，从线圈中拉出线。

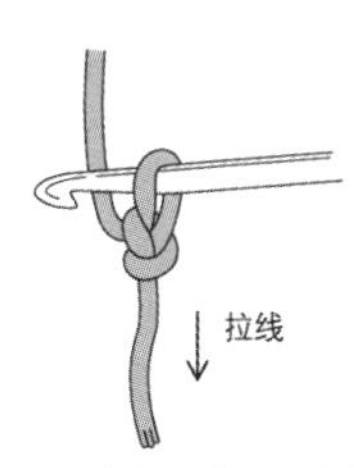

❸拉住线头使线圈收紧。这个针目不能算作 1 针。

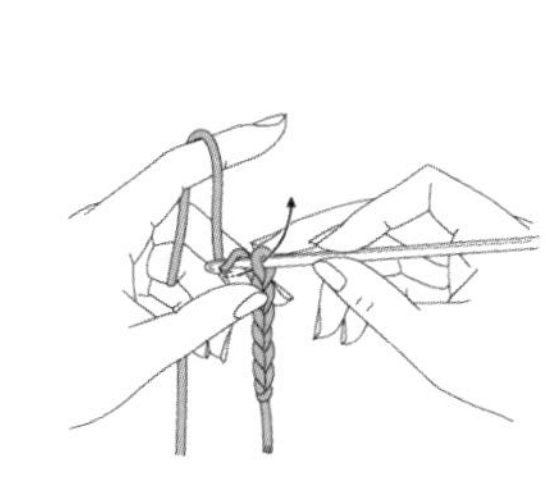

❹重复步骤❷。

❺ 编织出所需的针数，最后剪断线，从针目中拉出。

从里山挑起另线锁针的方法

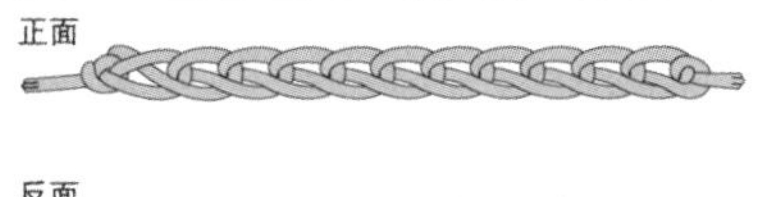

确认锁针的正面和反面。

❶在另线锁针终点的里山插入棒针，将编织线绕在棒针上拉出。

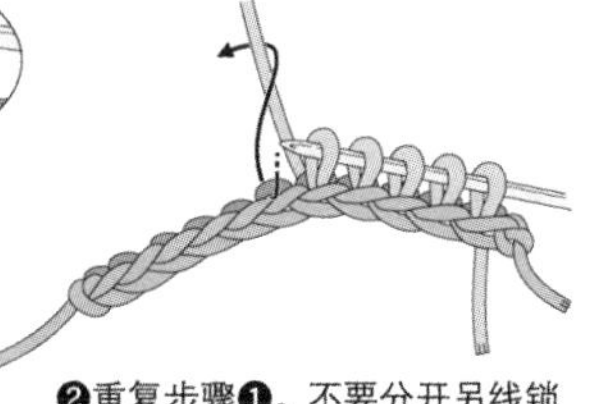

❷重复步骤❶。不要分开另线锁针的线挑针。

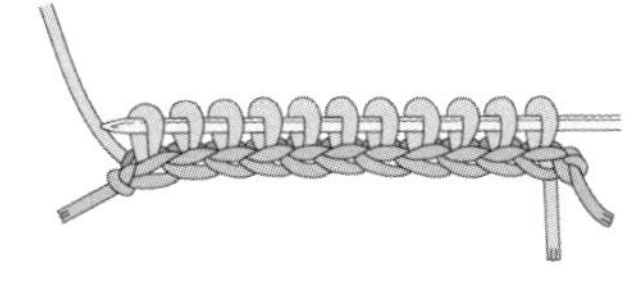

❸挑出所需的针数。

从里山挑起共线锁针的起针

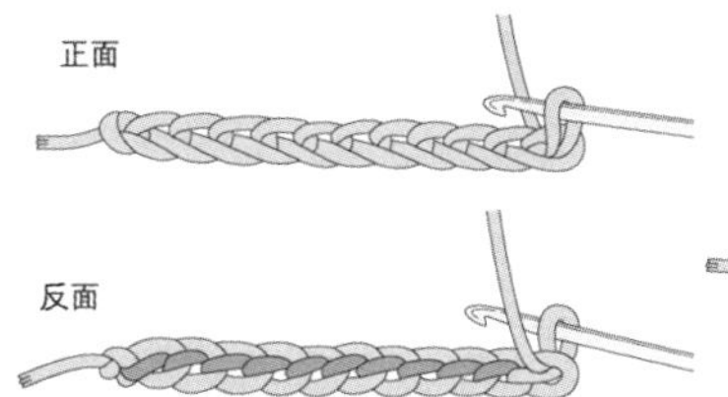

确认锁针的正面和反面。

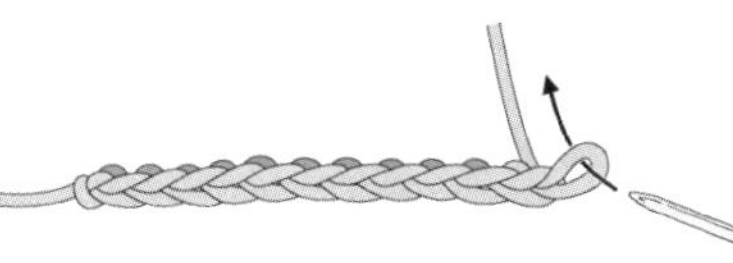

❶编织所需针数的锁针，在最后的针目中插入棒针。

❷空 1 针，在锁针的里山插入棒针，将线绕在棒针上拉出。

❸重复步骤❷。这些针目构成了第 1 行。

Photographers：SHIGEKI NAKASHIMA, HIRONORI HANDA, TOSHIKATSU WATANABE, NORIAKI MORIYA, BUNSAKU NAKAGAWA, YUKARI SHIRAI,
Original Japanese edition published in Japan by NIHON VOGUE CO., LTD.,
Simplified Chinese translation rights arranged with BEIJING BAOKU INTERNATIONAL CULTURAL DEVELOPMENT Co., Ltd.

日本宝库社授权河南科学技术出版社在中国大陆独家出版发行本书中文简体字版本。

备案号：豫著许可备字-2018-A-0052

图书在版编目（CIP）数据

毛线球. 28，有趣的棒针编织/日本宝库社编著；蒋幼幼，如鱼得水译. —郑州：河南科学技术出版社，2019.4（2022.5重印）
ISBN 978-7-5349-9487-6

Ⅰ.①毛… Ⅱ.①日… ②蒋… ③如… Ⅲ.①绒线-手工编织-图解 Ⅳ.①TS935.52-64

中国版本图书馆CIP数据核字（2019）第043360号

出版发行：河南科学技术出版社
地址：郑州市郑东新区祥盛街27号　邮编：450016
电话：（0371）65737028　65788613
网址：www.hnstp.cn
策划编辑：刘　欣
责任编辑：张　培
责任校对：王晓红　马晓灿
封面设计：张　伟
责任印制：张艳芳
印　刷：北京盛通印刷股份有限公司
经　销：全国新华书店
开　本：635 mm×965 mm　1/8　印张：22　字数：350千字
版　次：2019年4月第1版　2022年5月第2次印刷
定　价：69.00元

如发现印、装质量问题，影响阅读，请与出版社联系并调换。